信息技术实用教程

张成城 王建微 刘德双 李亚男 徐雅琴 杨云江 主编

清華大学出版社
北京

内容简介

本书共分为12个项目，包括信息技术应用基础，计算机网络基础知识，计算机、网络与移动终端维护技术，认识Windows 10操作系统，键盘输入训练，WPS文档编辑与处理，WPS电子表格处理，WPS演示文稿制作，WPS综合应用，数字媒体技术，信息安全技术和新一代信息技术。本书采用项目情景式编写方式，设计的任务由浅入深、循序渐进，与读者的学习、生活及就业密切相关。全书内容翔实、语言简练、图文并茂，具有较强的可操作性和实用性。

本书可作为中等职业院校公共基础课程的教材，也可作为中等职业院校“信息技术基础”或“计算机应用基础”专业基础课程教材，还可作为WPS办公应用“1+X”职业技能等级考试及各类培训班的教材，同时也是提升信息素养、提高办公自动化能力的参考用书。

图书在版编目(CIP)数据

信息技术实用教程/张成城等主编. —北京：清华大学出版社，2023.8（2023.9重印）
ISBN 978-7-302-63920-6

Ⅰ.①信… Ⅱ.①张… Ⅲ.①电子计算机-教材 Ⅳ.①TP3

中国国家版本馆CIP数据核字(2023)第116331号

责任编辑：聂军来
封面设计：刘　键
责任校对：刘　静
责任印制：沈　露

出版发行：清华大学出版社
　网　　址：http://www.tup.com.cn，http://www.wqbook.com
　地　　址：北京清华大学学研大厦A座　**邮　　编**：100084
　社 总 机：010-83470000　**邮　　购**：010-62786544
　投稿与读者服务：010-62776969，c-service@tup.tsinghua.edu.cn
　质量反馈：010-62772015，zhiliang@tup.tsinghua.edu.cn
　课件下载：http://www.tup.com.cn，010-83470410
印 装 者：三河市龙大印装有限公司
经　　销：全国新华书店
开　　本：185mm×260mm　**印　　张**：15.25　**字　　数**：364千字
版　　次：2023年8月第1版　**印　　次**：2023年9月第2次印刷
定　　价：49.00元

产品编号：097443-01

中等职业学校信息技术教材

编审委员会

本书编写组

主　编：

张成城　王建微　刘德双　李亚男　徐雅琴　杨云江

副主编：

侍颖辉　卢道海　袁仁明　滕玉浩　温海燕　李亚娟　孔令珠
王仕杰

参　编（按姓名拼音字母顺序排名）：

卜　伟　蔡仲权　陈枝亮　邓文艳　邓周灰　付　娟　韩俊松
黄婷婷　鞠小洪　李凯文　梁　强　刘日辉　龙家生　龙调琴
罗　利　潘东东　阮艳花　韦修圣　姚会兴　曾庆松　张洪文

前　言

党的二十大报告指出："教育、科技、人才是全面建设社会主义现代化国家的基础性、战略性支撑。必须坚持科技是第一生产力、人才是第一资源、创新是第一动力，深入实施科教兴国战略、人才强国战略、创新驱动发展战略"。职业教育与社会经济发展紧密相连，对促进就业创业、助力经济社会发展、增进人民福祉具有重要意义。

本书贯彻落实《国家职业教育改革实施方法》《关于在院校实施"学历证书＋若干职业技能等级证书"制度试点方案》等文件精神，参照《中等职业学校专业教学标准(试行)》等标准性文件，定位"WPS办公应用职业技能等级要求(中级)"要求，覆盖"WPS办公应用职业技能等级要求(初级)"要求，由长期从事计算机基础教学、经验丰富的一线教师编写而成，采用"项目＋知识点＋任务实施＋上机实训＋学习效果自测"的编写模式。

在编写的过程中，我们打破了过去按部就班地介绍知识、方法的形式，采用知识点与案例相结合的教学方式，理论联系实际，由从事计算机基础教学的主讲教师根据现在多数中学生对计算机并不陌生的实际情况，结合自身的教学经验进行编写。本书既可以作为发现式教学、案例与任务驱动教学等以学生为主体、教师为主导的互动式教学模式的教科书与参考书，也适合计算机爱好者的自我学习与应用。

全书共分为12个项目。项目1是信息技术应用基础，介绍了信息及信息技术的基本概念、计算机系统概念、组成及信息处理原理与编码等基本知识。项目2是计算机网络基础知识，介绍了计算机网络及常见的网络设备的基本概念和使用方法及在日常上网中浏览器和常用网络通信软件的使用方法等。项目3是计算机、网络与移动终端维护技术，介绍了计算机软、硬件的常用维护方法及在实际使用中常见网络故障的诊断与修复，还介绍了常用移动终端的维护和使用方法。项目4是认识Windows 10操作系统，介绍了Windows 10操作系统的基本操作和设置方法、文件和文件夹的管理操作方法以及几个实用的小程序的应用方法。项目5是键盘输入训练，介绍了键盘的组成和使用功能、键盘操作的正确方法和指法练习、最常用的搜狗拼音输入法的使用方法。项目6是WPS文档编辑与处理，通过任务导入法介绍了WPS文档编辑中文档的创建和编辑，表格的创建和编辑以及图形、艺术字等的编辑美化、排版与输出等操作。项目7是WPS电子表格处理，通过实际案例的实施介绍了WPS表格的数据输入与编辑、公式与函数应用、工作表的格式化与管理、数据管理、图表使用和工作表打印等。项目8是WPS演示文稿制作，介绍了WPS演示文稿的基本界面和操作，然后通过实际案例的实施介绍演示文稿的制作与编辑、演示文稿的外观设置、演示文稿放映效果设置、演示文稿的打印和打包等。项目9是WPS综合应用，介绍了WPS文档、表格和演示文稿相互之间内容数据的调用和混排的方法，简单实用。项目10是数字媒体技术，介绍了媒体及数字媒体的概念、分类、特点及应用领域，以及常见数字媒体的处理技术和方法。项目11是信息安全技术，介绍了信息安全的发展及威胁网络安全的手段、网络攻击的手段及防火墙的应用方法、加密与解密技术及数字证书技术等。项目12是新一代信息技术，介绍了实用图册制作、三维数字模型制作、个人网店开设等内容，供学生了解。

本书的教学内容和结构合理，条理清晰，让教师备课、讲解、指导实习均轻松、方便，也鼓励学生通过课本、市场、网络等渠道全方位地学习，使教与学、学与用紧密结合。全书以项目为载体，以任务为驱动，情景式开展，有效融入思政内容，强化职业素养提升，从而实现课程教学目标。本书是在广泛征求中等职业学校授课教师意见的基础上，多家企业实地考察编写完成的，全书内容能紧跟市场发展和企业需求的变化，将"学、练、做、训"融为一体，以学习者为中心，充分体现了现代中职教育特色。将思政教育和素质教育自然融合是本书的最大亮点和特色。

由于编者水平有限，书中难免有不足和疏漏之处，敬请专家、读者提出宝贵意见和建议。

编　者

2023年3月

目　　录

项目 1

信息技术应用基础

项目简介

当今社会，信息同物资、能源一样重要，是人类生存和社会发展的基本资源之一，是社会发展水平的重要标志。

信息技术应用基础就是通过学习计算机基础，走进信息时代。本项目共分为 3 个学习任务，需要逐一学习。

知识培养目标

(1) 了解信息及信息技术的基本概念。

(2) 了解信息技术的发展与应用。

(3) 了解信息素养与计算机文化。

能力培养目标

(1) 培养分析问题、归纳问题和解决问题的能力。

(2) 掌握计算机的软硬件组成。

(3) 掌握数制与编码的相关知识。

课程思政园地

课程思政元素的挖掘及培养如表 1-1 所示。

表 1-1　课程思政元素的挖掘及其培养目标关联表

知识点	知识点诠释	思政元素	培养目标及实现方法
信息和信息技术	认识信息和信息技术的概念	了解信息的特征，在信息活动中自觉践行社会主义核心价值观	培养符合时代要求的信息素养和适应职业发展需要的信息能力
计算机	了解计算机的历史和中国计算机发展历程	了解中国计算机发展历程，激发学生的民族自豪感、文化自信和爱国热情	引入中国计算机发展历程，使学生了解中国当代计算机技术发展的状况，激发学生的民族自豪感和爱国热情，提升学习的自觉性和主动性
数制与编码	认识数制概念和了解常用编码	认识数制编码和数据，增强信息安全意识：认识常用编码，增加使用信息技术保卫国家信息安全的意识	学习常用编码及规则，提高数据及信息安全的认识和应用水平

任务1　认识信息、信息技术和信息系统

知识目标

(1) 了解信息的概念。

(2) 了解信息技术的概念。

(3) 了解计算机的发展史。

技能目标

(1) 掌握信息技术的发展及应用。

(2) 理解信息革命对现代生活的影响。

任务导入

细心的同学会发现:现在人们出行乘坐公共交通工具有人用手机扫码支付,在超市购物有人用刷脸支付替代现金支付,这是信息及信息技术为人们所用的具体表现,究竟什么是信息和信息技术呢?

学习情境1:理解信息与信息技术

1. 信息的含义

我们每天可以通过广播、电视、报纸、互联网等方式获得大量的消息,如经济消息、科技消息、交通消息、市场消息、招生消息等。我们将这些对我们有用的消息称为信息,即对人们有用的数据、消息统称为信息。

2. 信息技术

信息技术(information technology,IT)是用于管理和处理信息所采用的各种技术的总称。可以从广义、一般、狭义三个层面来定义。

广义而言,信息技术是指能充分利用与扩展人类信息器官功能的各种方法、工具与技能的总和。该定义强调的是从哲学上阐述信息技术与人的本质关系。

一般而言,信息技术是指对信息进行采集、传输、存储、加工、表达的各种技术之和。该定义强调的是人们对信息技术功能与过程的一般理解。

狭义而言,信息技术是指利用计算机、网络、广播电视等各种硬件设备及软件工具与科学方法,对文图声像各种信息进行获取、加工、存储、传输与使用的技术之和。该定义强调的是信息技术的现代化与高科技含量。

学习情境 2：信息技术的发展

1. 信息技术的发展历程

第一次是语言的使用，语言成为人类进行思想交流和信息传播不可缺少的工具（时间：后巴别塔时代）。

第二次是文字的出现和使用，使人类对信息的保存和传播取得重大突破，大大地超越了时间和地域的局限（时间：铁器时代，约公元前 14 世纪）。

第三次是印刷术的发明和使用，使书籍、报刊成为重要的信息储存和传播的媒体（时间：6 世纪中国隋朝开始有雕版印刷，至 15 世纪才进入臻于完善的近代印刷术）。

第四次是电话、广播、电视的使用，使人类进入利用电磁波传播信息的时代（时间：19 世纪）。

第五次是计算机与互联网的使用，即网际网络的出现（时间：现代，以 1946 年电子计算机的问世为标志）。

2. 信息革命

第一次信息革命是语言的使用。发生在距今 35 000—50 000 年前。

第二次信息革命是文字的创造。大约在公元前 3500 年出现了文字。

第三次信息革命是印刷的发明。大约在公元 1040 年，我国开始使用活字印刷技术（欧洲人 1451 年开始使用印刷技术）。

第四次信息革命是电报、电话、广播和电视的发明和普及应用。1837 年美国人莫尔斯研制了世界上第一台有线电报机。电报机利用电磁感应原理（有电流通过，电磁体有磁性；无电流通过，电磁体无磁性），使电磁体上连着的笔发生转动，从而在纸带上画出点、线符号。这些符号的适当组合（称为莫尔斯电码），可以表示全部字母，于是文字就可以经电线传送出去了。1844 年 5 月 24 日，人类历史上的第一份电报从美国国会大厦传送到了 40mile[①] 外的巴尔的摩城。1864 年英国著名物理学家麦克斯韦发表了一篇论文《电与磁》，预言了电磁波的存在。1876 年 3 月 10 日，美国人贝尔用自制的电话同他的助手进行了通话。1895 年俄国人波波夫和意大利人马可尼分别成功地进行了无线电通信实验。1894 年电影问世。1925 年英国首次播映电视。

第五次信息技术革命始于 20 世纪 60 年代，其标志是电子计算机的普及应用及计算机与现代通信技术的有机结合。

学习情境 3：认识信息系统

信息系统（information system，IS），是由硬件、软件、网络通信设备、信息源、信息用户按照特定规则组成的人机一体化系统。

信息系统中的硬件主要由各种电子元件和机械组件组成，如计算机硬件及其外部设备，手机及读卡器的物理固件等。

---

① 1mile＝1.609 344km。

信息系统中的软件主要指存储于硬件设备中的计算机数据和指令集合，如各种操作系统和应用软件等。

网络通信设备主要指连接不同位置的多台计算机、移动终端的通信介质，如网络线缆、路由器等，主要作用是实现通信和资源共享。

信息源指采集、输入、存储的各种信息，如人们在各种生产活动中产生的图片和视频数据等。

信息用户主要指生产信息源和使用信息源的不同人群，现实生活中，很多用户既是信息源的生产者也是使用者。

特定规则主要指为了确保信息系统有序、稳定运行而制定的各种规范的管理制度，包含通信协议、用户账号、权限、系统运行流程和逻辑等。

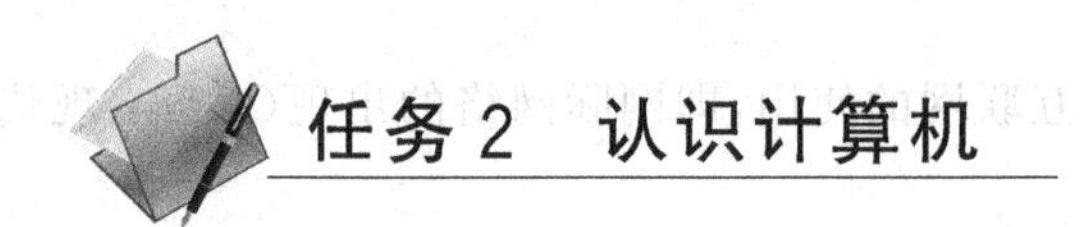

任务2 认识计算机

知识目标

(1) 了解计算机的发展。
(2) 掌握计算机的基本结构。
(3) 了解计算机的特点。
(4) 了解计算机的应用。

技能目标

(1) 掌握计算机的基本原理和组成。
(2) 掌握计算机的工作原理。
(3) 具有应用计算机软件硬件的能力。

任务导入

小萌是一位大一新生，计算机的应用已经深入各个专业，由于自己的专业需求，小萌急要购买一台计算机。为了购置一台适合自己使用且性价比高的计算机，小萌需要深入了解计算机的基本概念、工作原理、分类、功能应用，掌握计算机的基本知识，从而为自己选购一台心仪的计算机。

学习情境1：计算机的组成

1. 计算机的基本结构

计算机的基本结构包括硬件系统和软件系统两个部分，二者缺一不可。计算机硬件系统由运算器、控制器、存储器、输入设备和输出设备五部分构成，如图1-1所示。

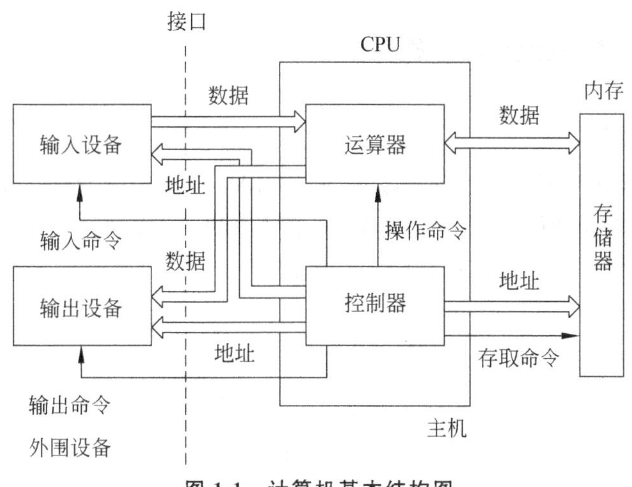

图 1-1 计算机基本结构图

2. 计算机系统组成

计算机软件系统包括系统软件和应用软件，系统软件主要指目前应用较为广泛的 Windows，苹果计算机的 macOS 等操作系统，而应用软件在不同领域拥有各自的功能，如图文编辑和数据处理软件有 WPS Office、Microsoft Office 等，社交软件有微信、QQ 等。目前很多应用软件都面向计算机和移动终端，可在软件制造商官方网站或移动终端应用市场下载安装、使用。计算机系统组成如图 1-2 所示。

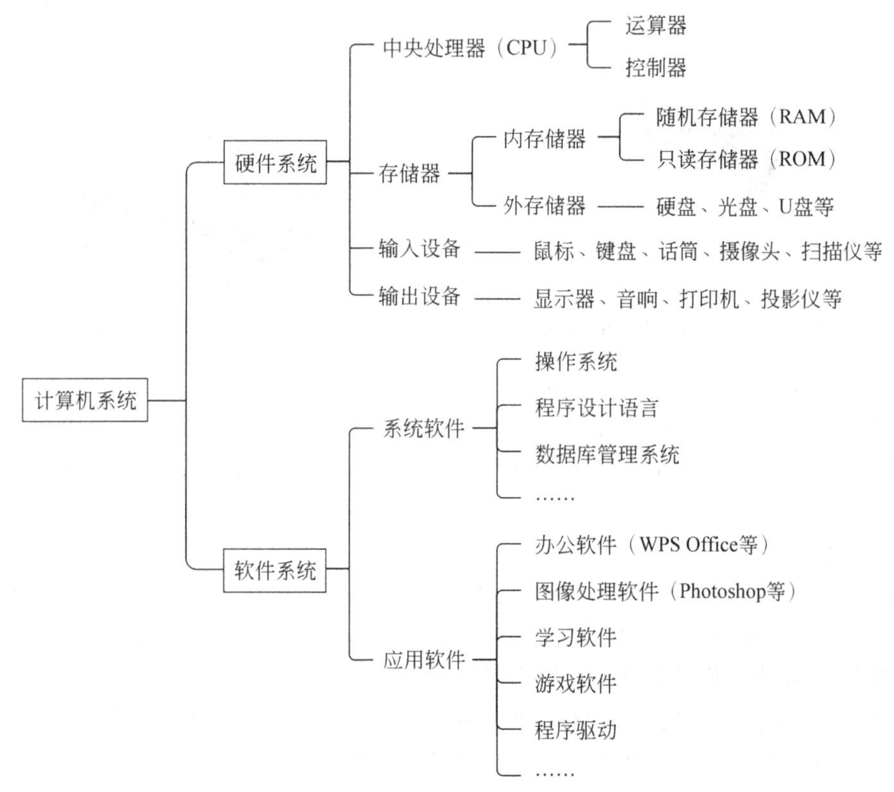

图 1-2 计算机系统基本组成

学习情境 2：了解计算机的发展

1. 计算机的发展史

1946 年 2 月，世界上的第一台通用计算机 ENIAC 在美国宾夕法尼亚大学诞生，标志着人类通过计算机收集处理信息迈向新时代，电子计算机（简称为计算机）按采用的电子器件不同，一般认为已经历了四个阶段，如图 1-3 所示。

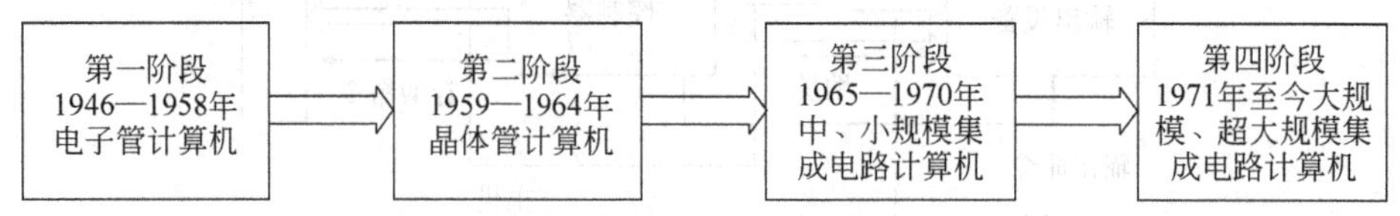

图 1-3 计算机发展阶段

微型计算机简称微机，俗称计算机，是第四代计算机的典型代表，它将中央处理器、随机存储器、只读存储器和寄存器电路分别集成在 4 个芯片上。根据微型计算机的集成规模和处理能力，形成了微型计算机不同的发展阶段。

1）第一代微型计算机

1971 年 1 月，美国 Intel 公司研制成功世界上第一片 4 位微处理器 Intel 4004，如图 1-4 所示，标志着第一代微处理器问世。Intel 4004 集成了 2000 个晶体管，时钟频率为 200kHz。11 月，Intel 推出 MCS-4 微型计算机，这就是世界上第一台 4 位微型计算机。

1972 年，Intel 公司又研制了 8 位微处理器 Intel 8008，如图 1-5 所示。从制造工艺来讲，Intel 4004 和 Intel 8008 都是属于第一代微型计算机。

图 1-4 4 位微处理器 Intel 4004

图 1-5 8 位微处理器 Intel 8008

2）第二代微型计算机

1974 年，Intel 公司发布采用新的工艺研制出的 Intel 8080，标志着第二代微处理器诞生。用第二代微处理器装备的微型计算机称为第二代微型计算机，运算速度比第一代快 10～15 倍。

3）第三代微型计算机

1978 年，Intel 公司生产的 16 位微处理器（Intel 8086）诞生，如图 1-6 所示，标志着微处理器进入第三代。用第三代微处理器装备的微型计算机称为第三代微型计算机，从各个性能指标评价，它比第二代微型计算机提高了近 10 倍。

1981 年，IBM 公司首次推出个人计算机（personal computer，PC）。从此，个人计算机开始真正走进了人们的工作和生活之中，微型计算机渐渐普及，它标志着一个新时代的开始。

4）第四代微型计算机

1985年，Intel公司推出Intel 80386芯片，如图1-7所示，它是第一个可以处理32位数据的X86微处理器，标志着第四代微处理器的诞生。此时，第四代微型计算机技术已经成熟，可以执行多任务、多用户作业，在多媒体化、网络化和智能化等方面跨上了更高的台阶，无论从性能还是价格方面都已经被人们接受，个人计算机的应用扩展到很多领域。

图1-6 16位微处理器 Intel 8086

图1-7 32位微处理器 Intel 80386

5）第五代微型计算机

美国DEC公司于1992年研制出了首款64位微处理器。1993年3月，Intel公司推出Pentium微处理器，如图1-8所示，主频66MHz，外部数据总线为64位。

2000年3月，Intel和AMD分别推出了主频为1GHz的多媒体处理器。2003年AMD推出面向台式计算机和笔记本电脑的速龙(Athlon)64位微处理器，如图1-9所示。

图1-8 Pentium 64位微处理器

图1-9 速龙(Athlon)64位微处理器

6）第六代微型计算机

使用如图1-10所示有Intel酷睿(CORE)系列微处理器的计算机通常被称为第六代微型计算机。2006年，Intel在台式机和笔记本电脑全线产品中使用双核处理器。

2017年3月，AMD发布了8核的高性能AMD锐龙(Ryzen)处理器，其主频在3.0～3.6GHz。2017年5月，英特尔发布全新的酷睿i9微处理器，如图1-11所示，具有“极致的性能与大型任务处理能力”，它可以处理超越个人计算机普通任务之外的虚拟内容创建等需要大量处理数据的任务，第六代微型计算机如图1-12所示。

信息技术的应用包括计算机硬件和软件、网络和通信技术、应用软件开发工具等方面。随着计算机和互联网的普及，人们开始普遍使用计算机来生产、处理、交换和传播各种形式的信息（如书籍、商业文件、报刊、唱片、电影、电视节目、语音、图形、图像等）。

图1-10 Inter酷睿(CORE)系列双核微处理器

图 1-11 酷睿(CORE)i9 微处理器

图 1-12 第六代微型计算机

2. 中国计算机发展历程

1) 历程

(1) 第一代电子管计算机研制(1958—1964 年)。

(2) 第二代晶体管计算机研制(1965—1972 年)。

(3) 第三代中小规模集成电路的计算机研制(1973—20 世纪 80 年代初)。

(4) 第四代超大规模集成电路的计算机研制 20 世纪 80 年代后。

2) 主要成就

1958 年,中国科学院计算所研制成功我国第一台小型电子管通用计算机 103 机(八一型),标志着我国第一台电子计算机的诞生。

1965 年,中国科学院计算所研制成功第一台大型晶体管计算机 109 乙,之后推出 109 丙机,该机在两弹试验中发挥了重要作用。

1974 年,清华大学等单位联合设计、研制成功采用集成电路的 DJS-130 小型计算机,运算速度达 100 万次/s。

1983 年,国防科技大学研制成功运算速度每秒上亿次的银河-Ⅰ巨型机,这是我国高速计算机研制的一个重要里程碑。

3. 计算机的发展趋势

计算机的发展趋势包括巨型化、微型化、网络化和智能化。

(1) 巨型化:功能比大型机更强的巨型机或超级计算机,也取得了稳步进展。意味着计算机的运行速度提高,存储容量增大,功能增强。目前正在开发中的巨型计算机的计算速度将达到 100 亿次/秒。主要用于航空航天、军事、气象、人工智能、生物工程等领域。

(2) 微型化:微型计算机已经进入仪器、家电产品等小型仪器设备中,同时作为工业控制过程的心脏,使仪器设备“智能化”。随着微电子技术的进一步发展,笔记本电脑、手持计算机等微型计算机必将以更优的性能价格比受到人们的欢迎。这是大规模及超大规模集成电路发展的必然趋势。

(3) 网络化:随着计算机应用的发展,特别是家用计算机的普及,越来越多的用户希望一方面共享信息资源,另一方面各计算机之间可以相互传递信息进行通信。计算机网络是现代通信技术和计算机技术的结合。计算机网络在现代企业的管理中发挥着越来越重要的作用,如银行系统、商业系统、交通运输系统等。

(4) 智能化：计算机人工智能的研究以现代科学为基础。智能化是计算机发展的重要方向，新一代计算机模拟人的感觉行为和思维过程机制，进行“看”“听”“说”“想”“做”，具有逻辑推理、学习和证明的能力，具备理解自然语言、声音、文字、图像的能力，具有说话能力，能够用自然语言与人类直接对话。能够利用现有的知识和不断学习的知识，进行思考、联想、推理，得出结论，具有解决复杂问题、收集记忆、检索相关知识的能力。

通过进一步的深入研究，人们发现由于电子元器件的局限性，从理论上讲，电子计算机的发展也存在着一定的局限性。因此，人们正在研制不使用集成电路的计算机，例如，生物计算机、光子计算机、量子计算机等。

(1) 生物计算机：也称仿生计算机，主要原材料是生物工程技术产生的蛋白质分子，并以此作为生物芯片来替代半导体硅片，利用有机化合物存储数据。信息以波的形式传播，当波沿着蛋白质分子链传播时，会引起蛋白质分子链中单键、双键结构顺序的变化。运算速度要比当今最新一代计算机快 10 万倍，它具有很强的抗电磁干扰能力，并能彻底消除电路间的干扰。能量消耗仅相当于普通计算机的十亿分之一，且具有巨大的存储能力。生物计算机具有生物体的一些特点，如能发挥生物本身的调节机能，自动修复芯片上发生的故障，还能模仿人脑的机制等。

(2) 光子计算机：一种由光信号进行数字运算、逻辑操作、信息存储和处理的新型计算机。它由激光器、光学反射镜、透镜、滤波器等光学元件和设备构成，靠激光束进入反射镜和透镜组成的阵列进行信息处理，以光子代替电子，光运算代替电运算。光的并行、高速，天然地决定了光子计算机的并行处理能力很强，具有超高运算速度。光子计算机还具有与人脑相似的容错性，系统中某一元件损坏或出错时，并不影响最终的计算结果。光子在光介质中传输所造成的信息畸变和失真极小，光传输、转换时能量消耗和散发热量极低，对环境条件的要求比电子计算机低得多。随着现代光学与计算机技术、微电子技术相结合，在不久的将来，光子计算机将成为人类普遍的工具。

(3) 量子计算机：一种可以实现量子计算的机器，它通过量子力学规律以实现数学和逻辑运算，处理和储存信息。它以量子态为记忆单元和信息储存形式，以量子动力学演化为信息传递与加工基础的量子通信与量子计算，在量子计算机中其硬件的各种元件的尺寸达到原子或分子的量级。量子计算机是一个物理系统，它能存储和处理用量子比特表示的信息。

学习情境 3：了解计算机的特点

1. 自动化程度高

计算机能在程序控制下自动连续地高速运算。由于采用存储程序控制的方式，因此一旦输入编制好的程序，启动计算机后，就能自动执行直至完成任务。这是计算机最突出的特点。

2. 运算速度快

计算机能以极快的速度进行计算。现在普通的微型计算机每秒可执行几十万条指令，而巨型机则达到每秒几十亿次甚至几百亿次。随着计算机技术的发展，计算机的运算速度还在提高。例如天气预报，由于需要分析大量的气象资料数据，单靠手工完成计算是不可能的，而用巨型计算机只需十几分钟就可以完成。

3. 计算精度高

电子计算机具有以往计算无法比拟的计算精度，目前已达到小数点后上亿位的精度。

4. 具有记忆和逻辑判断能力

人是有思维能力的，思维能力本质上是一种逻辑判断能力。计算机借助于逻辑运算，可以进行逻辑判断，并根据判断结果自动地确定下一步该做什么。计算机的存储系统由内存和外存组成，具有存储和"记忆"大量信息的能力，现代计算机的内存容量已达到上百兆字节甚至几吉字节，而外存也有惊人的容量。如今的计算机不仅具有运算能力，还具有逻辑判断能力，可以使用其进行诸如资料分类、情报检索等具有逻辑加工性质的工作。

5. 可靠性高

随着微电子技术和计算机技术的发展，现代电子计算机连续无故障运行时间可达到几十万小时以上，具有极高的可靠性。例如，安装在宇宙飞船上的计算机可以连续几年时间可靠地运行。计算机应用在管理中也具有很高的可靠性，而人却很容易因疲劳而出错。另外，计算机对于不同的问题，只是执行的程序不同，因而具有很强的稳定性和通用性，用同一台计算机能解决各种问题，应用于不同的领域。微型计算机除了具有上述特点外，还具有体积和质量小、耗电少、维护方便、可靠性高、易操作、功能强、使用灵活、价格便宜等特点。

学习情境 4：了解计算机的分类

计算机的分类方法比较多，主要是依据的标准不一样，比如按照处理的方式不同，可以把计算机分为模拟计算机和数字计算机两类；如果按照计算机的专用性质进行划分，可以分为通用计算机和专用计算机两类；按存储容量和运算速度来分类，计算机可分为超并行计算机、超级计算机、巨型计算机、大型计算机、中型计算机、小型计算机和微型计算机七类；按计算机承担的应用角色来分类，可分为工作站、服务器、工业控制计算机、个人计算机和嵌入式计算机五类。

1. 工作站

工作站属于一种高档的计算机，一般拥有较大的屏幕显示器及大容量的内存和硬盘，也拥有较强的信息处理功能和高性能的图形、图像处理功能以及联网功能，是一种高端的通用微型计算机，以个人计算机和分布式网络计算为基础，主要面向专业应用领域，具备强大的数据运算与图形、图像处理能力，是为满足工程设计、动画制作、科学研究、软件开发、金融管理、信息服务、模拟仿真等专业领域而设计开发的高性能计算机。

2. 服务器

服务器专指某些高性能计算机，能通过网络对外提供服务。相对于普通计算机来说，稳定性、安全性、性能等方面都要求更高，因此在CPU、芯片组、内存、磁盘系统、网络等硬件和普通计算机有所不同。服务器是网络的节点，存储、处理网络上80%的数据和信息，在网络中起到举足轻重的作用。服务器是为客户端计算机提供各种服务的高性能的计算机，其高性能主要表现在高速度的运算能力、长时间的可靠运行、强大的外部数据吞吐能力等方面。服务器的构成与普通计算机类似，也有处理器、硬盘、内存、系统总线等，但由于它是针对具体的网络应用特别定制的，因而服务器与微型计算机在处理能力、稳定性、可靠性、安全性、可扩展性、可管理性等方面存在很大差异。服务器主要有网络服务器(DNS、DHCP)、打印服务器、终端服务器、磁盘服务器、邮件服务器、文件服务器等。

3. 工业控制计算机

工业控制计算机是一种采用总线结构，对生产过程及其机电设备、工艺装备进行检测与控制的计算机系统总称，简称控制机。它由计算机和过程输入/输出(I/O)两大部分组成。计算机由主机、输入/输出设备和外部磁盘机、磁带机等组成。在计算机外部又增加一部分过程输入/输出通道，一方面，用来将工业生产过程的检测数据送入计算机进行处理；另一方面，将计算机要行使对生产过程控制的命令、信息转换成工业控制对象的控制变量信号，再送往工业控制对象的控制器中，由控制器行使对生产设备的运行控制。

4. 个人计算机

(1) 台式机：应用非常广泛的微型计算机，也称桌面机，是一种独立分离的计算机，体积相对较大，主机、显示器等设备一般都是相对独立的，需要放置在计算机桌或者专门的工作台上，因此命名为台式机。台式机的机箱空间大、通风条件好，具有很好的散热性；独立的机箱方便用户进行硬件升级，如光驱、硬盘；台式机机箱的开关键、重启键、USB、音频接口都在机箱前置面板中，方便用户的使用。

(2) 计算机一体机，由一台显示器、一个键盘和一个鼠标组成的计算机。它的芯片、主板与显示器集成在一起，显示器就是一台计算机，因此只要将键盘和鼠标连接到显示器上，机器就能使用。随着无线技术的发展，计算机一体机的键盘、鼠标与显示器可实现无线连接，机器只有一根电源线，在很大程度上解决了一直为人诟病的台式机线缆多而杂的问题。

(3) 笔记本电脑，是一种小型、可携带的个人计算机，通常质量为1～3kg。它和台式机架构类似，但是它具有更好的便携性。笔记本式计算机除了键盘外，还提供了触控板(touch pad)或触控点(pointing stick)，提供了更好的定位和输入功能。

(4) 掌上电脑，英文是personal digital assistant，简称PDA，它是个人数字助手的意思。它是辅助个人工作的数字工具，主要提供记事、通讯录、名片交换及行程安排等功能。可以帮助人们在移动中工作、学习、娱乐等。按使用来分类，分为工业级PDA和消费品PDA。工业级PDA主要应用在工业领域，常见的有条形码扫描器、RFID读写器、POS机等；消费品PDA包括比较多，比如智能手机、手持的游戏机等。

(5) 平板电脑，是一种小型、方便携带的个人计算机，以触摸屏作为基本的输入设备。它拥有的触摸屏(也称为数位板技术)允许用户通过触控笔或数字笔来进行作业而不是传统的键盘或鼠标。用户可以通过内置的手写识别、屏幕上的软键盘、语音识别或者一个真正的键盘(如果该机型配备的话)实现输入。

5. 嵌入式计算机

嵌入式计算机是一种以应用为中心、以微处理器为基础，适应应用系统对功能、可靠性、成本、体积、功耗等综合性严格要求的专用计算机系统。它一般由嵌入式微处理器、外围硬件设备、嵌入式操作系统及用户的应用程序四个部分组成。它是计算机市场中增长最快的领域，也是种类繁多、形态多种多样的计算机系统。嵌入式系统几乎包括了生活中的所有电器，如计算器、电视机顶盒、手机、数字电视、多媒体播放器、汽车、微波炉、数字相机、家庭自动化系统、电梯、空调、安全系统、自动售货机、消费电子设备、工业自动化仪表与医疗仪器等。

学习情境 5：计算机的应用

20 世纪 90 年代以来，计算机技术作为科技的先导技术之一得到了飞跃发展，高速网络技术、多媒体技术、人工智能技术等相互渗透，改变了人们使用计算机的方式，从而使计算机几乎渗透到人类生产和生活的各个领域，对工业和农业都有极其重要的影响。计算机的应用范围归纳起来主要有以下 6 个方面。

1. 科学计算

科学计算也称数值计算，是指用计算机完成科学研究和工程技术中所提出的数学问题。计算机作为一种计算工具，科学计算是它最早的应用领域，也是计算机最重要的应用之一。在科学技术和工程设计中存在着各类大量的数字计算，如求解几百乃至上千阶的线性方程组、大型矩阵运算等。这些问题广泛出现在导弹实验、卫星发射、灾情预测等领域，其特点是数据量大、计算工作复杂。在数学、物理、化学、天文等众多学科的科学研究中，经常遇到许多数学问题，这些问题用传统的计算工具难以完成的，有时人工计算需要几个月、几年，而且不能保证计算准确，使用计算机则只需要几天、几小时甚至几分钟就可以精确地解决。所以，计算机成了发展现代尖端科学技术必不可少的重要工具。

2. 数据处理

数据处理又称信息处理，它是信息的收集、分类、整理、加工、存储等系列活动的总称。所谓信息是指可被人类感受的声音、图像、文字、符号、语言等。数据处理还可以在计算机上加工那些非科技工程方面的计算，管理和操纵任何形式的数据资料。其特点是能处理的原始数据量大，而运算比较简单，有大量的逻辑与判断运算。据统计，目前在计算机应用中，数据处理所占的比重最大。其应用领域十分广泛，如人口统计、办公自动化、企业管理、邮政业务、机票订购、情报检索、图书管理、医疗诊断等。

3. 计算机辅助技术

(1) 计算机辅助设计(computer aided design，CAD)是指使用计算机的计算、逻辑判断等功能，帮助人们进行产品和工程设计。它能使设计过程自动化，设计合理化、科学化、标准化，大大缩短设计周期，以增强产品在市场上的竞争力。CAD 技术已广泛应用于建筑工程设计、服装设计、机械制造设计、船舶设计等行业。使用 CAD 技术可以提高设计质量，缩短设计周期，提高设计自动化水平。

(2) 计算机辅助制造(computer aided manufacturing，CAM)是指利用计算机通过各种数值控制生产设备，完成产品的加工、装配、检测、包装等生产过程的技术。将 CAD 进步集成形成了计算机集成制造系统 CIMS，从而实现设计生产自动化。利用 CAM 可提高产品质量，降低成本和降低劳动强度。

(3) 计算机辅助教学(computer aided instruction，CAI)是指将教学内容、教学方法以及学生的学习情况等存储在计算机中，帮助学生轻松地学习所需要的知识。它在现代教育技术中起着相当重要的作用。

(4) 除了上述计算机辅助技术外，还有其他的辅助功能，如计算机辅助出版、计算机辅助管理、计算机辅助绘制和计算机辅助排版等。

4. 过程控制

过程控制也称实时控制，是用计算机及时采集数据，按最佳值迅速对控制对象进行自动控制或采用自动调节。利用计算机进行过程控制，不仅大大提高了控制的自动化水平，而且大大提高了控制的及时性和准确性。在电力、机械制造、化工、冶金、交通等部门采用过程控制，可以提高劳动生产效率、产品质量、自动化水平和控制精确度，减少生产成本，减轻劳动强度。在军事上，可使用计算机实时控制导弹根据目标的移动情况修正飞行姿态，以准确击中目标。

5. 人工智能

人工智能(artificial intelligence，AI)是用计算机模拟人类的智能活动，如判断、理解、学习、图像识别、问题求解等。它涉及计算机科学、信息论、仿生学、神经学和心理学等诸多学科。在人工智能中，应用最成功且最具代表性的两个领域是专家系统和机器人。计算机专家系统总结各个领域的专家知识构建了知识库。根据这些知识，系统可以对输入的原始数据进行推理，作出判断和决策，以回答用户的咨询，这是人工智能的一个成功的例子。机器人是人工智能技术的另一个重要应用。目前，世界上有许多机器人替代人们工作在各种高温、高辐射、剧毒的恶劣环境中。机器人的应用前景非常广阔，目前很多国家都在研制机器人。

6. 计算机网络

把计算机的超级处理能力与通信技术结合起来就形成了计算机网络。人们熟悉的全球信息查询、邮件传送、电子商务等都是依靠计算机网络来实现的。如今计算机网络已进入千家万户，给人们的生活带来了极大的方便。一方面，大大加快了社会信息化的步伐。另一方面，功能比大型机更强的巨型机或超级计算机，在这一时期也取得了稳步的进展。通过进一步的深入研究，人们发现由于电子元器件的局限性，从理论上讲，电子计算机的发展也存在着一定的局限性。因此，人们正在研制不使用集成电路的计算机，例如，生物计算机、光子计算机、量子计算机等。

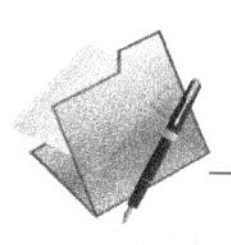

任务3 信息系统中数制与编码

知识目标

(1) 了解信息编码的概念。

(2) 了解数制的概念。

(3) 了解数制和编码的概念。

技能目标

(1) 掌握数字在计算机内部的表示形式。

(2) 掌握数制间的换算方法。

(3) 掌握数制在计算机中的存储模式。

任务导入

爱好学习的张同学早就听说计算机内部是采用二进制工作的，但他想不明白，为什么不用十进制工作？它们的原理是什么，又是怎么转换的？

学习情境 1：理解信息编码和数制的概念

计算机在收集和处理信息的过程中，都是以二进制数的形式表示和完成的，由于计算机中采用了具有两个稳定状态的二值电路：用低电位表示"0"，高电位表示"1"，人们把这种运算简单、易于物理实现，可靠性强的进位制称为二进制。

1. 信息编码

信息包括各种文字、数字与符号等内容。在使用计算机时，一方面是通过输入设备向计算机输入各种操作命令和数据，另一方面计算机又把处理的结果以字符的形式输出到显示器等设备上，供计算机用户查看。信息编码就是规定用什么样的二进制码来表示字母、数字等专用符号的。例如，文字编码、语义编码、电子编码、PCM 编码、神经编码等。

1) 文字编码

文字编码(text encoding)使用一种标记语言来标记一篇文字的结构和其他特征，以方便计算机进行处理。

2) 语义编码

语义编码(semantics encoding)，以正式语言乙对正式语言甲进行语义编码，即使用语言乙表达语言甲所有的词汇(如程序或说明)的一种方法。

3) 电子编码

电子编码(electronic encoding)是将一个信号转换成为一个代码，这种代码是被优化过的以利于传输或存储。转换工作通常由一个编解码器完成。

4) PCM 编码

PCM 脉冲编码调制是 pulse code modulation 的缩写(又称脉冲编码调制)，数字通信的编码方式之一。主要过程是将话音、图像等模拟信号每隔一定时间进行取样，使其离散化，同时将抽样值按分层单位四舍五入取整量化，同时将抽样值按一组二进制码来表示抽样脉冲的幅值。

5) 神经编码

神经编码(neural encoding)是指信息在神经元中被如何描绘的方法。

2. 数制

虽然计算机能极快地进行运算，但其内部并不像人类在实际生活中使用的十进制，而是使用只包含 0 和 1 两个数值的二进制。当然，人们输入计算机的十进制被转换成二进制进行计算，计算后的结果又由二进制转换成十进制，这都由操作系统自动完成。

数制也称为“记数制”,是用一组固定的符号和统一的规则来表示数值的方法。任何一种数制除了数码本身外还包含两个基本要素,即基数和位权。

数码是数制中表示基本数值大小的不同数字符号。例如,十进制有10个数码:0,1,2,3,4,5,6,7,8,9。

基数是数制所使用数码的个数。例如,二进制的基数为2;十进制的基数为10。

位权是指在人们使用最多的进位记数制中,表示数的符号在不同的位置上时所代表的数的值是不同的。例如,十进制的132,1的位权是100,3的位权是10,2的位权是1。二进制中的1011(一般从左向右开始),第一个1的位权是8,0的位权是4,第二个1的位权是2,第三个1的位权是1。

常用的数制有十进制、二进制、八进制、十六进制等。

十进制D(decimal):人们在日常生活中最熟悉的进位记数制。在十进制中,数码用0,1,2,3,4,5,6,7,8,9这10个符号来描述,基数是10,记数规则是逢十进一。

二进制B(binary):数码用0和1两个符号来描述,基数是2。记数规则是逢二进一,借一当二。

八进制O(octal):数码用0,1,2,3,4,5,6,7这8个符号来描述,基数是8。记数规则是逢八进一,借一当八。

十六进制H(hexadecimal):人们在计算机指令代码和数据的书写中经常使用的数制。在十六进制中,数码用0,1,…,9和A,B,…,F这16个符号来描述,基数是16。记数规则是逢十六进一。常用进制数如表1-2所示。

表1-2 常用进制数对照表

十进制数	二进制数	八进制数	十六进制数	十进制数	二进制数	八进制数	十六进制数
0	0000	0	0	9	1001	11	9
1	0001	1	1	10	1010	12	A
2	0010	2	2	11	1011	13	B
3	0011	3	3	12	1100	14	C
4	0100	4	4	13	1101	15	D
5	0101	5	5	14	1110	16	E
6	0110	6	6	15	1111	17	F
7	0111	7	7	16	10000	20	10
8	1000	10	8	17	10001	21	11

学习情境2:常用数制间的转换

常见的数据转换包括格式转换和数据类型的转换,在计算机内部,数据是以二进制数据存储,但存储在磁盘等介质时,又以十六进制存储,显示数值给用户观看时以人们所熟知的十进制,因此需进行数制转换。

1. 十进制数转换成二进制数

通常,一个十进制数包含整数和小数两部分,将十进制数转换成二进制数时,对整数部分和小数部分处理的方法是不同的。整数部分按“除2取余，逆向排列”的原则进行转换，如$(38)_{10}$转$(100110)_2$如图1-13所示，小数部分按“乘2取整，正向排列”的原则进行转换如$(0.625)_{10}$转二进制等于$(0.101)_2$，如图1-14所示。任意一个十进制数转换成二进制数，只需将其整数部分和小数部分分别转换，然后用小数点连接起来即可。

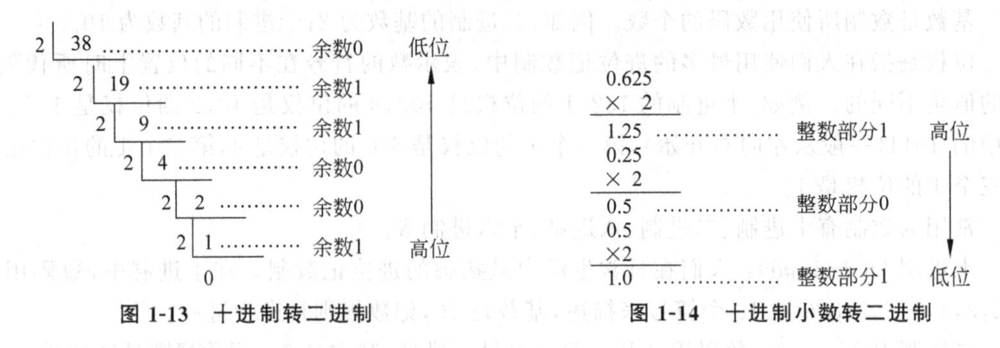

图1-13 十进制转二进制　　图1-14 十进制小数转二进制

2. 二进制数转换成十进制数

利用按位权展开的方法，可以把二进制数转化成十进制数。即将每一位数乘它的位权值2，再以十进制数的方法相加，得到它的十进制数的值。例如：

$$(10110.101)_2 = 1\times2^4+0\times2^3+1\times2^2+1\times2^1+0\times2^0+1\times2^{-1}+0\times2^{-2}+1\times2^{-3}$$
$$=16+0+4+2+0+0.5+0+0.125$$
$$=(22.625)_{10}$$

3. 二进制数转换成八进制数

以小数点为界，从小数点开始分别向左、向右按每3位一组，不足3位的组用0补足，然后将每组3位二进制数转换成相应的八进制数。

例如，将二进制数$(11101010011.1011)_2$转换成八进制数$(3523.56)_8$，对应关系如图1-15所示。

4. 二进制转十六进制

二进制数要转换为十六进制，就是以4位一段，分别转换为十六进制，从右到左4位一组例如110101100010，左边不满4位的可以用0补满0001，1011，0110，00010。结果为$(1B62)_{16}$如图1-16所示。

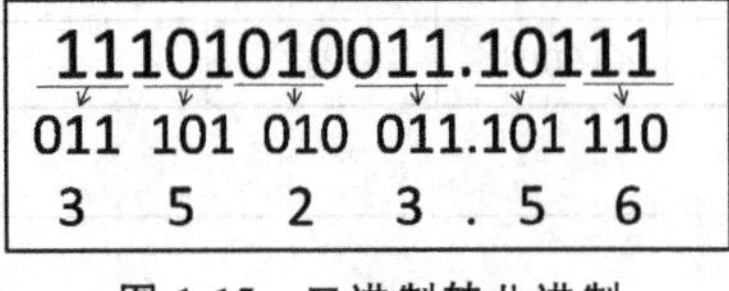

图1-15 二进制转八进制

1101101100010
0001 ,1011 ,0110 ,0010
1 B 6 2

图1-16 二进制转十六进制

学习情境3：数据编码的概念

在信息系统中，所有信息都用二进制编码表示，编码就是规定用哪些二进制数据表示字母、数字、汉字及一些专用符号，以便计算机快速识别和处理，这种编码包括很多种类如ASCII码、汉字码、条形码、二维码等。

1. ASCII 码

ASCII 码也称基础 ASCII 码，ASCII 码由数字 0～9 共 10 个数字、52 个大小写英文字母、32 个符号及 34 个计算机通用控制符，共有 128 个；其中 0～31 及 127(共 33 个)是控制字符或通信专用字符，它们并没有特定的图形显示，但会依据不同的应用程序，对文本显示有不同的影响。32～126(共 95 个)是可显示字符(32 是空格)，其中 48～57 为 0～9 共 10 个阿拉伯数字。65～90 为 26 个大写英文字母，97～122 号为 26 个小写英文字母，其余为一些标点符号、运算符号等。如图 1-17 所示。

十六进制	十进制	字符	注释	十六进制	十进制	字符	十六进制	十进制	字符	十六进制	十进制	字符
00h	0	NUL	空字符	20h	32	space	40h	64	@	60h	96	'
01h	1	SOH	标题开始	21h	33	!	41h	65	A	61h	97	a
02h	2	STX	正文开始	22h	34	"	42h	66	B	62h	98	b
03h	3	ETX	正文结束	23h	35	#	43h	67	C	63h	99	c
04h	4	EOT	传输结束	24h	36	$	44h	68	D	64h	100	d
05h	5	ENQ	请求	25h	37	%	45h	69	E	65h	101	e
06h	6	ACK	收到通知	26h	38	&	46h	70	F	66h	102	f
07h	7	BEL	响铃	27h	39	`	47h	71	G	67h	103	g
08h	8	BS	退格	28h	40	(	48h	72	H	68h	104	h
09h	9	HT	水平制表符	29h	41	)	49h	73	I	69h	105	i
0ah	10	LF	换行	2ah	42	*	4ah	74	J	6ah	106	j
0bh	11	VT	垂直制表符	2bh	43	+	4bh	75	K	6bh	107	k
0ch	12	FF	换页	2ch	44	,	4ch	76	L	6ch	108	l
0dh	13	CR	回车键	2dh	45	–	4dh	77	M	6dh	109	m
0eh	14	SO (shift out)	不用切换	2eh	46	.	4eh	78	N	6eh	110	n
0fh	15	SI (shift in)	启用切换	2fh	47	/	4fh	79	O	6fh	111	o
10h	16	DLE	转义	30h	48	0	50h	80	P	70h	112	p
11h	17	DC1	设备控制1	31h	49	1	51h	81	Q	71h	113	q
12h	18	DC2	设备控制2	32h	50	2	52h	82	R	72h	114	r
13h	19	DC3	设备控制3	33h	51	3	53h	83	S	73h	115	s
14h	20	DC4	设备控制4	34h	52	4	54h	84	T	74h	116	t
15h	21	NAK	拒绝接收	35h	53	5	55h	85	U	75h	117	u
16h	22	SYN	同步空闲	36h	54	6	56h	86	V	76h	118	v
17h	23	ETB	传输块结束	37h	55	7	57h	87	W	77h	119	w
18h	24	CAN	取消	38h	56	8	58h	88	X	78h	120	x
19h	25	EM	介质中断	39h	57	9	59h	89	Y	79h	121	y
1ah	26	SUB	替补	3ah	58	:	5ah	90	Z	7ah	122	z
1bh	27	ESC	溢出	3bh	59	;	5bh	91	[	7bh	123	{
1ch	28	FS	文件分割符	3ch	60	<	5ch	92	\	7ch	124	|
1dh	29	GS	分组符	3dh	61	=	5dh	93	]	7dh	125	}
1eh	30	RS	记录分离符	3eh	62	>	5eh	94	^	7eh	126	~
1fh	31	1E	单元分隔符	3fh	63	?	5fh	95	–	7fh	127	del

图 1-17 ASCII 编码

2. 汉字码

计算机中汉字的表示也是用二进制编码，根据应用目的的不同，汉字编码分为外码、交换码、机内码和字形码。

(1) 外码也称输入码，是用来将汉字输入计算机中的一组键盘符号。目前常用的输入码有拼音码、五笔字型码、自然码、表形码、认知码、区位码和电报码等，一种好的编码应有编码规则简单、易学好记、操作方便、重码率低、输入速度快等优点，每个人可根据自己的需要进行选择。

(2) 交换码(国标码),计算机内部处理的信息,都是用二进制代码表示的,汉字也不例外。而二进制代码使用起来是不方便的,于是需要采用信息交换码。1981 年中国标准总局制定了中华人民共和国国家标准 GB/T 2312—1980《信息交换用汉字编码字符集　基本集》,即国标码。

(3) 区位码是国标码的另一种表现形式,把国标 GB/T 2312—1980 中的汉字、图形符号组成一个 94×94 的方阵,分为 94 个“区”,每区包含 94 个“位”,其中“区”的序号由 01～94,“位”的序号也是从 01 至 94。94 个区中位置总数=94×94=8836(个),其中 7445 个汉字和图形字符中的每一个占一个位置后,还剩下 1391 个空位,这 1391 个位置空下来保留备用。

(4) 机内码根据国标码的规定,每一个汉字都有了确定的二进制代码,在微型计算机内部汉字代码都用机内码,在磁盘上记录汉字代码也使用机内码。

(5) 字形码是汉字的输出码,输出汉字时都采用图形方式,无论汉字的笔画多少,每个汉字都可以写在同样大小的方块中。通常用 16×16 点阵来显示汉字。

3. 条形码、二维码

二维码是用某种特定的几何图形按一定规律在平面分布的黑白相间的图形记录数据符号信息,通过图像输入设备或光电扫描设备自动识读以实现信息自动处理。

条形码简称为条码,条形码是将宽度不等的多个黑条和空白,按照一定的编码规则排列,用以表达一组信息的图形标识符。常见的条形码是由反射率相差很大的黑条(简称条)和白条(简称空)排成的平行线图案。条形码可以用来标出物品的生产国、制造厂家、商品名称、生产日期、图书分类号、邮件起始点、类别、日期等许多信息,因而在商品流通、图书管理、邮政管理、银行系统等许多领域都得到广泛的应用。二维码和条形码如图 1-18 所示。

图 1-18　二维码和条形码

学习情境 4：数据的表示单位与存储

计算机内部存储和运算数据时,通常要涉及的数据单位有位、字节、字长。

1. 位

计算机只识别二进制数,一个二进制位用“0”或“1”来表示两种状态。因此,计算机中最小的数据单位是二进制的一个数位,简称位(bit),记作 b,例如,1010 为 4 位二进制数。

2. 字节

字节(Byte)是信息存储的基本单位,记作 B,在计算机中,1Byte=8bit,即 1 个字节占用

8个二进制位，可以存放一个ASCII字码，而一个汉字需要两个字节的存储空间。比字节更大的存储单位还有千字节(KB)、兆字节(MB)、吉字节(GB)、太字节(TB)等，它们之间的换算关系如下。

(1) 1KB=1024B。

(2) 1MB=1024KB。

(3) 1GB=1024MB。

(4) 1TB=1024GB。

(5) 1PB=1024TB。

(6) 1EB=1024PB。

(7) 1ZB=1024EB。

(8) 1YB=1024ZB。

3. 字长

计算机中作为一个整体参加运算或处理的一组二进制数，这组二进制数的位数称为计算机的字长，其中一个"字"由两个"字节"(16位)组成，位数越多，所表示的状态也越多，通常说计算机是多少位指的就是在同一时间能处理多少位二进制数，如计算机是64位操作系统，它的字长就是64位，就表示同时能进行64位二进制数的运算，如图1-19所示。

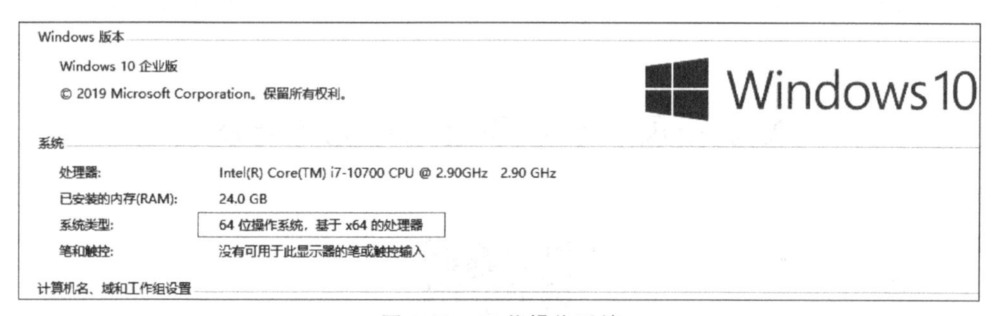

图 1-19 64位操作系统

4. 数据存储

数据存储是指数据流在加工过程中产生的临时文件或加工过程中需要查找的信息。数据会以某种格式记录在计算机内部或外部存储介质上。

常用数据存储方式有NAS、SAN、DAS、硬盘4种。

(1) 网络附属存储(network attached storage，NAS)，NAS是一种专用数据存储服务器，包括存储器件和内嵌系统软件，具有文件集中存储和共享功能。

NAS设备和多台视频存储服务单元均可通过IP网络进行连接，按照TCP/IP协议进行通信，以文件的I/O(输入/输出)方式进行数据传输。一个NAS单元包括文件服务管理工具、核心处理器、一或多个的硬盘驱动器用于数据的存储。

采用NAS方式可以同时支持多个主机端同时进行读写，其共享性能和扩展能力十分优秀；同时NAS可应用在复杂的网络环境中，部署也相当灵活。

(2) 存储区域网络(storage area network，SAN)，SAN是一种专门为存储建立的独立于

TCP/IP 网络之外的专用网络。SAN 网络独立于数据网络存在，因此存取速度比较快，另 SAN 一般采用高端的 RAID 阵列。SAN 提供了一个专用的、高可靠性的存储网络，允许独立地增加它们的存储容量，这使得管理及集中控制更加简化。

(3) 开放系统的直连式存储(direct attached storage，DAS)DAS 主要依赖服务器主机操作系统进行数据的 I/O 读写和存储维护管理，数据备份和恢复需要占用服务器主机资源(包括 CPU、系统 I/O 等)，数据流需要回流主机直连式存储的数据量越大，备份和恢复的时间就越长，对服务器硬件的依赖性和影响就越大。

DAS 与服务器主机之间的连接通常采用 SCSI 连接，随着服务器 CPU 的处理能力越来越强，存储硬盘空间越来越大，阵列的硬盘数量越来越多，SCSI 通道会成为 I/O 瓶颈；服务器主机 SCSIID 资源有限，能够建立的 SCSI 通道连接有限。

(4) 硬盘是计算机主要的存储媒介之一，由一或多个铝制或者玻璃制的碟片组成。碟片外覆盖有铁磁性材料。

无论是 DVR、DVS 后挂硬盘还是服务器后面直接连接扩展柜的方式，都是采用硬盘进行存储的方式。采用硬盘方式进行的存储严格意义上说并不能算作存储系统。因其不具备 RAID 系统，扩展能力还极其有限，无法实现数据的集体存储。应该说硬盘存储方式不适合大型数字视频监控系统的应用。特别是需要长时间录像的数字视频监控系统。一般这种方式都是与其他存储方式并存于同一系统中，作为其他存储方式的缓冲或应急替代。

知识拓展　认识和选购笔记本电脑

认识和选购笔记本电脑

学习效果自测

一、单选题

1. 将信息存储在下列设备中，断电后数据会消失的是(　　)。

A. 内存　　B. 硬盘　　C. 软盘　　D. 光盘

E. U 盘

2. 下列不属于信息的是(　　)。

A. 上课的铃声　　B. 开会的通知

C. 存有照片的数码相机　　D. 电视里播放的汽车降价消息

3. 将十进制数$(35)_{10}$转换成二制数，答案是(　　)。

A. (100011) B. $(100011)_2$ C. $(100011)_{10}$ D. $(110011)_2$

4. 以下为计算机存储单位的是(　　)。

A. QQ B. KB C. WPS D. PS

5. 信息技术的发展历程中,计算机的普及应用和计算机与通信技术的结合是第(　　)次信息技术革命。

A. 1 B. 2 C. 3 D. 4

E. 5

二、多选题

1. (　　)是构成人类社会资源的三大支柱。

A. 能量 B. 信息 C. 宇宙 D. 物质

E. 意识

2. 电报、电话、广播、电视的发明和普及应用是第(　　)次信息技术革命。

A. 一 B. 二 C. 三 D. 四

E. 五

3. 下列是操作系统软件的有(　　)。

A. Windows 98 B. Visual Basic 6.0

C. Linux D. Windows XP

E. Macintosh

4. 在下列软件中不属于操作系统软件的是(　　)。

A. Windows 98 B. Visual Basic 6.0

C. Windows 2000 D. Windows XP

E. Office

5. 计算机内部存储和运算数据时,通常要涉及的数据单位有(　　)。

A. 位 B. 字节 C. 字长 D. 二进制

三、简答题

1. 什么是信息系统?
2. 计算机软件系统具体包含哪些,它们各有什么作用?
3. 什么是二维码?

四、应用题

1. 列举一些你所了解的操作系统。
2. 说说生活中常用应用软件有哪些,它们的作用是什么?

项目 2

计算机网络基础知识

项目简介

随着信息科技的迅速发展以及计算机网络的普及，社会生活的各个方面都越来越依赖计算机网络，在信息化的时代，我们的学习、工作和生活都已经离不开网络，所以我们有必要了解计算机网络方面的相关内容。

知识培养目标

(1) 了解计算机网络的基础知识。
(2) 了解计算机网络的基本设备及其作用。
(3) 掌握常用的无线路由器设置操作。
(4) 掌握电子邮件的使用方法。
(5) 掌握网盘的使用方法。

能力培养目标

(1) 提高学生学习计算机基本知识和提升信息素养的积极性和兴趣。
(2) 具有利用计算机网络解决一些实际问题的能力。
(3) 培养学生具备信息意识、信息社会责任与担当的能力。

课程思政园地

课程思政元素的挖掘及培养如表 2-1 所示。

表 2-1 课程思政元素的挖掘及其培养目标关联表

知 识 点	知识点诠释	思 政 元 素	培养目标及实现方法
网络基础	以共享资源为目的的、自治的计算机集合	教学中给学生介绍我国在网络设备发展的最新成就和著名的 IT 科技公司，激励学生的爱国情怀	培养学生的爱国情怀和学习热情，激励学生树立实业报国的奋斗目标
常用无线路由器设置	家里上网常用的无线路由器	让学生自己通过对常用无线路由器的设置体验，培养学生的实际动手能力和发现问题、解决问题的探索精神	培养学生爱学习、爱钻研的精神。除了基本功能设置讲解以外，其余功能需要学生探索完成，加强学生间的团结协作
常用搜索引擎	用来在互联网上查询和检索出用户所需的信息	让学生懂得互联网不是法外之地，在检索信息的同时明白不是什么内容都可以被搜索的，自觉抵制不良网络风气，不发布不良内容	让学生明白上网时要有文明守法的意识，抵御不良信息和负能量信息

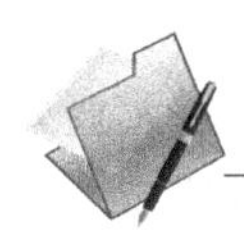

任务1 计算机网络基础

知识目标

(1) 了解计算机网络的基本概念。
(2) 了解计算机网络的分类。
(3) 了解常见的计算机网络设备。
(4) 了解校园网络的基本架构。

技能目标

(1) 掌握计算机网络的分类方法。
(2) 掌握常见的计算机网络设备及其用途。
(3) 掌握常用无线路由器的设置操作方法。

任务导入

在信息化社会中,我们几乎在任何地方都可以上网浏览和处理信息数据,这些相关的网络设备是怎么样的?它们是如何传输和处理这些信息数据的呢?下面我们来好好了解一下。

学习情境1:计算机网络概述及分类

1. 计算机网络概述

计算机网络是由若干节点和连接这些节点的链路组成。网络中的节点可以是计算机、集线器、交换机或路由器等。网络之间还可以通过路由器互连起来,构成一个覆盖范围更大的计算机网络,这样的网络称为互联网。网络把许多计算机连接在一起,而互联网则把许多网络通过路由器连接在一起。这些设备按照网络协议相互通信,共享硬件、软件和数据资源。

总的来说,计算机网络的基本组成包括计算机、网络操作系统、传输介质(可以是有形的,也可以是无形的,如无线网络的传输介质就是无形的无线电波)以及相应的应用软件四部分。

2. 计算机网络分类

计算机网络的分类与一般的事物分类方法一样,可以按事物所具有的不同性质特点(即事物的属性)分类。基于计算机网络的自身特点,我们可以按照它的作用范围、传输方式、使用范围、通信介质等进行分类。

按照网络所涵盖的地理范围分类,可以分为局域网、城域网、广域网。

局域网(LAN)主要用来构建一个小范围的内部网络，例如办公室网络、实验室网络、校园网络等。

城域网(MAN)主要是指在一个比较大的范围内，覆盖范围大概几十千米内，通过专用网络和公用网络连接起来，满足政府、学校、企业等资源共享的需要。

广域网(WAN)也称为远程网，其覆盖范围广，可以是一个地区、一个国家或者几大洲，形成国际性的计算机网络。广域网采用的技术、应用范围和协议标准与局域网和城域网有所不同。

按照网络的传输方式可以划分为广播式网络和点对点式网络。广播式网络是多个用户共享同一通信信道，在网络中只有一条通信信道，网络上的所有终端都共享这个通信信道；而点对点式网络是每两台终端之间通过一条物理线路连接。

按照网络的使用范围可以划分为公用网和专用网。公用网一般是由国家电信部门组建、管理和控制的，可以提供给任何部门和单位使用；专用网是由某个单位或者部门内部组建的，不允许其他单位或部门使用，是一个不对外的网络。

按照网络的通信介质可以划分为有线网络和无线网络。有线网络是采用双绞线、光纤等物理介质传输数据的计算机网络；无线网络是采用微波、红外线等电磁波作为其传输介质的计算机网络，例如我们现在常用的 Wi-Fi 网络。

互联网(Internet)是由多个计算机网络互联而成的计算机网络，可以连接全球任意一台设备，这些网络间的通信规则可以任意选择，采用 TCP/IP 协议族作为通信规则。

学习情境 2：常用网络设备简介

1. 中继器

中继器(图 2-1)是连接网络线路的一种网络设备，主要用于两个网络节点之间物理信号的双向转发工作。中继器是最简单的网络互联设备，主要完成物理层的功能，负责在两个节点的物理层上按位传递信息，完成信号的复制、调整和放大功能，以此来延长网络的长度。

计算机网络中的信号在传输的过程中是要衰减的，中继器的作用就是将信号放大，使信号能传得更远。

2. 网桥

网桥(bridge)也称桥接器(图 2-2)，是把两个局域网连接在一起的存储转发设备，用它可以完成具有相同或相似体系结构网络系统的连接。

图 2-1　中继器

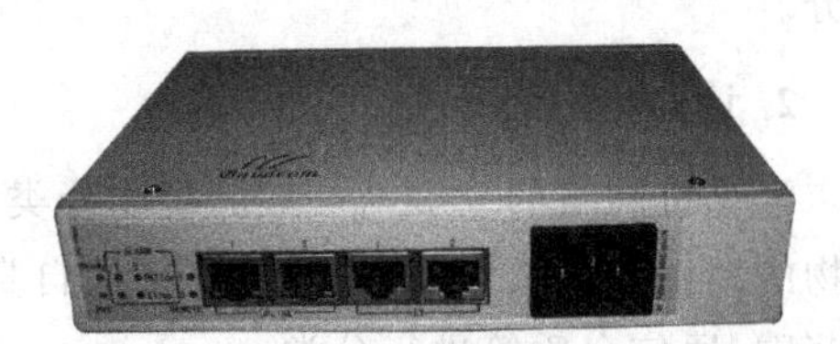
图 2-2　网桥

3. 交换机

交换机(图2-3)是用于光电信号转发的网络设备,它可以为接入交换机的任意两个网络节点提供独享的电信号通路,采用交换技术来增加数据的输入输出总和和安装介质的带宽。一般交换机转发延迟很小,能经济地将网络分成小的冲突网域,为每个工作站提供更高的带宽。我们把交换机可以理解为高级的网桥,它有网桥的功能,但性能比网桥强。

传统的局域网交换机是运行在OSI模型的第二层(数据链路层)的设备,也称为二层交换机或多端口网桥,每个端口都构成一个独立的局域网网段,能有助于改善网络性能;三层交换机就是具有部分路由器功能的交换机,工作在OSI模型的第三层,在企业网和校园网中,一般核心交换机都是三层交换机,可设置路由协议/ACL/QoS/负载均衡等各种高级网络协议,目的是加快大型局域网内部的数据交换。三层交换机不但能够用在核心层,而且有少量应用于汇聚层和接入层。

4. 路由器

路由器(router)(图2-4)是连接两个或多个网络的硬件设备,即对不同网络进行连接。它是读取每一个数据包中的地址然后决定如何传送的智能性的网络设备,路径的选择就是路由器的主要任务。路径选择包括两种基本的活动:一是最佳路径的判定;二是网间信息包的传送。

图2-3 交换机

图2-4 路由器

5. 网关

网关(gateway),又称网间连接器、协议转换器。网关在网络层以上实现网络互联,是最复杂的网络互联设备,仅用于两个高层协议不同的网络互联,是互联网络中操作在OSI网络层之上的具有协议转换功能设施,之所以称为设施,是因为网关不一定是一台设备,有可能在一台主机中实现网关功能。

在现代网络架构中,常常用路由器取代网关设备,所以可以说,路由器是一种典型的网关设备。它可以连接多个逻辑上分开的网络,当数据从一个子网传输到另一个子网时,可通过路由器的路由功能来完成。因此,路由器具有判断网络地址和选择IP路径的功能,它能在多网络互联环境中,建立灵活的连接,可用完全不同的数据分组和介质访问方法连接各种子网。

学习情境3:校园网络的基本架构

校园网就是将校园内各种不同应用的信息资源通过高性能的网络设备相互连接起来,形成校园园区内部的网络系统,并通过路由设备接入外部广域网。校园网能够与外界进行广域网的连接,提供、享用各种信息服务,其具有完善的网络安全机制,能够与原有的校园内部局域网络和应用系统连接,调用原有各种系统的信息。校园网络,将各处的计算机连成一个信息网,实现各类信息的统一性和规范性;教职员工和学生可共享各种信息,进行各种信息的交流、经验的分享、讨论、消息的发布、协同工作等活动，从而有效地提高学校的现代化管理水平和教学质量，增强学生学习的积极性、主动性。

如图 2-5 所示，校园网络普遍采用了三层网络构成模式，即核心—汇聚—接入的三层架构。

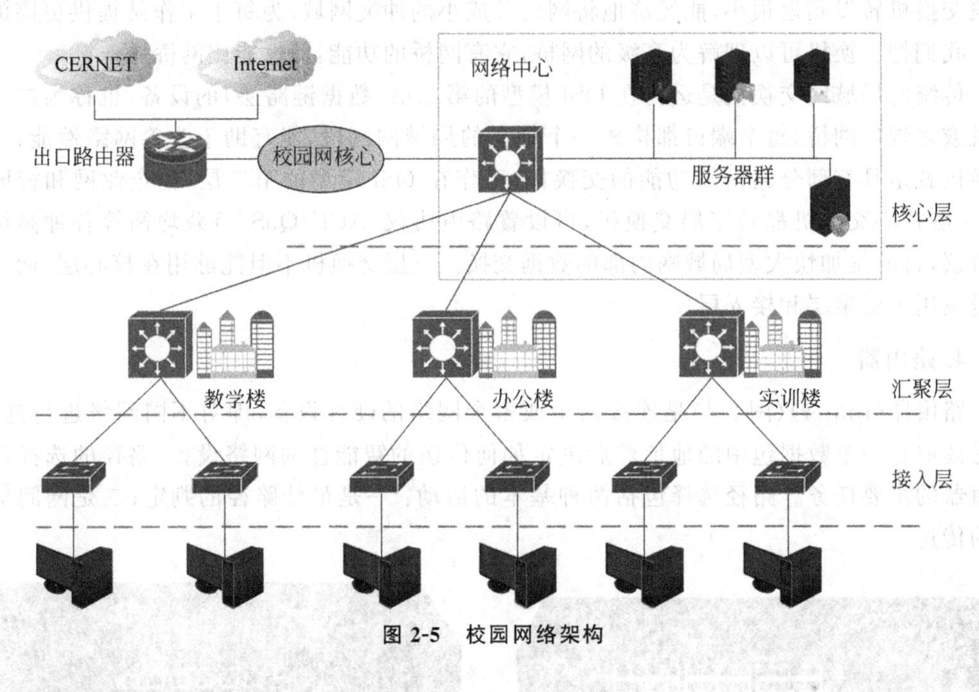

图 2-5　校园网络架构

1. 核心层

核心层是由核心交换机、服务器、存储器、路由器和防火墙等网络设备组成，主要用于网络的高速交换主干，是校园网的关键设备，核心层设计任务的重点通常是冗余能力、可靠性和高速的传输。

2. 汇聚层

汇聚层主要由汇聚层交换机(三层交换机)组成，着重于提供基于策略的连接，起着承上启下的作用，负责对各种接入的汇聚。

3. 接入层

接入层主要由接入层(二层交换机或集线器)设备组成，负责将包括计算机、AP 等在内的工作站接入网络。这样的设计能够将一个复杂的大而全的网络分成三个层次进行有序管理。

比如说一个学校，其用户数几千人到几万人，其网络机房中的网络设备，如核心交换机、路由器、防火墙等设备共同组成的区域可以看作核心层，每个楼层中的交换机等设备可以看作接入层，而楼和楼之间连接接入层和核心层之间的区域就是汇聚层。

学习情境 4：无线路由器的设置

现在家里和单位及某些公共场所都配备了无线网络设备满足大家随时随地上网的需

求，当无线网络设备(笔记本电脑、手机、平板电脑及所有带 Wi-Fi 功能的设备)有联网需求时，通过组建无线局域网就可以解决线路布局问题，实现有线网络的同时，还可以实现无线共享上网。

1. 常用无线路由器

无线路由器的主要功能就是将有线网络信号转换成无线电波发射出来，转发给附近无线网络设备，这样就可以在没有网线的情况下，实现无线网络设备与网络的数据通信，也就是可以实现联网功能。如图 2-6 所示，这个是常见的无线路由器，接下来我们了解一下无线路由器的设置过程。

如图 2-7 所示，首先要了解无线路由器的各个接口，Power 是接电源线，黄色的 WAN 口是接入户宽带线，白色的 LAN 口是接计算机等终端，蓝色的 USB 接口可以外接优盘进行相关操作，黑色的小圆点 RESET 是重启路由器的物理按钮。

图 2-6 无线路由器

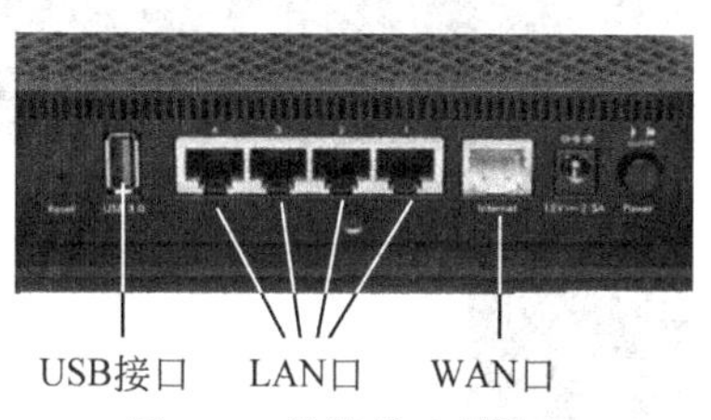

图 2-7 无线路由器接口

2. 无线路由器的设置

(1) 物理连线完成后，可以先查看无线路由器背面的贴纸，上面有很多重要信息，如图 2-8 所示，可以查询到无线路由器设置的管理页面地址为“melogin.cn”。将这个地址输入浏览器地址栏中，就可以进入了无线路由器的管理界面了，接下来可以对路由器进行相应设置。

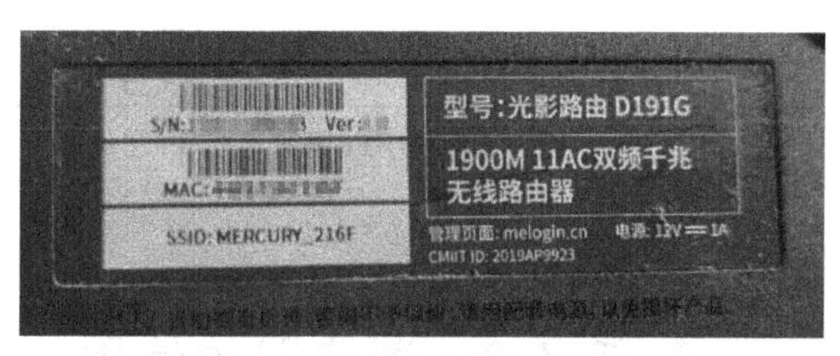

图 2-8 无线路由器相关信息

(2) 先选择 WAN 口设置，如图 2-9 所示，上网方式选择宽带拨号上网，输入运营商提供的宽带账号和密码，其他选择默认值就行，然后单击“保存”按钮，就可以正常自动连入网络了。

(3) 联网设置完成后，接下来开始 Wi-Fi 设置，如图 2-10 所示，选择 Wi-Fi 设置，输入要设置的 Wi-Fi 名称(SSID)和 Wi-Fi 密码，路由器将会自动设置完成。然后在无线设备端找到 Wi-Fi 名称，再输入正确的密码即可上网遨游了。

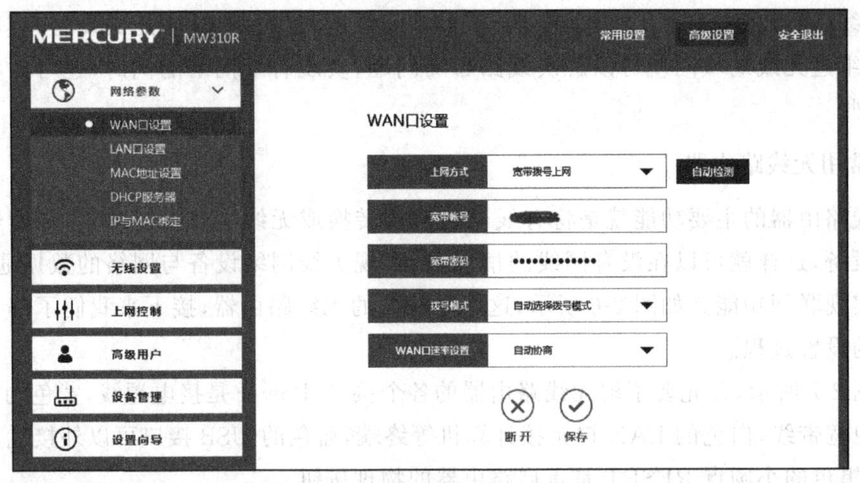

图 2-9　无线路由器 WAN 口设置

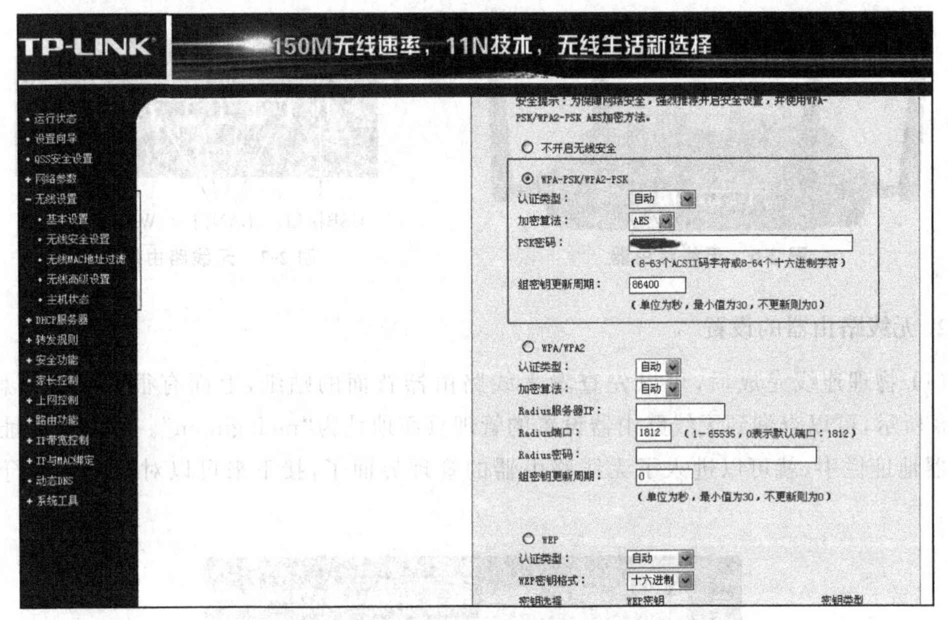

图 2-10　Wi-Fi 设置

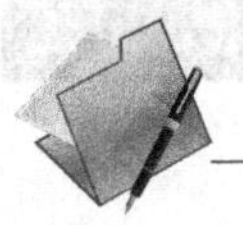

任务 2　浏览器的使用

知识目标

(1) 了解浏览器的下载、安装过程。
(2) 认识浏览器的地址栏和收藏夹。
(3) 了解浏览器设置菜单选项。
(4) 了解浏览器的收藏夹使用方法。

技能目标

(1) 熟练掌握在网页中下载软件的方法。

(2) 熟练掌握安装下载软件的方法。

(3) 熟练掌握使用收藏夹的方法。

(4) 熟练掌握查看浏览器中的历史记录方法。

任务导入

我们平常在网上浏览新闻或查询信息的时候都离不开浏览器，那你知道常用的浏览器都有哪些吗？如何下载和安装我们需要的浏览器呢？在使用浏览器时还有哪些技巧呢？

学习情境1：下载安装浏览器

一般来说计算机在安装完操作系统后会自带浏览器，但如果我们想使用其他的浏览器就需要从网上下载，现在常见的有谷歌浏览器、火狐浏览器、Edge浏览器、猎豹浏览器、搜狗浏览器、360浏览器、QQ浏览器等，下面我们来学习浏览器的下载和安装操作方法。

首先打开搜索引擎，然后搜索需要下载的浏览器名，以QQ浏览器为例，优先选择官方认证的网页，非官方认证的网页会下载一堆绑定软件。选择对应的版本，这里选择PC端，然后单击“立即下载”按钮，弹出的窗口中单击“运行”按钮，等待下载完成后，出现浏览器安装界面，这个时候不要急于“安装”，这个就是容易出错的点，因为这个时候Windows操作系统默认安装位置是C盘，也就是计算机系统盘，长期如此，C盘空间就会越来越小，影响计算机使用体验。这个时候我们需要更改安装位置，更改成非系统盘的盘符，下面打钩的选项按需选择，然后单击“安装”按钮。安装完成后，桌面上就会有对应的图标，此时QQ浏览器已经安装完毕。

想要查看新闻或查询信息的时候，在地址栏直接输入网址，或者使用搜索引擎输入关键字，这样就可以找到想要的信息了。

学习情境2：网页中信息的保存

当我们准备离线访问某个网页时，或者想一直留存某个网页上的内容，而不用担心之后被更改或删除，那么保存网页就会很有用。现在的浏览器都可以保存网页以提供离线查看，还能借助特殊程序一次性下载站点上的所有页面。

1. 打开要保存的网页

首先在浏览器中输入网址，打开需要保存的网页。

2. 打开“另存为”窗口

如图2-11所示，打开浏览器“菜单”命令，选择“网页另存为”命令(也可以用Ctrl+S组合键)，这个时候会看到“文件”或“图片”保存选项，选择所需保存选项。这里以选择“文件”为例，选择存放位置保存后，我们就能找到HTML文件，包含了来自页面的所有信息。

图 2-11　浏览器“另存为”选项

3. 选择保存的文件名及保存类型

如图 2-11 所示，单击“网页另存为”命令后，出现如图 2-12 所示的选择保存类型的对话框，是需要完整的页面还是只要 HTML，这个在保存选项里有选择，可以选择“网页，全部”或“网页，仅 HTML”，保存完整的页面会将页面上的所有媒体下载到一个单独的文件夹中，即使处于离线状态也可以查看页面中的图片。

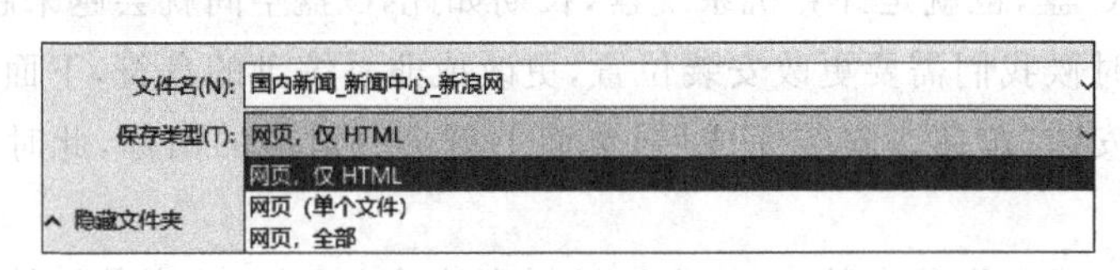

图 2-12　选择网页的“保存类型”

4. 打开保存的网页

双击已保存的 HTML 文件，将在计算机系统的默认浏览器中打开保存的网页文件，即使计算机处于离线状态也可以打开浏览。

学习情境 3：使用书签（收藏夹）

书签（也称收藏夹）就是浏览网页时保存的网页地址，用浏览器的书签功能可以保存经常访问的网页，使用时直接从书签中单击即可打开。经常要访问的网页，可以把它加入书签中，如图 2-13 所示，以百度网站为例，第一次输入网址后，可以单击地址栏下面最左边的五角星书签图标，再单击“添加书签”命令，这样就可以把网址添加进书签，下次需要打开的时候，直接单击书签内相应图标，不再需要输入网址。而且现在浏览器只要注册登录自己的账号，换台计算机登录，书签中的内容也会同步，使用起来非常方便。

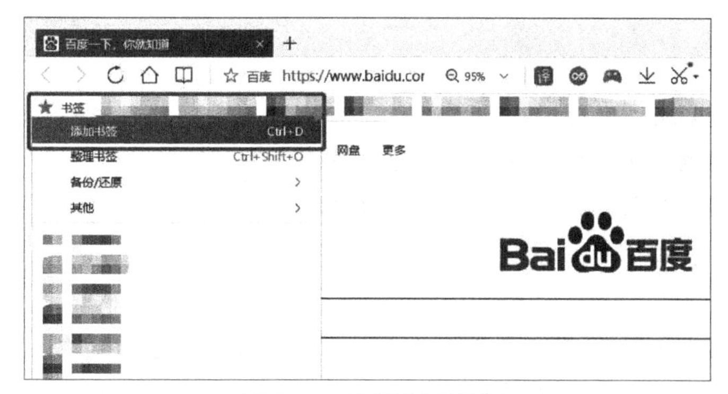

图 2-13 浏览器“书签”

学习情境 4：查看浏览过的历史记录

在使用计算机进行新闻浏览或查阅某些资料的时候，计算机浏览器中会留下痕迹。如果忘记了曾经浏览的内容，可以通过浏览器的“历史记录”来查找，如图 2-14 所示，可以查看某段时间内的网页浏览历史记录。当然，前提是浏览记录没有被清理才能查看，如果清理或开启无痕浏览模式(可以在浏览器设置内开启)，是没有记录可以查看的。

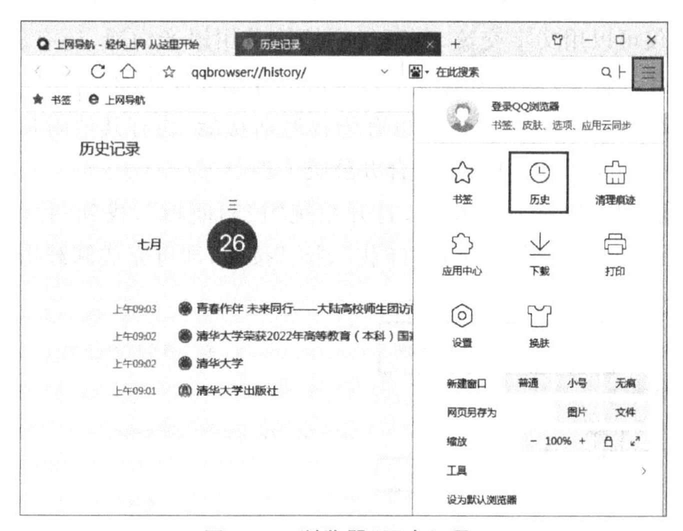

图 2-14 浏览器“历史记录”

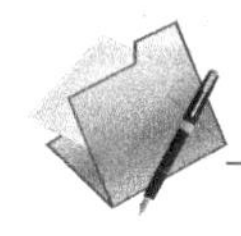

任务 3 常用网络通信软件

知识目标

(1) 了解常用网络即时通信软件的安装及卸载方法。

(2) 学会发送和接收电子邮件的方法。

(3) 学会使用百度网盘。

技能目标

(1) 掌握下载和卸载软件的方法。

(2) 掌握使用电子邮箱发送邮件和查看邮件的方法。

(3) 掌握使用百度网盘上传和下载资料的方法。

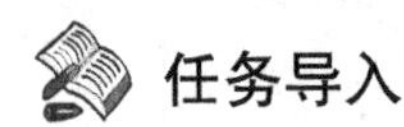

任务导入

现在我们的生活和工作已经离不开通信软件了,即时通信软件以微信和腾讯 QQ 居多,当然还有很多工作是通过电子邮箱来进行交流和联络的,在使用中用网盘传输和存储信息和数据都是相当方便,下面具体看看在使用它们的过程中有哪些比较特殊的地方。

学习情境 1:常用网络通信软件腾讯 QQ 和微信

现代网络与通信技术的高速发展,为人们提供了更为快捷的通信和联络方式,无论是语言方面还是信息数据与文件传输分享,都能随时随地进行,极大地方便了我们的工作和生活,其中最为常用的即时通信软件就是腾讯 QQ 与微信,无论是用手机还是计算机,都是非常的方便和快捷。微信是移动互联网的产物,操作简单,容易上手,只需要手机号+验证码即可快速注册,不仅可以用文字交流,也可以直接简单用语音沟通,还有朋友圈、公众号、小程序等功能,主打熟人社交,适合所有人群。腾讯 QQ 是互联网的产物,丰富好玩却不简约,腾讯 QQ 偏向于文字交流,现在的版本也有语音通话功能,还有其他附带功能,主打陌生人社交,并且保存文件的时间比微信长,适合办公类人群。

当需要卸载软件时,如图 2-15 所示,打开系统"控制面板",找到"程序和功能",选择所需卸载的软件(腾讯 QQ 或微信),单击"卸载/更改"按钮,即可完成卸载操作。

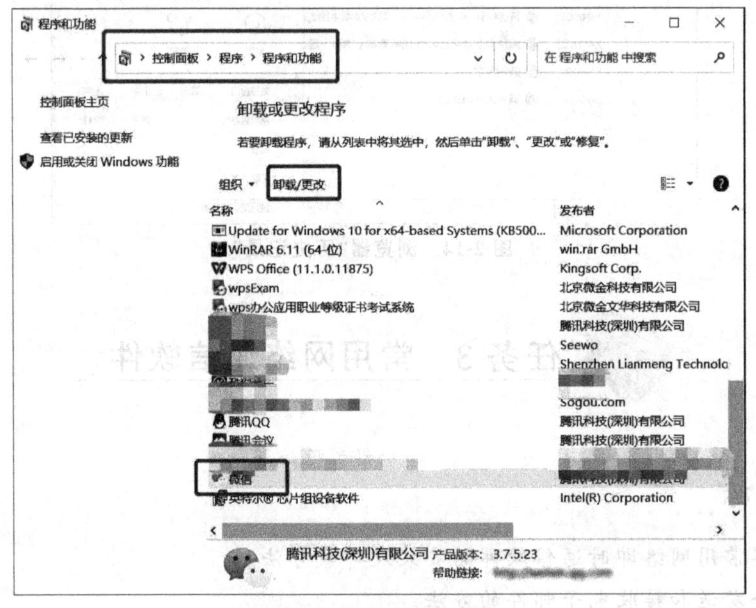

图 2-15 微信程序卸载

学习情境 2：使用电子邮箱

现在互联网上用电子邮箱(E-mail)联络也非常方便,还可以发送附件,下面介绍在网上发送电子邮件的具体方法。打开邮箱(以腾讯 QQ 邮箱为例),在浏览器地址栏输入腾讯 QQ 邮箱网址登录或从腾讯 QQ 软件顶端界面单击“邮件”符号进入邮箱。

如图 2-16 所示,单击“写信”按钮,输入收件人邮箱地址、邮件主题内容、正文内容,如有文件需要一起发送,可以选择“添加附件”,将文件加入邮件内,单击“发送”按钮,即可快速给对方发送邮件。

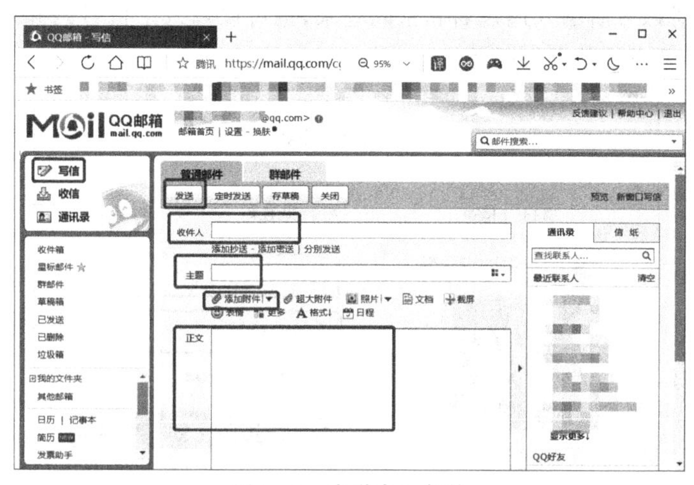

图 2-16　发送电子邮件

当收到别人发送给我们的邮件后,打开邮箱,如图 2-17 所示,单击“收件箱”按钮,即可看到别人发送的邮件,单击邮件标题即可打开邮件内容浏览,也可以在这里找到以往接收到的邮件。在查看邮件时,要注意陌生人发的邮件,特别是里面有链接、图片的邮件,以防产生计算机安全问题。

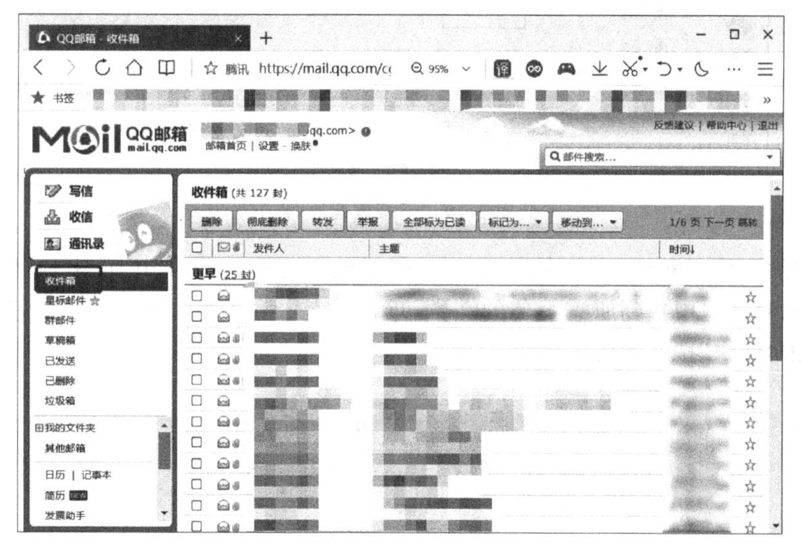

图 2-17　查看电子邮件

学习情境 3：运用百度网盘进行云存储操作

现在各大网络科技公司都提供云存储，可以在网络云端里存储文件、照片、视频、软件备份等，只需要拖曳就可以上传到网盘，使用起来非常方便，并且支持多种终端并用，支持多类型文件的备份、查看、分享等，在智能终端还可以播放音频和视频资源，可以分享至软件应用中，支持 NAS、硬盘等本地文件在云端存储和管理等。

下面以最常用的百度网盘为例来介绍云存储的操作方法。首先进入百度网盘的官方页面，选择使用平台对应版本，下载完成后进行安装，自定义安装文件位置，安装完成后如图 2-18 所示，注册账号后输入用户名和密码登录，也可以输入手机号码和短信快捷登录，或者使用微信、QQ 等账号进行扫码登录。

图 2-18　百度网盘登录界面

打开百度网盘客户端后，如图 2-19 所示，选择想要下载的文件，然后单击顶部的“下载”选项，在弹出的选项框内，选择好保存位置，单击“下载”按钮即可。

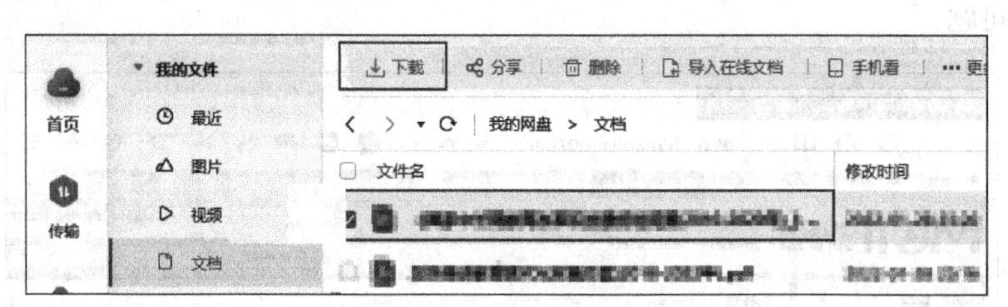

图 2-19　下载网盘文件

要把文件上传到网盘中，就在如图 2-20 所示的百度网盘界面中，单击顶部的“上传”选项，在打开的对话框中找到所需上传的文件，单击“存入百度网盘”按钮，选择好网盘内的保存路径，单击“确定”按钮即可上传。

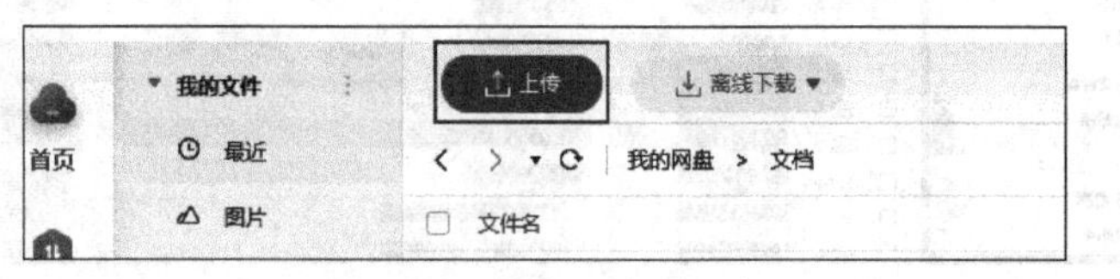

图 2-20　上传文件到网盘

把网盘中的文件进行共享只需要把百度网盘链接分享给别人，然后把链接复制并粘贴到浏览器的地址栏中，打开后输入提取码(如果没有直接访问)，单击“提取文件”按钮，就能看到分享的文件，如图 2-21 所示，单击“下载”按钮就可以下载该文件。如果想要保存到自己的网盘，可以单击“保存到网盘”选项，在打开的窗口中选择保存位置单击“确定”按钮即可。

图 2-21 提取网盘分享文件

知识拓展 计算机病毒的查杀技术

计算机病毒的查杀技术

学习效果自测

一、单选题

1. 计算机网络的主要作用是实现(　　)。

   A. 硬件共享　　B. 软件共享　　C. 数据共享　　D. 资源共享

2. 一般学校内部的网络类型是(　　)。

   A. 局域网　　B. 城域网　　C. 广域网　　D. 互联网

3. 交换机处于网络结构中的(　　)。

   A. 物理层　　B. 数据链路层　　C. 网络层　　D. 高层

4. 网桥设备处于网络结构中的(　　)。

   A. 物理层　　B. 数据链路层　　C. 网络层　　D. 高层

5. 网络设备里中继器的主要作用就是将信号(　　)，使其传播得更远。

   A. 缩小　　B. 滤波　　C. 整形和放大　　D. 压缩

二、判断题

1. 一般学校内校园网是由多个局域网互联组成的，因此它是广域网。(　　)
2. 路由器是构成因特网的关键设备，按照 OSI 参考模型，它工作于数据链路层。(　　)
3. 局域网和局域网互联必须使用路由器才行。(　　)

三、简答题

1. 什么是计算机网络？计算机网络由哪几部分组成？

2. 计算机网络的特点是什么？是如何进行分类的？

3. 当你在使用U盘等移动设备的时候，其打开方式是什么？

4. 试描述一下无线路由器由哪些接口组成。

四、操作题

1. 任意选择一个网站注册邮箱并登录，给老师邮箱（由教师提供）发送一封邮件，邮件内容及主题自拟，要求附一张图片和一个其他文件一起发送。

2. 自行从网上下载并安装一个浏览器，访问学校官网，把它添加到浏览器收藏夹内；任意访问一个网页，并将网页信息保存下来；查询浏览器历史记录，将刚刚访问的记录截图发送给教师。

3. 自行下载并安装一款杀毒软件，对计算机进行一次病毒和高危漏洞扫描，并对检测出的漏洞进行修复；扫描自己的U盘等移动存储设备，如有问题进行查杀；开启计算机广告过滤防止弹窗。

项目 3

计算机、网络与移动终端维护技术

项目简介

本项目主要以计算机、网络与移动终端的日常维护为目标，涉及计算机硬件维护、计算机软件维护、网络故障的诊断与修复、路由器 Wi-Fi 设置、手机维护软件的使用等知识。

知识培养目标

(1) 掌握计算机硬件日常维护的方法。
(2) 掌握使用软件对计算机进行日常维护的方法。
(3) 掌握使用 ping 命令诊断网络故障的方法。
(4) 掌握系统自带功能诊断修复网络的方法。
(5) 了解网络诊断修复软件的使用方法。
(6) 了解通过设置路由器防止蹭网的方法。
(7) 了解移动终端，了解手机维护软件的使用。

能力培养目标

(1) 具备微型计算机硬件、软件日常维护的能力。
(2) 具备网络故障诊断和修复的能力。
(3) 具备使用应用软件日常维护手机的能力。

课程思政园地

课程思政元素的挖掘及培养如表 3-1 所示。

表 3-1　课程思政元素的挖掘及其培养目标关联表

知识点	知识点诠释	思政元素	培养目标及实现方法
计算机硬件维护	计算机硬件设备拆装、除尘、加注润滑油等操作	勤于动手，吃苦耐劳：不怕脏、不怕累的劳动精神很可贵，劳动创造美好生活。学技能、报师恩，让学生学会感恩	通过实践活动，让学生体会到通过学会的技能、通过自己的劳动获得成功时的愉快感觉，培养学生吃苦耐劳的品质、激发学生学习技能的热情
Wi-Fi 设置	Wi-Fi 密码设置，开启 MAC 地址过滤功能	学以致用，安全防患：使用知识的力量维护自己的合法利益，防止其他用户侵占自己的网络资源。同时增强网络安全意识，不随意连接陌生的无线网络	通过学习让学生感受到知识的重要性，培养学生维护自己权益的意识、增强学生网络安全的意识

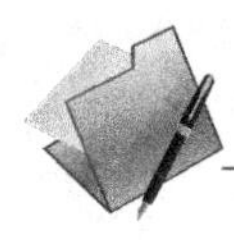

任务1 计算机维护技术

知识目标

(1) 了解计算机硬件维护的常用工具。
(2) 了解计算机软件维护的常用工具软件。

技能目标

(1) 掌握计算机机箱内的除尘方法。
(2) 掌握磁盘清理的方法。
(3) 掌握碎片整理的方法。
(4) 掌握开机启动设置的方法。
(5) 掌握 Windows 优化大师的使用方法。
(6) 掌握 360 安全卫士的常用设置方法。

任务导入

家里的计算机使用时间长了就感觉慢变卡了,甚至噪声也大了,这时候就需要我们对它进行一些必要的维护,包括对机箱里面的硬件维护,还有系统软件的优化等,下面我们就来学习一些相关的知识。

学习情境1:计算机硬件的维护

日常使用计算机只清理表面是不够的,由于机箱内散热风扇散热过程中会产生气体交换,日积月累,就会产生很多灰尘,长期不清理不仅会影响主机的性能,还可能造成元器件短路等严重后果。主机内的各种板卡与气体长期接触,金手指、插槽表面会产生氧化层,会导致接触不良。因此,定期维护计算机硬件是非常必要的。

1. 计算机日常维护常用的工具

计算机日常维护常用的工具有螺丝刀、软毛刷、硅脂及涂刷、强力吹风机、润滑油、橡皮、细砂纸、计算机专用清洁剂、清洁巾等,如图 3-1 所示。

软毛刷

硅脂以及涂刷

强力吹风机

计算机专用清洁剂

图 3-1 计算机日常维护常用工具

2. 除尘及风扇加注润滑剂

断开计算机电源，拔下机箱前后面板的所有连接线，将主机拿到室外通风良好的空旷处。

1）除尘

通过洗手或触摸一下金属暖气管子放掉人体静电，用螺丝刀拧下机箱侧盖螺丝，取下机箱侧盖，发现机箱内藏匿了很多灰尘和絮状物。佩戴好口罩和防护镜，用吹风机将机箱内部灰尘吹干净，如图 3-2 所示。吹风时要避开电子元件，避免对其造成损伤。

散热片、散热孔、电路板上，尤其是风扇还会有脏物附着在上面，要用毛刷将这些部位刷一刷，再用吹风机吹干净，最后用棉签彻底将扇叶擦干净，如图 3-3 所示。

图 3-2 使用强力吹风机吹灰尘

图 3-3 使用软毛刷清理灰尘

2）风扇加注润滑剂

机箱内有 CPU 风扇、电源风扇、独立显卡风扇、机箱风扇等，它们是计算机噪声的来源，如果出现风扇声音异常，可以加注一点润滑油。

注意：如果不是专业人员，建议不要拆卸或清理机箱内的各部件。

以 CPU 散热风扇加注润滑油为例，清理步骤如下。

（1）拆下 CPU 风扇，将风扇下面中间的保护封纸揭开，不要将粘贴面污损，如图 3-4 所示。

（2）往里面滴 1～2 滴润滑油，如图 3-5 所示，再将封纸贴好。

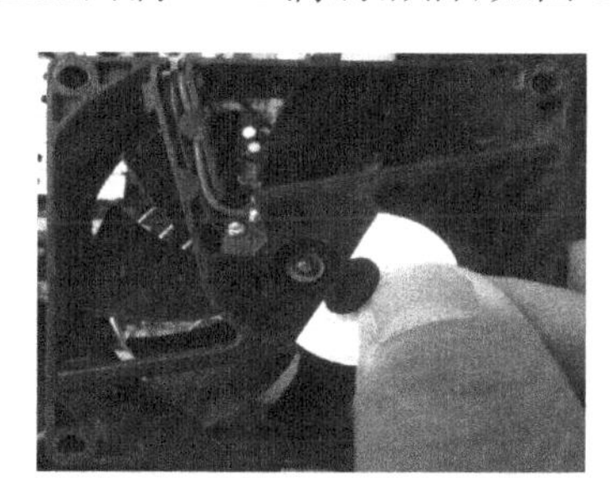

图 3-4 揭开风扇封纸

图 3-5 给风扇上油

3. 处理各种板卡的金手指及插槽的氧化层

与主板上插槽相连的板卡有显卡、网卡、内存条、M.2 接口的固态硬盘等，以内存条为例，双手适当用力按下内存插槽两端的卡扣，即可拆下内存条。

1）金手指氧化层的处理

一手拿好内存条，一手用橡皮擦稍稍用力往返擦拭内存条金手指的两面。擦拭过程中要小心，不要损伤内存条上的电子元件，如图 3-6 所示。

2）插槽氧化层的处理

采用最细的砂纸，将砂纸对折，打磨面向外，然后插入内存插槽，小心地上下移动，打磨触点，如图 3-7 所示，不能左右移动，以免造成触点弹片移位。

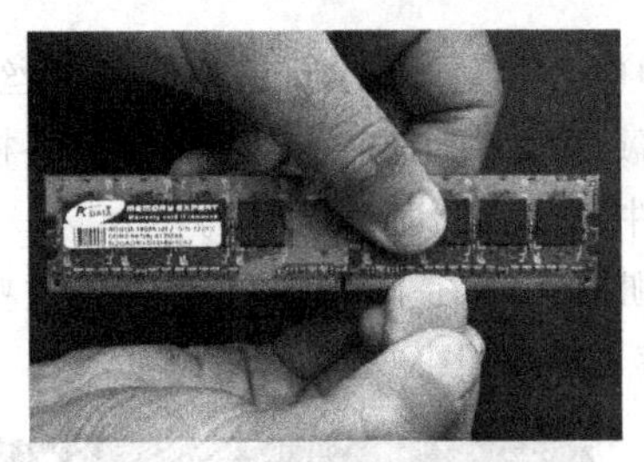

图 3-6　擦拭内存条金手指

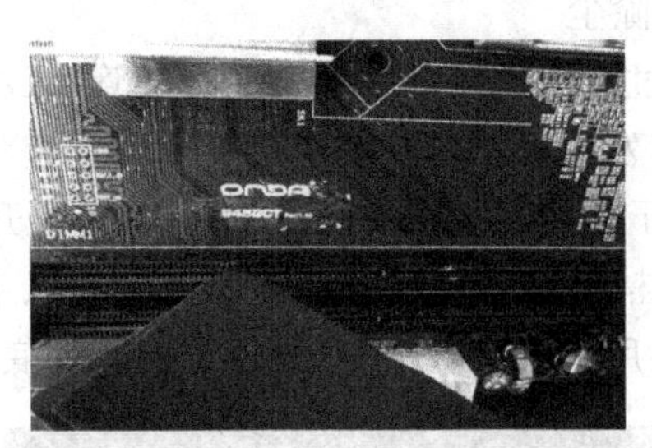

图 3-7　打磨内存插槽

学习情境 2：计算机软件的维护

计算机长时间使用，如果不进行定期维护，会产生大量的磁盘碎片、垃圾文件，这会使注册表变得越来越臃肿，还可能被病毒侵袭，导致计算机运行越来越慢，性能下降。所以，要经常进行计算机软件的维护，以保障计算机性能始终处于最佳状态。

1. 使用 Windows 10 操作系统自带工具维护计算机

1）磁盘清理

从“开始”程序中找到“Windows 管理工具”→“磁盘清理”，如图 3-8 所示，单击后弹出“磁盘清理：驱动器选择”对话框，在“驱动器”下拉列表中选择需要清理的磁盘驱动器，单击“确定”按钮，如图 3-9 所示。

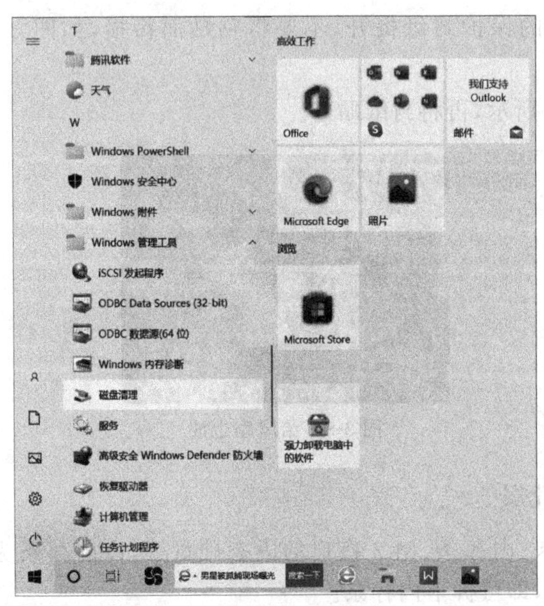

图 3-8　磁盘清理

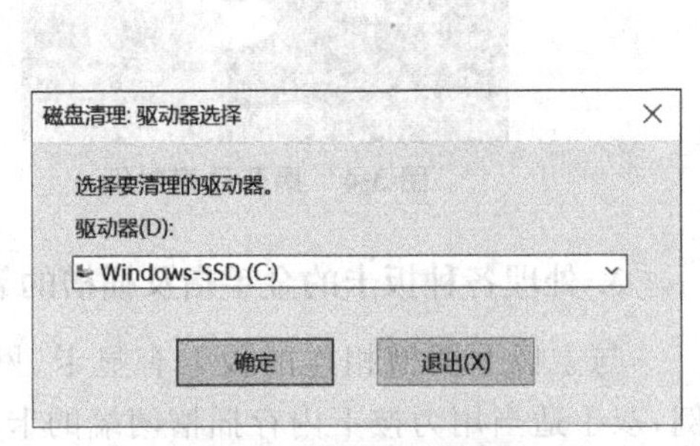

图 3-9　驱动器选择

系统对磁盘扫描后，弹出对话框，在“磁盘清理”菜单中显示可清理的文件，如图 3-10 所示。在“要删除的文件”列表中选择要清理的文件，单击“确定”按钮开始清理。另外，在“其他选项”菜单中，如果单击“清理”按钮，可跳转到操作系统的“程序和功能”对话框（该功能在“控制面板”→“程序”中），如图 3-11 所示，选中想要卸载的程序，单击“卸载”按钮即可完成所选程序的卸载。

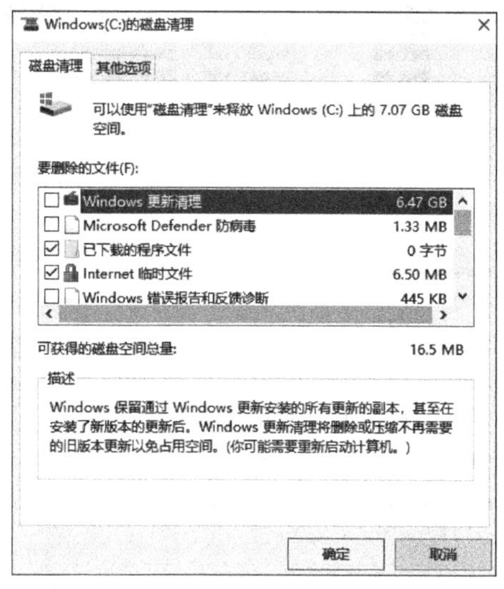

图 3-10 “磁盘清理”对话框

图 3-11 卸载或更改程序

2）碎片整理和优化驱动器

从开始程序中找到“Windows 管理工具”→“碎片整理和优化驱动器”，单击后弹出“优化驱动器”对话框，如图 3-12 所示。选择要整理的驱动器，单击“优化”按钮，即可进行碎片整理，在“当前状态”菜单下显示整理情况，如图 3-13 所示。

3）设置开机启动项

有些应用软件在安装时被设置成了开机启动，打开计算机时这些软件就自动运行，影响系统的运行速度，所以要禁止不必要的软件开机启动。

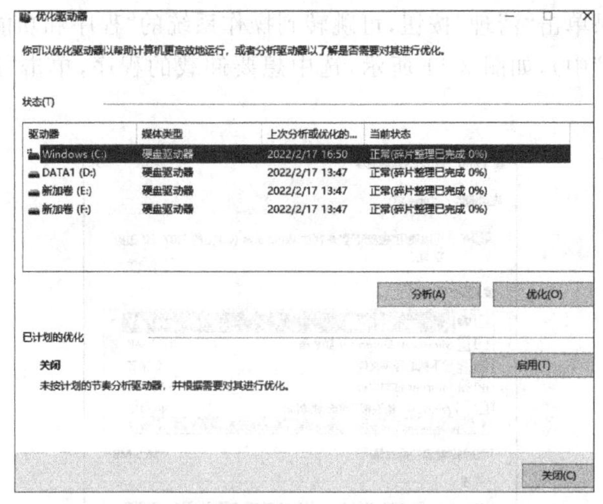

图 3-12 “优化驱动器”对话框

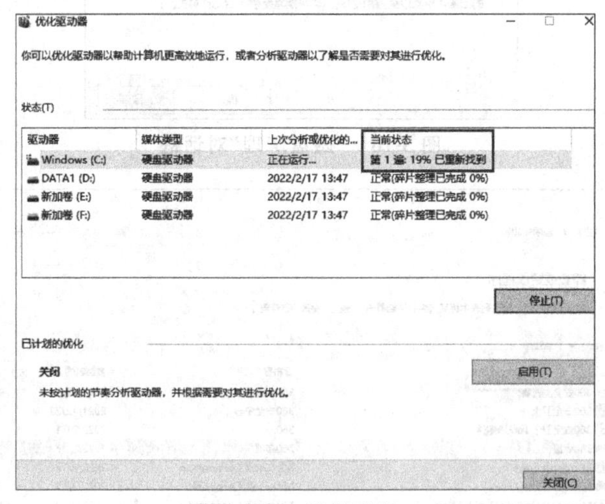

图 3-13 优化进程

在右下角的搜索栏中输入“任务管理器”，如图 3-14 所示，调出“任务管理器”对话框，选择“启动”菜单，选择要禁用的程序，单击“禁用”按钮即可，如图 3-15 所示。

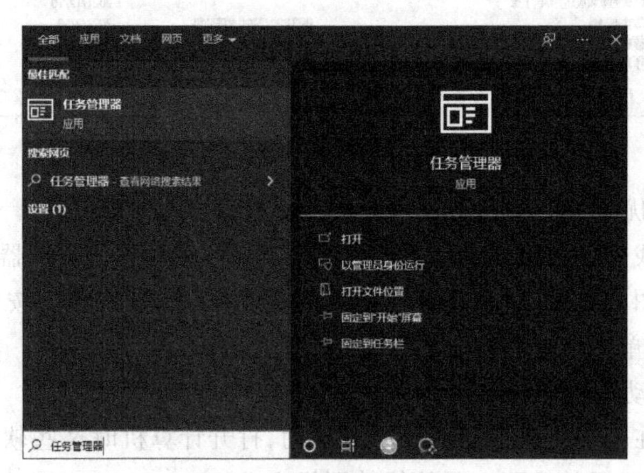

图 3-14 启动任务管理器

图 3-15 禁用程序

2. 使用工具软件维护计算机

1）Windows 优化大师

Windows 优化大师是一款功能强大的系统辅助软件，它提供了全面有效、简便安全的系统检测、系统优化、系统清理、系统维护四大功能模块及数个附加的工具软件。

启动“Windows 优化大师”，如图 3-16 所示，单击界面右侧的“一键优化”按钮，就会立即开始进行系统优化，在软件界面下方可以看到优化的进程，如图 3-17 所示。

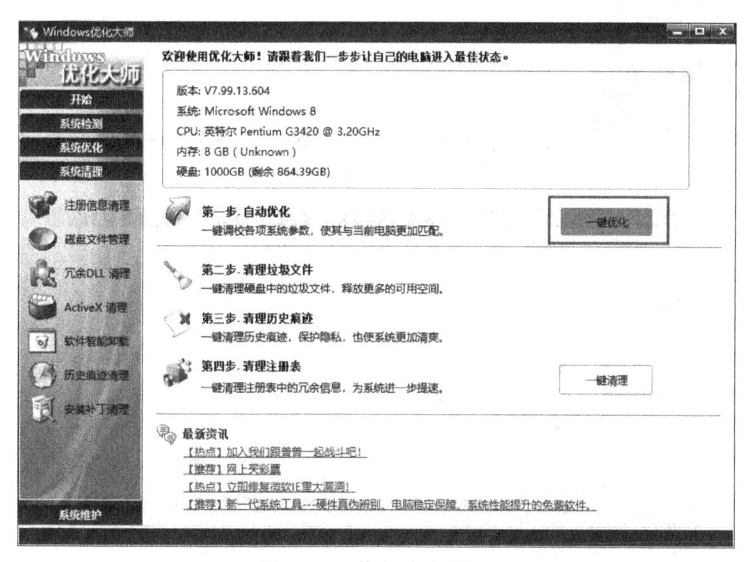

图 3-16 优化大师界面

Windows 优化大师，能够有效地帮助用户了解自己的计算机硬件信息，如图 3-18 所示，软件信息如图 3-19 所示。在“软件信息列表中”可以选择要卸载的软件，单击“卸载”按钮进行卸载。

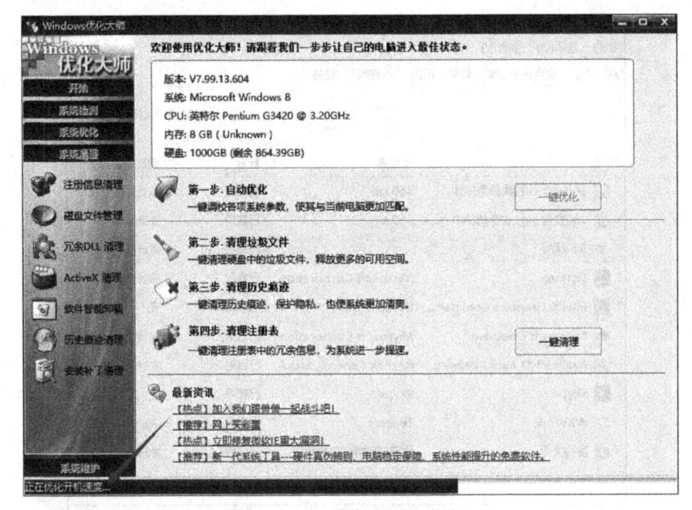

图 3-17　优化运行进程

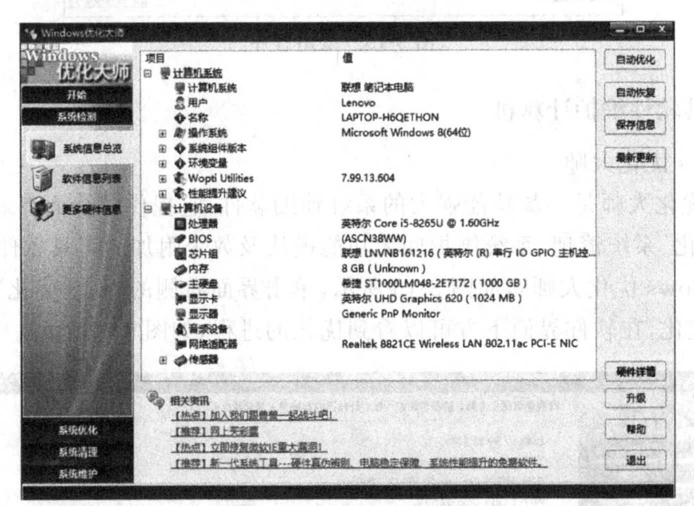

图 3-18　显示硬件信息

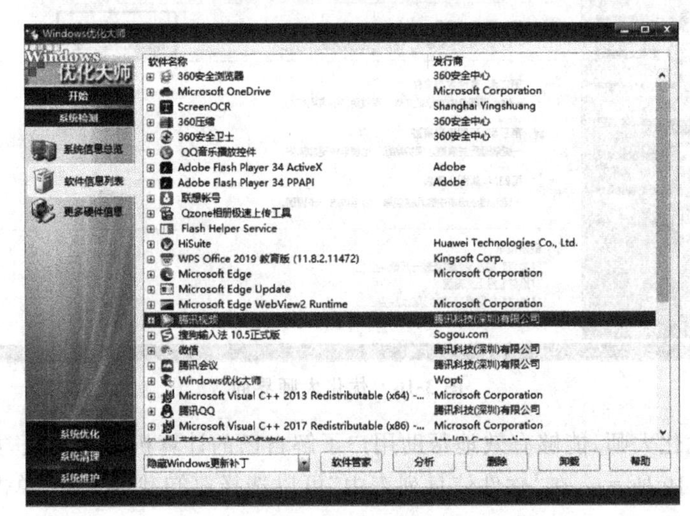

图 3-19　显示软件信息

2）360 安全卫士

360 安全卫士是 360 公司推出的一款功能强大、高效防护、人性化的安全杀毒软件。它拥有强大的检测与查杀病毒和恶意软件的功能，能彻底清除隐藏在系统中的恶意软件，保护计算机安全。

启动“360 安全卫士”，“此电脑”“木马查杀”“电脑清理”“系统修复”“优化加速”等功能清晰排布，而且使用时都是一键操作，如图 3-20 和图 3-21 所示。

图 3-20 一键清理

图 3-21 一键加速

“功能大全”中有许多实用、常用的小工具，如图 3-22 所示。在“软件管家”中可以方便地实现软件的安装、升级、卸载，如图 3-23 所示，从“软件管家”安装的软件都经过 360 安全中心检测，更安全。

计算机软件、硬件的维护所涉及的内容很多，在此不再赘述，在实际操作中会遇到很多不同的问题，大家要不怕困难，不怕麻烦，积极地想办法去解决问题，积累更多的计算机维护的经验。

图 3-22 功能大全

图 3-23 软件管家

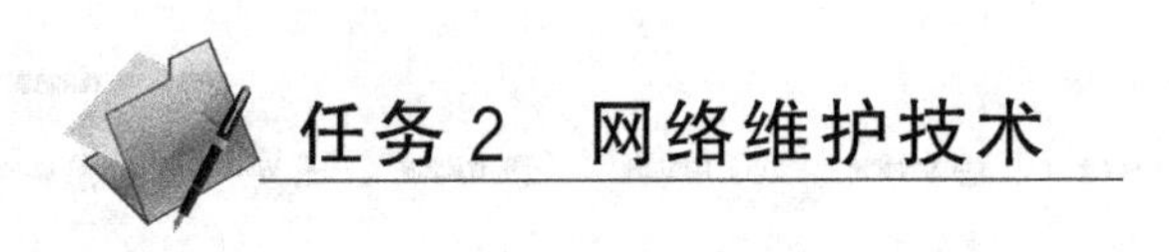

任务 2 网络维护技术

知识目标

(1) 了解常见的网络故障。

(2) 了解网络使用中故障诊断与修复的方法。

技能目标

(1) 掌握网络诊断命令的使用方法。

(2) 掌握网络修复命令的使用方法。

(3) 掌握 360 断网急救箱的使用方法。

(4) 掌握控制"蹭网"用户的方法。

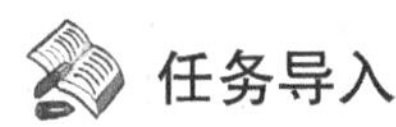

任务导入

随着网络的普及,它在我们的学习、生活中已经起到了很大的作用。在日常使用过程中总是会遇到各种各样的问题,我们需要掌握一些常见问题的解决方法,让网络更好地为我们服务。

学习情境 1:网络故障诊断与修复

1. 使用 ping 命令诊断网络

使用 ping 命令,逐步检查网络是否连通,能帮助我们分析、判断网络故障的所在之处。按下 Windows+R 组合键,弹出"运行"对话框,如图 3-24 所示,输入"cmd",按 Enter 键,进入命令行界面。在命令行界面输入"ping 127.0.0.1"后按 Enter 键,查看应答信息,如图 3-25 所示,无数据包丢失,表明本机 TCP/IP 协议工作正常,否则需要重新安装 TCP/IP 协议。"127.0.0.1"是本机回送地址,该测试被称为"回波响应"。

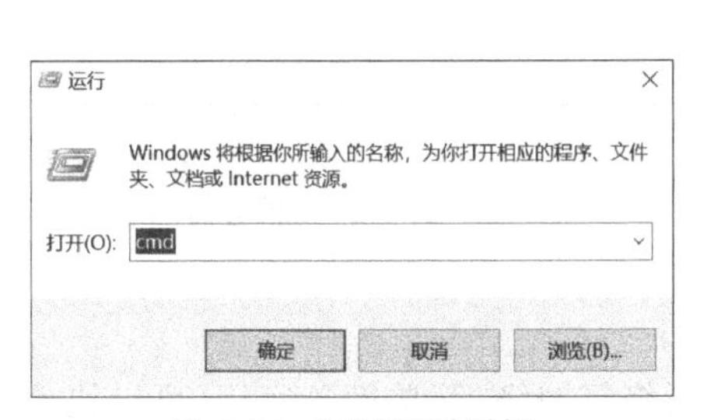

图 3-24 "运行"对话框

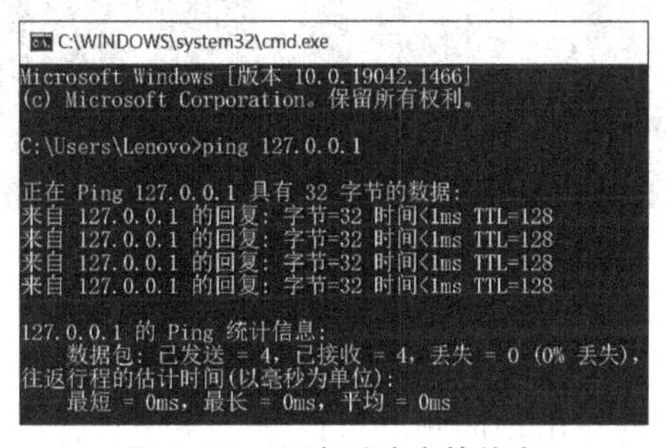

图 3-25 回波测试应答信息

在命令行界面输入"ipconfig"后按 Enter 键,可以查看本机 TCP/IP 的配置情况,得到本机 IP 地址和及网关 IP 地址,如图 3-26 所示。ping 本机 IP 地址,看应答信息,如图 3-27 所示,无数据包丢失,说明本机网卡工作正常,否则说明网卡出现故障。一般情况下安装或更新网卡驱动可解决故障。

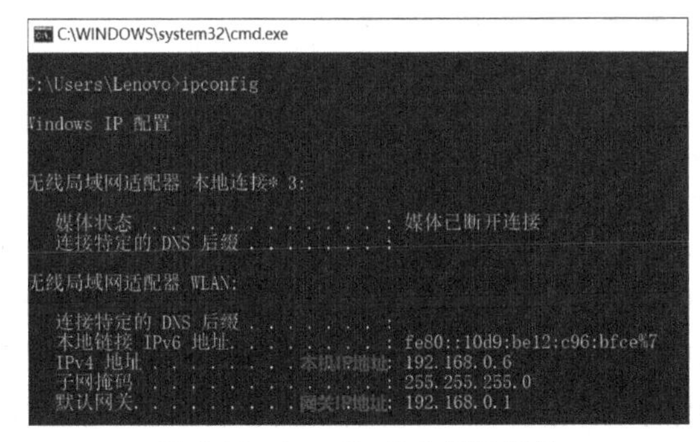

图 3-26 ipconfig 命令显示结果

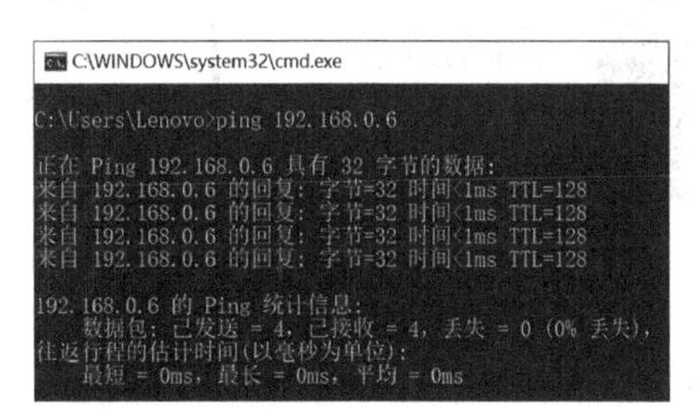

图 3-27 ping 本机 IP 应答信息

如果前面的测试都没有问题，已经能够判断出本机网络协议和网卡工作正常，下面"ping 网关 IP 地址"，如果通说明从本机到路由器链路连接正常；如果不通说明问题基本出在网线上，可以换根网线测试一下。

最后，检测一个带 DNS 服务的网络，简单说就是 ping 一个网站，如"ping www.baidu.com"，如图 3-28 所示，应答信息正常，说明网络已经联通了，否则可能是本机 DNS 设置问题。查看 DNS 服务器地址设置是否正确，如图 3-29 所示。

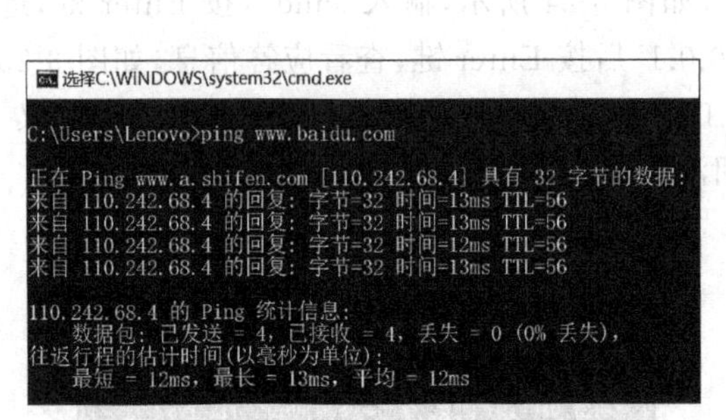

图 3-28　ping"百度"应答信息

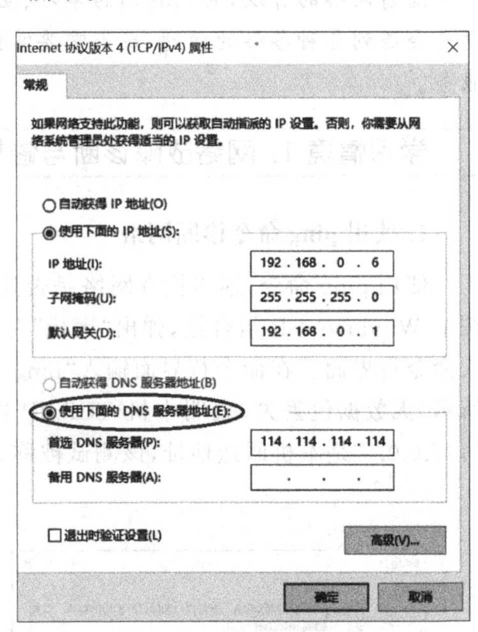

图 3-29　DNS 服务器地址

2. 系统自带功能诊断修复网络

网络出现问题时可以使用系统自带的功能诊断修复网络，简单而且实用，可以快速地帮助我们修复网络故障。

在桌面"网络"图标上右击，单击"属性"按钮，如图 3-30 所示，打开"网络和共享中心"窗口，如图 3-31 所示。

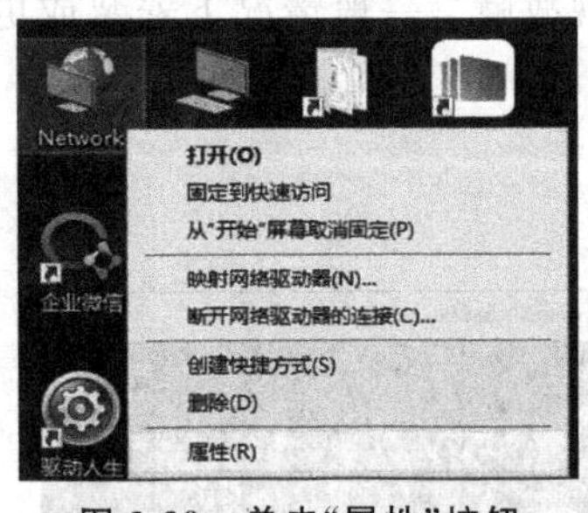

图 3-30　单击"属性"按钮

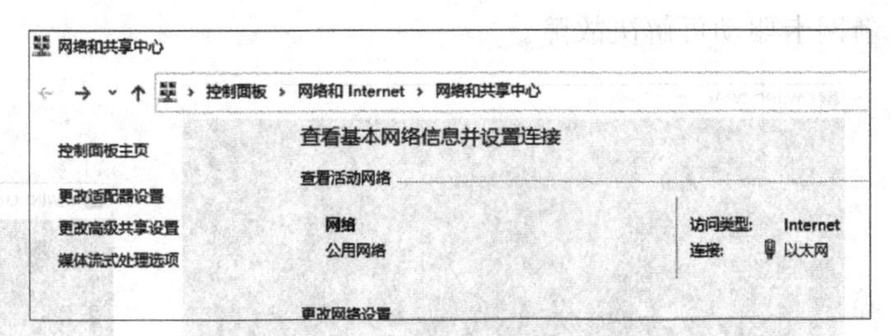

图 3-31　"网络和共享中心"窗口

单击右侧蓝色的"以太网(无线网络是 WLAN)"按钮弹出"以太网状态"窗口，如图 3-32 所示，单击"诊断"按钮，就会弹出"Windows 网络诊断"窗口，网络诊断工具会自动检测网络问题，如图 3-33 所示。

图 3-32 以太网状态

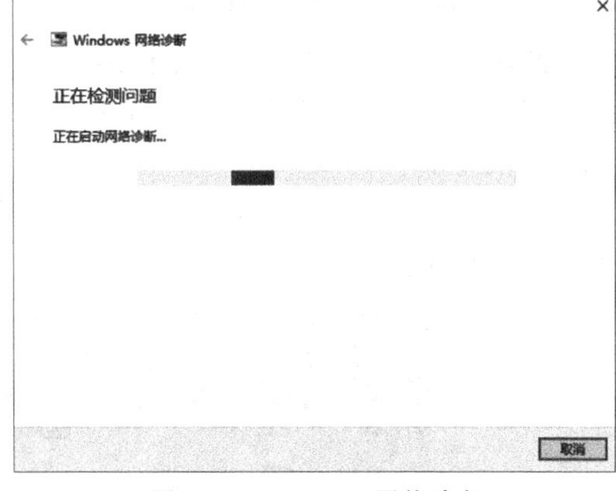

图 3-33 Windows 网络诊断

等待片刻就会弹出需要修复网络问题的提示，如果需要修复该项设置的话，单击“应用此修复”，如图 3-34 所示，系统就自动来修复网络问题了，如图 3-35 所示，如果修复成功了，就会弹出“疑难解答已完成”的提示，同时显示出修复已找到的网络问题，如图 3-36 所示。

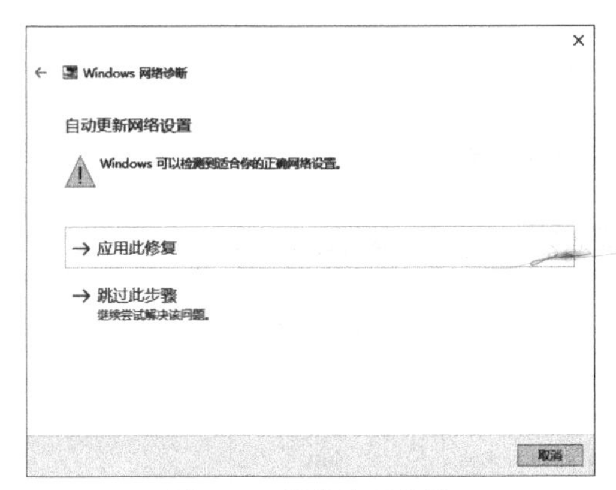

图 3-34 网络诊断结果

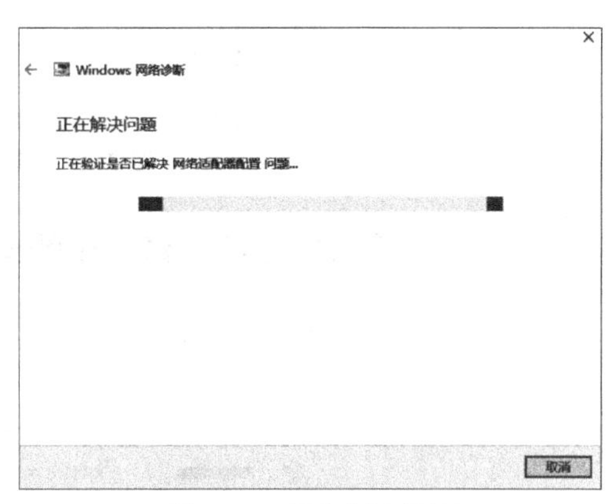

图 3-35 正在解决问题

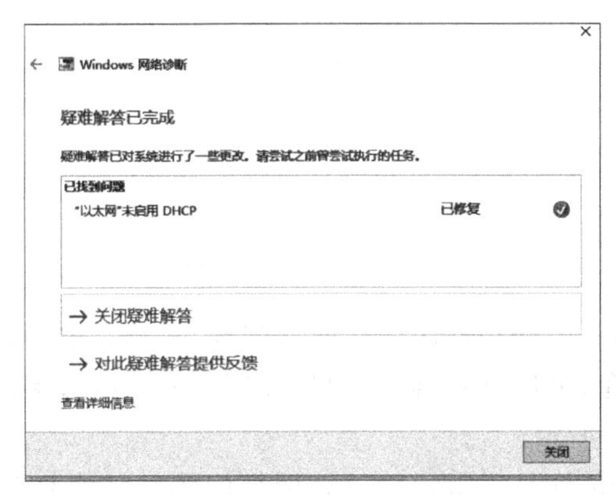

图 3-36 网络修复结果

网络诊断工具在使用过程中会先将问题反馈给用户，提示用户自动修复，如果自动修复不了，会让用户手动修复。在实际使用过程中，网络诊断工具诊断出的问题会有所不同，请根据实际问题和提示操作。

3. 360 断网急救箱诊断修复网络

360 断网急救箱是 360 安全卫士诸多功能中特别好用的一款辅助功能。它可以检测网络硬件配置，如网线、网卡及驱动是否正常工作，也可以检测网络连接配置，具有使用简单、功能强大等特点。

打开“360 安全卫士”，在“功能大全”中的“网络”中单击“断网急救箱”按钮，如图 3-37 所示，弹出“360 断网急救箱”窗口，如图 3-38 所示。

图 3-37　选择“断网急救箱”

360断网急救箱

如果遇到打不开网页、登录不上QQ等无法上网的问题，建议您全面诊断网络！

全面诊断

网络硬件配置	检查网线是否插好，网卡电源及驱动是否正常工作等。	未诊断
网络连接配置	检查网卡相关设置是否正确，IP地址是否配置正确。	未诊断
DHCP服务	检查DHCP服务是否正常工作。	未诊断
DNS服务	如果您能上QQ，但打不开网页，往往是DNS服务出现问题。	未诊断
HOSTS	如果有些网页无法打开，往往是HOSTS出现问题。	未诊断
浏览器配置	检查浏览器代理、Flash插件等配置问题。	未诊断
LSP协议	检查LSP是否正确，避免LSP协议被劫持。	未诊断
电脑能否上网	检查您的电脑是否可以访问网页，网络是否连通。	未诊断

图 3-38　“360 断网急救箱”窗口

单击“全面诊断”按钮，就会按顺序诊断网络问题，只要是能引起断网的可能因素，都是“断网急救箱”检查的对象，最后显示诊断结果，如图 3-39 所示，单击“立即修复”按钮，开始修复网络问题，如图 3-40 所示。

修复结束后，如果全部恢复正常，会显示“网络问题已被修复”，如图 3-41 所示，如果计算机仍然无法上网，则可以单击“强力修复”按钮，进行更高级的修复操作，如图 3-42 所示。

图 3-39 诊断网络故障

图 3-40 修复网络故障

图 3-41 网络问题已被修复

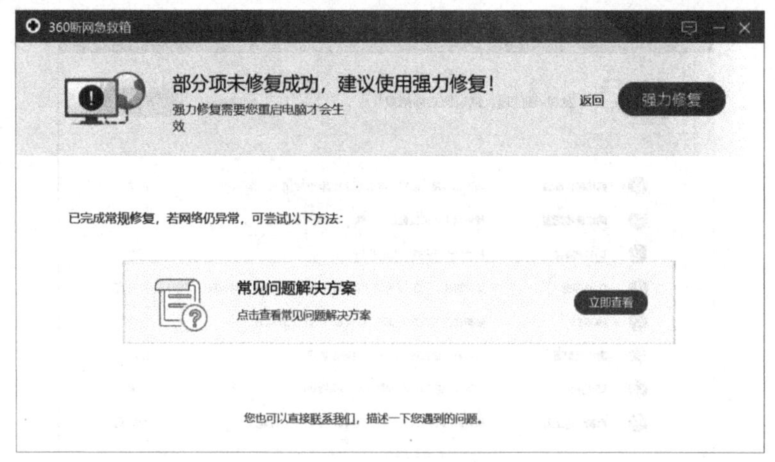

图 3-42 强力修复

虽然此方法不一定可以解决所有网络故障，但经过全面的诊断，会提示计算机中存在的各种网络配置问题，这些信息对于后面解决网络问题也会有很大帮助。

学习情境 2：控制“蹭网”用户

“蹭网”就是使用某些无线接收装置，如笔记本电脑、台式机上的无线网卡、带有连接 Wi-Fi 功能的手机、Pad 等，利用某些没经用户设置权限和密码的无线网络连接互联网的行为。蹭网侵害了被蹭方的权益，应该得到制止。从安全角度来讲，蹭网可能会引发一系列的安全问题，如果被不法分子利用，可能会对被蹭者造成巨大损失。所以我们应该学会防止被蹭网的方法，维护自己使用网络的权益和安全。

在计算机上打开浏览器，在地址栏中输入 IP 地址（不同的路由器 IP 地址会有所不同）后进入路由器登录界面，如图 3-43 所示，一般来说路由器登录时密码默认为空，需要找到“修改登录密码”选项，设置一个比较复杂的密码防止其他用户登录路由器进行设置。找到 Wi-Fi 设置，如图 3-44 所示，在此填入比较复杂的密码，就可以杜绝大多数人的蹭网行为。建议将路由器和 Wi-Fi 的账户、密码写在纸上，贴在路由器下面，防止长时间后遗忘。也可以通过隐藏无线网络防止蹭网，在 Wi-Fi 设置界面，将“开启 SSID 广播”前面的钩去掉，单击“保存”按钮，单击“重启”按钮即可隐藏 Wi-Fi 信号，连 Wi-Fi 时手动添加无线网络即可。

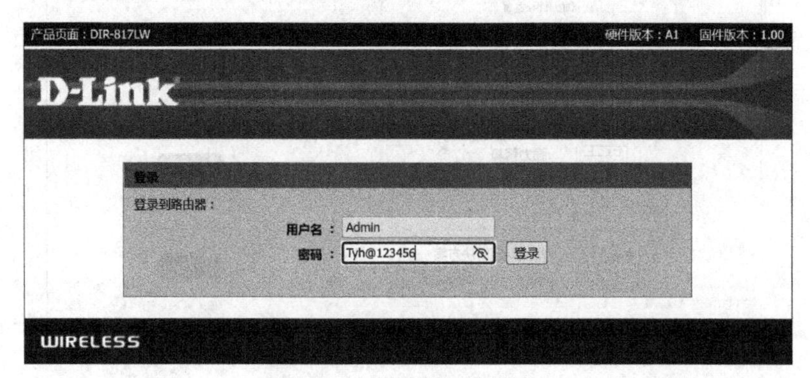

图 3-43 路由器登录界面

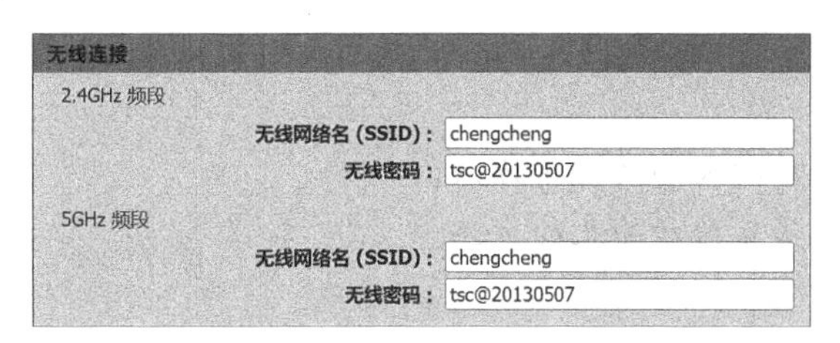

图 3-44 修改 Wi-Fi 连接密码

如果同一 Wi-Fi 使用的用户、设备比较固定，可以开启 MAC 地址过滤功能，绑定允许使用的网络设备，就基本可以保障不被蹭网了。在路由器“高级”选项卡中选择“MAC 地址过滤”，配置 MAC 地址过滤规则，如图 3-45 所示，然后在 DHCP 客户端列表下选择允许连接的无线设备，单击向左的箭头，将 MAC 地址填充过去，如图 3-46 所示，配置好后保存退出即可。

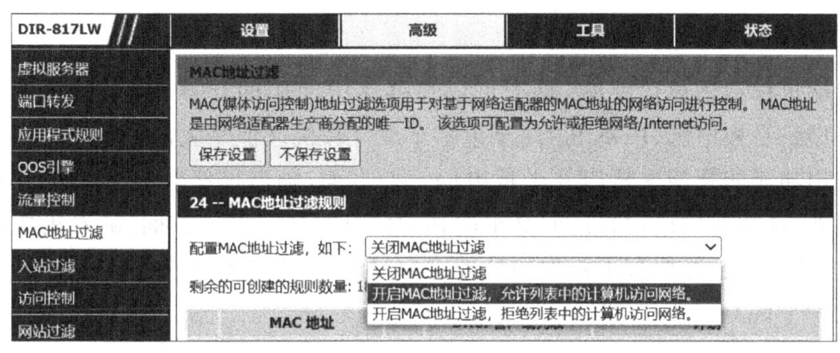

图 3-45 配置 MAC 地址过滤规则

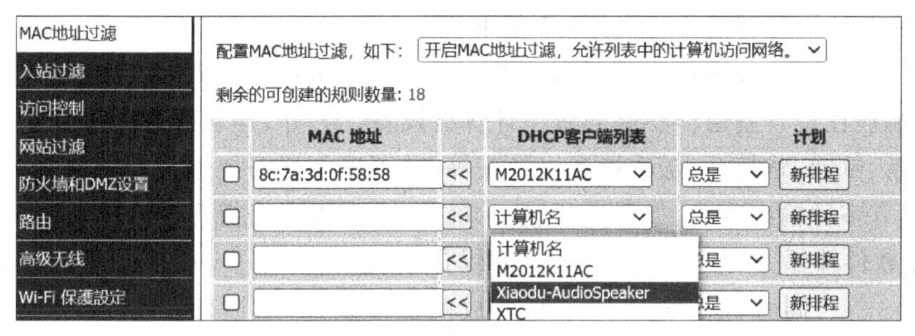

图 3-46 选择无线设备

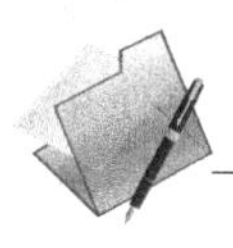

任务 3 移动终端维护技术

知识目标

(1) 了解移动终端的概念。

(2) 了解移动终端的特点。

(3) 了解手机的日常维护内容。

技能目标

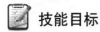

(1) 掌握傲软手机维护大师的使用方法。

(2) 掌握腾讯手机管家维护手机的方法。

任务导入

现在日常生活和工作中移动终端成为大家必不可少的使用工具,移动终端的性能也有了飞速的提高,从简单的通信工具变成综合的应用平台,极大地方便了我们的生活,但在使用过程中如何让它保持高效和顺畅呢?下面我们来深入地了解一下。

学习情境 1:了解移动终端

1. 移动终端的概念

移动终端也称移动通信终端,是指可以在移动中使用的计算机设备,广义地讲包括手机、笔记本电脑、平板电脑、POS 机,甚至包括车载计算机。但是大部分情况下是指手机或者具有多种应用功能的智能手机以及平板电脑。一方面,随着网络和技术朝着越来越宽带化的方向的发展,移动通信产业将走向真正的移动信息时代。另一方面,随着集成电路技术的飞速发展,移动终端已经拥有了强大的处理能力,移动终端正在从简单的通话工具变成一个综合信息处理平台。

2. 移动终端的特点

移动终端,特别是智能移动终端,具有如下特点。

(1) 在硬件体系上,移动终端具备中央处理器、存储器、输入部件和输出部件,也就是说,移动终端往往是具备通信功能的微型计算机设备。另外,移动终端可以具有多种输入方式,诸如键盘、鼠标、触摸屏、送话器和摄像头等,并可以根据需要进行调整输入。同时,移动终端往往具有多种输出方式,如受话器、显示屏等,也可以根据需要进行调整。

(2) 在软件体系上,移动终端必须具备操作系统,如 Windows Mobile、Symbian、Palm、Android、iOS 等。同时,基于这些越来越开放的操作系统,平台开发的个性化应用软件,层出不穷,如通信簿、日程表、记事本、计算器以及各类游戏等,极大程度地满足了个性化用户的需求。

(3) 在通信能力上,移动终端具有灵活的接入方式和高带宽通信性能,并且能根据所选择的业务和所处的环境,自动调整所选的通信方式,从而方便用户使用。移动终端可以支持 GSM、WCDMA、CDMA2000、TDSCDMA、Wi-Fi 以及 WiMAX 等,从而适应多种制式网络,不仅支持语音业务,还支持多种无线数据业务。

(4) 在功能使用上,移动终端更加注重人性化、个性化和多功能化。随着计算机技术的发展,移动终端从"以设备为中心"的模式进入"以人为中心"的模式,集成了嵌入式计算、控制技术、人工智能技术以及生物认证技术等,充分体现了以人为本的宗旨。由于软件技术的发展,移动终端可以根据个人需求调整设置,更加个性化。同时,移动终端本身集成了众多软件和硬件,功能也越来越强大。

3. 移动终端的应用领域

移动终端不仅可以通话、拍照、学习、娱乐，而且可以实现定位、信息处理、指纹扫描、身份证扫描、条形码扫描、酒精含量检测等，如图 3-47 所示。由于移动终端功能丰富的特点，移动终端在移动办公、移动执法、移动商务等诸多领域广泛应用。移动终端已经深深地融入了人们的学习、工作和生活，提高了生活水平、管理效率，减少了资源的浪费。

平板电脑

智能车载终端

手持终端

图 3-47 常用的移动终端

学习情境 2：手机的日常维护

我们最熟悉、使用最广泛的移动终端是手机。随着科技的发展，手机功能的智能化、人性化、多样化越来越突出，人们对手机的依赖程度也越来越高。要想手机用得久，用得安全、放心，日常维护尤为重要。良好的手机使用习惯，同样可以起到预防病毒的目的。因为安卓是对第三方软件开放的，这就构成了风险的传播渠道。所以我们要养成自我保护的好习惯，在享受安卓便利的同时，也应该警惕随时爆发的风险。

1. 使用傲软手机管理大师维护手机文件

傲软手机管理大师是一款非常好用的手机资料管理和传输软件。界面清爽简单，功能多样强劲。使用它可以轻松管理手机中的照片、音乐、视频、应用、文件等，可以在手机和计算机间进行传送、浏览、备份、恢复等操作。

打开“傲软手机管理大师”，如图 3-48 所示，手机中的各种资料清晰分类，通过“选择”，可以对各类文件进行删除操作。在计算机上打开“傲软手机管理大师”，如图 3-49 所示，可以选择两种方式连接手机，如果选择 Wi-Fi 连接，则单击手机界面右下角的“连接”按钮，再单击弹出来的“计算机”按钮，用手机扫描计算机端的二维码，即可实现连接。

图 3-48 手机端界面

连接后会显示手机的各种信息，如图 3-50 所示。选择“管理”选项，就可以对手机上的照片、音乐、视频、通讯录、通话记录等进行导入、导出、删除、修改等操作，如图 3-51 所示，在计算机端进行的所有操作都会在手机上同步。使用傲软手机管理大师简单快捷，能帮助我们整理、备份手机资料，功能十分强大。

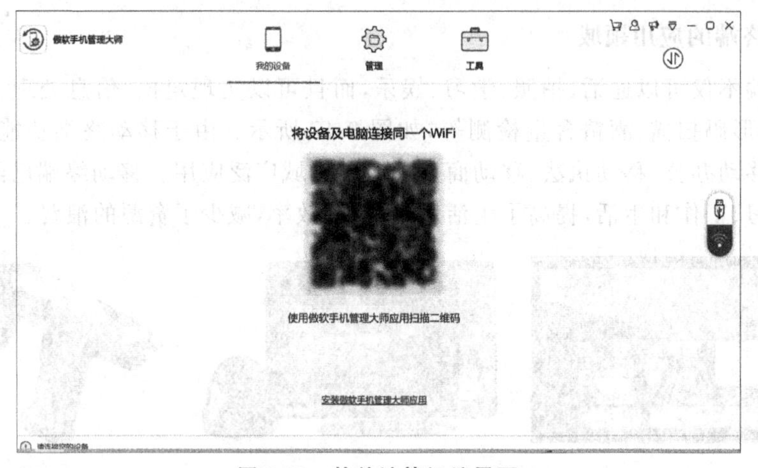

图 3-49 软件计算机端界面

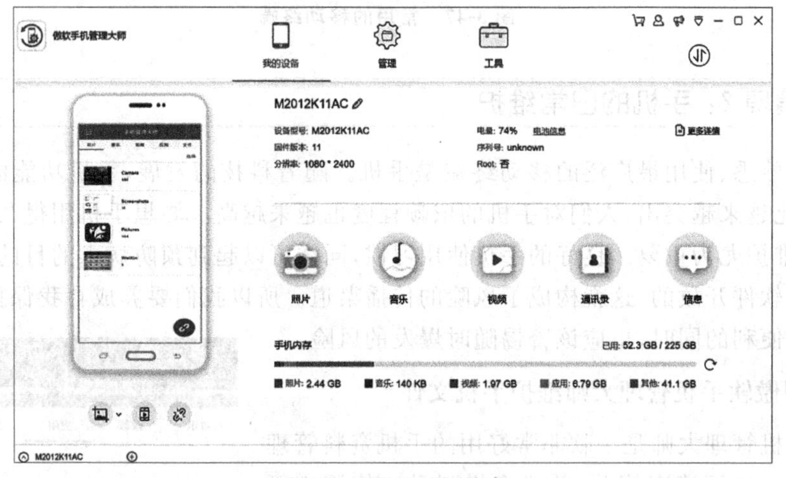

图 3-50 显示手机信息

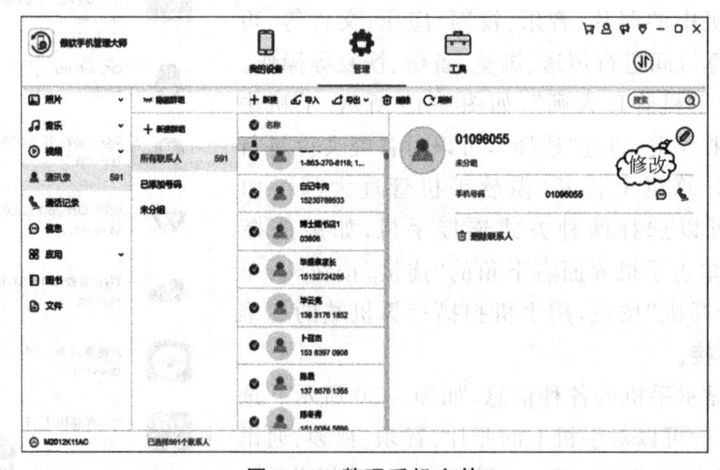

图 3-51 整理手机文件

2. 使用腾讯手机管家维护手机安全

腾讯手机管家是腾讯公司的一款永久免费的手机安全与管理软件。集一键优化、清理加速、安全检测、骚扰拦截、软件管理、网络测速、流量控制、手机防盗、隐私保护等功能于一体，既是安全专家，更是贴心管家。

从手机的应用商店下载腾讯手机管家，安装后打开腾讯手机管家，可以看到清爽简洁的界面，各种实用的功能一目了然，如图 3-52 所示。“一键优化”按钮旁显示着手机当前状态下的分数。按下“一键优化”按钮，腾讯手机管家从安全检测、手机加速、系统优化等方面对手机进行检测和优化，结果显示在下面，然后按照提示去操作，如图 3-53 所示。

图 3-52　腾讯手机管家界面

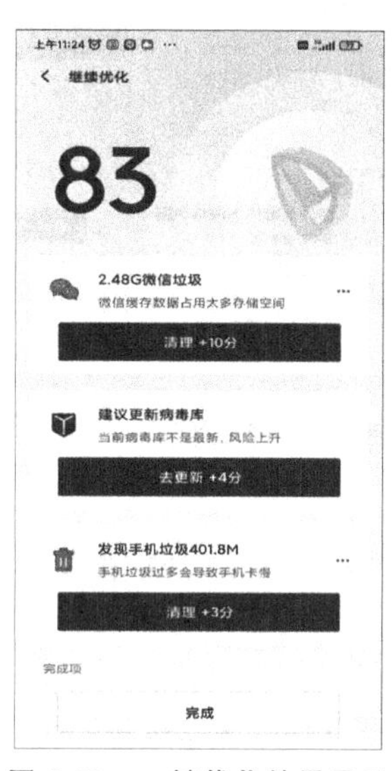

图 3-53　一键优化结果显示

单击“清理加速”按钮，手机管家将扫描手机里的软件缓存、无用垃圾、系统垃圾，几分钟后显示可放心清理的空间大小，如图 3-54 所示，单击“放心清理”按钮即可。在这里还可以进行微信清理、QQ 清理、照片清理、软件卸载等操作。例如单击“微信清理”按钮，清理微信垃圾，如图 3-55 所示。

图 3-54　清理加速界面

图 3-55　微信清理界面

单击“安全检测”按钮，进入“安全检测”界面，清理加速界面如图 3-56 所示。单击“立即检测”按钮，手机管家就开始逐项检测手机的安全问题，清理加速界面如图 3-57 所示。手机管家还可以对账号、隐私、支付等进行保护。

图 3-56 “安全检测”界面

图 3-57 进行全面检测

进入“应用安全”界面，如图 3-58 所示，单击“开启保护”按钮，可以实现账号保护、防诈预警、远程操作等功能，如图 3-59 所示。

图 3-58 “应用安全”界面

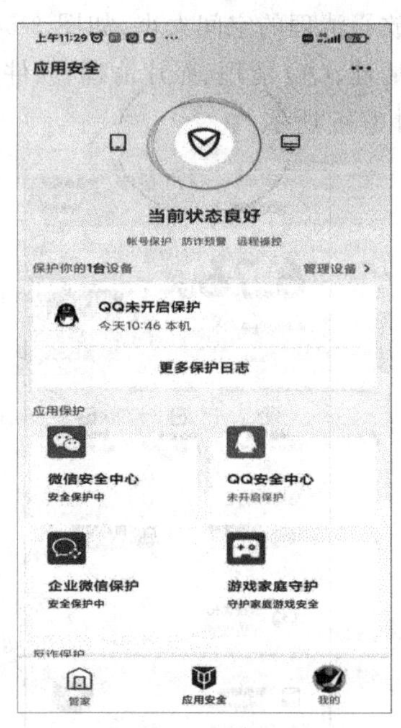

图 3-59 开启保护

学习效果自测

一、填空题

1. 常用的操作系统自带的计算机维护工具有________、________。

2. 在命令行界面输入________后按 Enter 键,可以查看计算机 TCP/IP 的配置情况;在命令行界面输入"ping 127.0.0.1"的测试被称为________。

3. 关闭路由器中的________后,只有通过手动才能连接无线网络。

4. 通过路由器的________功能,可以准确控制无线设备是否可以连接无线网络。

二、简答题

1. 简述计算机的除尘过程。

2. 简述移动终端的特点。

项目 4

认识Windows 10操作系统

项目简介

Windows 10操作系统是微软公司在2015年发布的计算机操作系统，它是各种软件在计算机中运行的平台，计算机的硬件与软件资源都是通过操作系统来进行管理的，它能控制程序的运行，也可以改善人机工作界面，并为其他应用软件提供支持，使得计算机系统中的所有资源能最大限度地发挥作用，并为用户提供个性化、方便系统配置及系统管理和友善的服务界面。

本项目将通过3个任务讲解Windows 10的操作界面、个性化管理、用户管理、资源管理中对文件和文件夹的日常使用操作及常用附件的使用方法。

知识培养目标

(1) 掌握Windows 10中操作界面布局与功能的使用及个性化设置的方法。

(2) 掌握Windows 10资源管理、系统用户管理的操作方法。

(3) 理解和掌握计算机操作系统的概念。

能力培养目标

(1) 提高学生对计算机系统的认识水平和对计算机系统的应用能力。

(2) 能通过对Windows 10个性化设置操作，体验到运行各种软件的设置技巧和方法。

(3) 培养学生的信息意识、数字化学习与创新、信息社会责任等素养。

(4) 学会举一反三，触类旁通，提升操作计算机的兴趣和能力。

课程思政园地

课程思政元素的挖掘及培养如表4-1所示。

表4-1　课程思政元素的挖掘及其培养目标关联表

知　识　点	知识点诠释	思 政 元 素	培训目标及实现方法
Windows 10操作系统	操作系统是各种软件运行的平台，是连接硬件和软件资源的桥梁，是整个系统稳定运行的基础	Windows系统运行进程，就像学习中知识点的递进、知识的慢慢累积，这是一个循序渐进的过程；教育学生要规范自己的言行，不断进步成长	要加强学生自律能力，提高自主学习能力，规范学习生活，互相监督，共同进步

续表

知识点	知识点诠释	思政元素	培训目标及实现方法
文件夹与文件的管理	Windows 资源管理器是通过文件与文件夹按规则进行分层管理	培养学生说话办事要守规守则，要有良好的人生态度和学习习惯，增强协作、互助、人际等管理能力	通过认识和操作文件与文件夹的各种管理方式，让学生学会自我管理，并培养学生树立正确的世界观、人生观、价值观

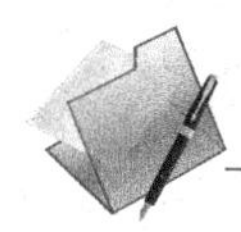

任务1 初识 Windows 10

知识目标

(1) 认识 Windows 10 工作界面。

(2) 了解开始菜单栏中的内容。

(3) 设置个性化选项中的相应选项。

技能目标

(1) 熟练掌握 Windows 10 工作界面的操作方法。

(2) 熟练掌握 Windows 10 活动窗口和对话框的操作方法。

(3) 熟练掌握主题背景及锁屏的设置方法。

(4) 熟练使用附件中的截图工具。

(5) 熟练掌握任务栏的各项设置方法。

任务导入

现在的计算机常用的操作系统就是 Windows 10 了，那么它跟以前的操作系统有哪些不同的地方呢？它又新增了哪些操作技巧方法和快捷应用工具呢？下面我们来一起学习。

学习情境1：认识 Windows 10 操作界面

Windows 10 操作系统的桌面外观与以前的操作系统大致类似，都是由图标、“开始”按钮、任务栏、语言栏和通知区域等组成。桌面的主要设置是将桌面背景和颜色设置得简洁大气，并将常用任务设置到任务栏中，同时设置分屏显示和虚拟桌面，最后使用 Microsoft Edge 浏览器查询资料等，Windows 10 工作界面，如图 4-1 所示。

Windows 10 操作系统桌面主要由桌面背景、图标、任务栏、“开始”菜单、语言栏和通知区域等组成，下面主要介绍图标、任务栏和“开始”菜单这几项。

1. 图标

桌面每个图标均由两部分组成：一是图标的图案，二是图标的标题。图案部分是图标

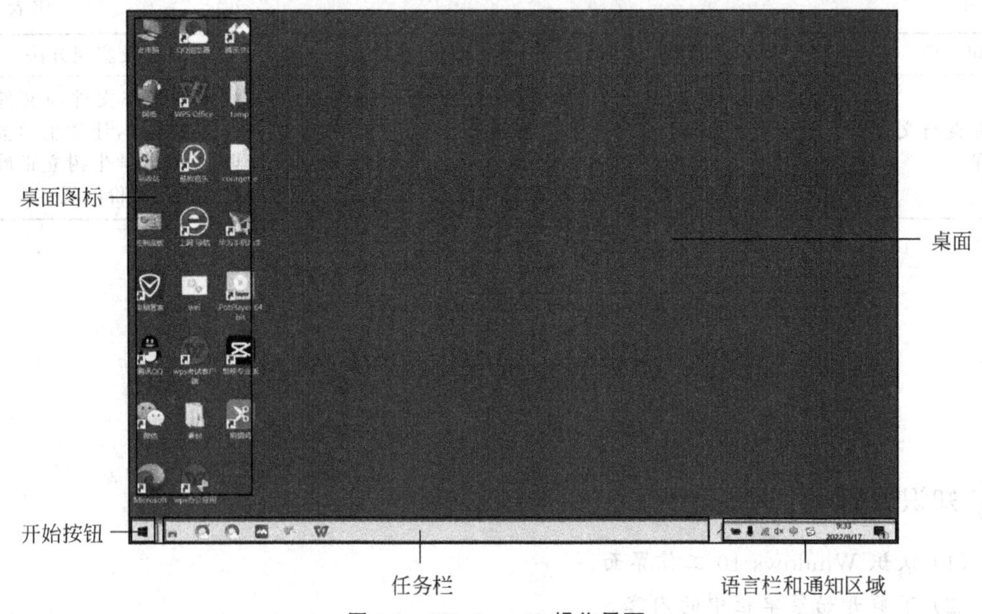

图 4-1 Windows 10 操作界面

的图形标识，为了便于区别，不同的图标一般使用不同的图案。标题部分就是此软件的名称。桌面上的图标有一部分是快捷方式图标，也是由两部分组成，其特征是在图案的左下方有一个向右上方的箭头。通过快捷方式图标可以方便地启动与其相对应的应用程序（快捷方式图标只是相应应用程序的一个映象，它的删除并不影响应用程序的存在）。

2. 任务栏

桌面的最底部有一个长条，这就是任务栏。在任务栏的最左端是"开始"按钮、"搜索"框，右边是窗口区域、语言栏、工具栏、时钟区和通知区域等，最右端为显示桌面按钮，任务栏的中间一大部分是应用程序按钮分布区。

(1)"开始"按钮：Windows 10 操作系统进行工作的起点，单击"开始"按钮打开可以显现出 Windows 10 提供的附件和所有安装的各种应用程序，可以对计算机进行各项设置。

(2)"搜索"框：Windows 系列操作系统所具有的功能，用户使用它可以快速地搜索并启动应用程序或打开文件等。

(3) 时钟：显示计算机系统的当前时间和日期。若要查看当前的日期，只需要将鼠标指针移动到时钟上，当前日期和时间信息便会自动显示。

(4) 空白区：用户启动的所有应用程序都会作为一个按钮排列出现在任务栏上（若设置了任务栏的"合并任务栏按钮"属性为"始终隐藏标签"状态时，则不显示），当该程序处于活动状态时，任务栏上的相应按钮也会处于被按下的状态，否则处于弹起状态。

在 Windows 10 中也可以根据个人的喜好对任务栏进行定制。在任务栏的空白处右击鼠标，在弹出的快捷菜单中选择"任务栏设置"命令，出现"设置"窗口，选择"任务栏"功能选项即可进行相应的设置。

3. "开始"菜单

单击任务栏最左侧的"开始"按钮会弹出"开始"菜单，Windows 10 的"开始"菜单融合了前期版本“开始”菜单的特点，但也有所不同，其左侧为“电源”“设置”“图片”“文档”“用户”按钮，中间为常用项目和最近添加项目显示区域，另外还会显示所有应用程序列表；其右侧是用来固定应用磁贴或图标的区域，单击磁贴或图标可以方便快捷地打开应用程序，如图4-2所示。

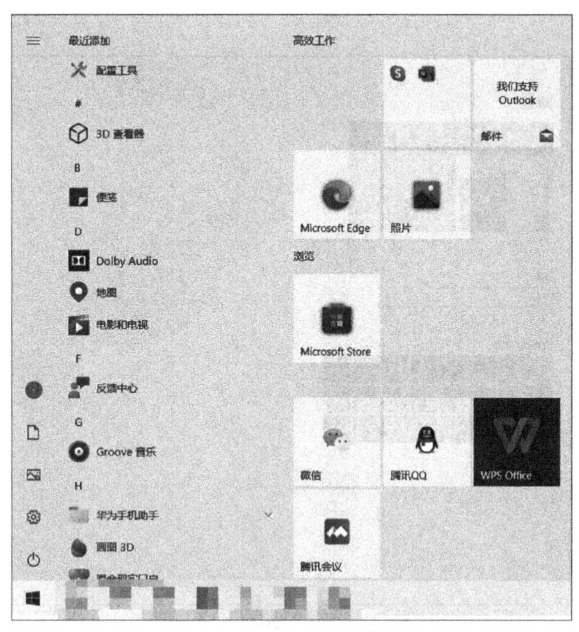

图4-2 “开始”菜单界面

在“开始”菜单的程序列表中，每一项菜单除了有文字之外，还有一些标记：图案、文件夹图标和向下的箭头。其中，文字是该菜单项的标题，图案是一种装饰，为了美观和好看（在应用程序窗口中此图案与工具栏上相应按钮的图案一样）；文件夹图标和向下的箭头表示其包含下级菜单，单击它就会显示下级菜单项中的内容，然后向下的箭头会变成向上的箭头，若要隐藏下级菜单项，再次单击菜单项即可。默认应用程序列表的排序方式是，先英文名字的程序（按照程序名字的英文字母排序），再中文名字的程序（按中文拼音字母排序）。

在“开始”菜单的左侧图标中有3个常用图标：电源⏻、设置⚙和用户👤图标。选择“电源”图标，打开的选项包括“关机”和“重启”等操作。

选择“设置”图标，打开“Windows 10设置”窗口，可对本机的软硬件进行设置。

选择“用户”图标，可进行“更改账户设置”“锁定”“注销”等操作。

（1）关机：选择此命令后，计算机会执行快速关机命令。关机之前，建议用户手动对打开的应用程序进行相应的操作并关闭。

（2）重启：选择“重启”选项，系统将结束当前的所有会话，关闭Windows然后自动重新启动系统。

（3）锁定：锁定当前用户。锁定后需要重新输入密码认证才能正常使用。

（4）注销：用来注销当前用户，以备下一个人使用或防止数据被其他人操作。

学习情境2：设置Windows 10

Windows 10可以根据自己的爱好制作个性化主题，这样不仅可以使自己的计算机桌面赏心悦目，也能突出一些自己想要表达的效果，制作专属于自己的个性化主题方法如下：移动鼠标箭头到桌面空白处，右击选择“个性化”选项，打开个性化主题界面。或者单击“开始”菜单，打开“控制面板”，选择“外观和个性化”选项，单击“个性化”选项打开即可，如图 4-3 所示。

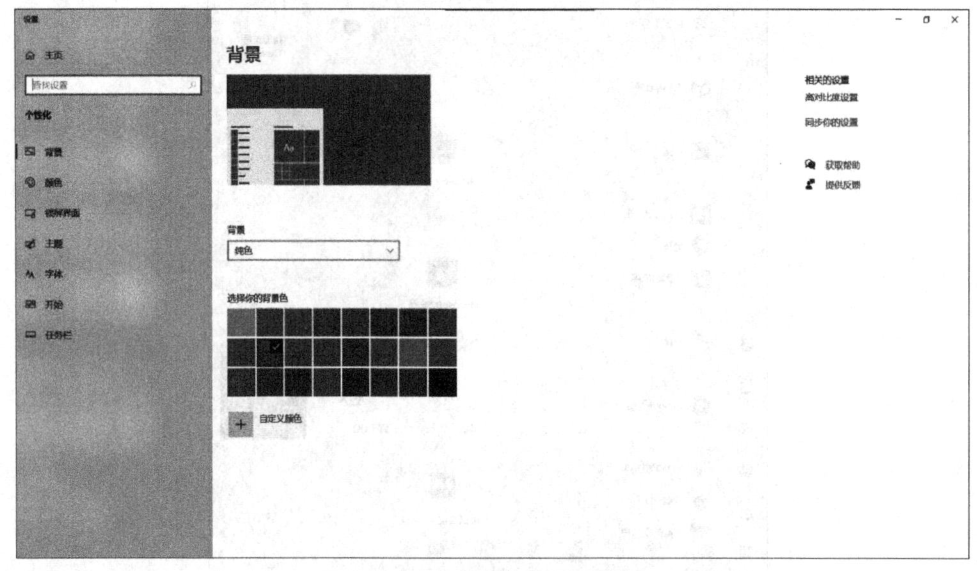

图 4-3　个性化窗口界面

（1）“背景”选项：单击“背景”选项按钮，在打开的“背景”界面中可以更改图片、选择图片契合度、设置纯色或幻灯片放映效果等参数。

（2）“颜色”选项：单击“颜色”选项按钮，在打开的“颜色”界面中，可以为 Windows 系统选择不同的配色方案，也可以单击“自定义颜色”按钮，在打开的对话框中自定义自己喜欢的主题颜色方案。

（3）“锁屏界面”选项：单击“锁屏界面”选项按钮，在打开的“锁屏”界面中，可以选择系统默认的图片，同时也可以单击“浏览”按钮，将此计算机中图片设置成锁屏画面。

（4）“主题”选项：单击“主题”选项按钮，在打开的“主题”界面中，用户可以自定义主题的背景、配色方案、声音以及鼠标指针样式等项目，最后保存主题即可更改成功。

（5）“字体”选项：单击“字体”选项按钮，在打开的“字体”界面中，用户可以为计算机安装并添加及卸载字体。

（6）“开始”选项：单击“开始”选项按钮，在“开始”界面中，用户可设置“开始”菜单栏显示的相关应用。

（7）“任务栏”选项：单击“任务栏”选项按钮，在“任务栏”界面中用户可以设置任务栏在屏幕的显示位置和显示内容等。

学习情境 3：Windows 的用户管理

Windows 10 支持多用户管理，在日常生活和工作中，多个用户使用一台计算机的情况经常出现，而每个用户的个人设置和配置文件等均会有所不同，这时用户可进行多用户使用环境的设置(如更换账户信息、账户名称和账户类型)。使用多用户使用环境设置后,不同用户用不同身份登录时,系统就会应用该用户身份的设置,而不会影响到其他用户的设置。

用户可以通过“开始”菜单栏中的“设置”按钮⚙找到“账户”功能,即可对自己的信息进行设置,如头像、邮件、登录选项(登录密码、PIN、图片密码)等操作,如图 4-4 所示。

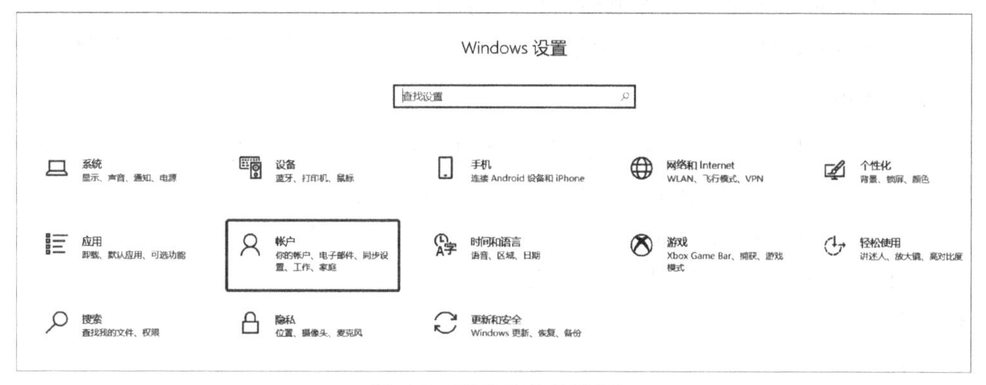

图 4-4　账户功能的选项

除此之外,Windows 10 内置的家长控制功能,能有效管控孩子在计算机上进行的操作。这些控制功能可帮助家长确定他们的孩子能玩哪些游戏,能够访问哪些网站及此前设定执行的操作。

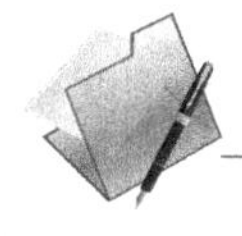

任务 2　Windows 资源管理器的应用

知识目标

(1) 熟练掌握文件与文件夹的概念。

(2) 熟知文件的类型及表达方式。

(3) 熟练掌握文件与文件夹的基本操作方法。

技能目标

(1) 熟练掌握新建文件及文件夹的操作方法。

(2) 掌握文件路径及文件类型的查看方法。

(3) 掌握文件及文件夹的显示与隐藏的设置方法。

(4) 熟练掌握文件压缩和解压缩等操作方法。

任务导入

在操作系统中,我们最常用的就是在资源管理器中对文件和文件夹进行各种操作,方便我们对各种形式的资料进行编辑、存储和传输,并能保证在海量的资料中快速找到我们所需要的,所以熟练掌握资源管理器的各种操作是十分必要的。

学习情境 1：文件与文件夹的概念

1. 文件

文件是 Windows 操作系统存取磁盘信息的基本单位，用于保存计算机中的所有数据，一个文件是磁盘上存储的信息的一个集合，可以是文字、图片、视频或某一个应用程序等。

2. 文件名组成

由主文件名和扩展名两部分组成，它们之间以小数点分隔。格式为：主文件名. 扩展名。例如，文件“cc. txt”，其中“cc”是文件名，“.txt”是扩展名。

主文件名是文件的主要标记，而扩展名则用于表示文件的类型。Windows 规定，主文件名是必须有的，而扩展名用户可以不写，这时由系统根据文件类型自动填写。

3. 文件夹

文件夹是用于管理和存放文件的一种结构，是用来存放文件的容器，在过去的计算机操作中，习惯称为目录，目前最流行的文件管理模式为树状结构，如图 4-5 所示。

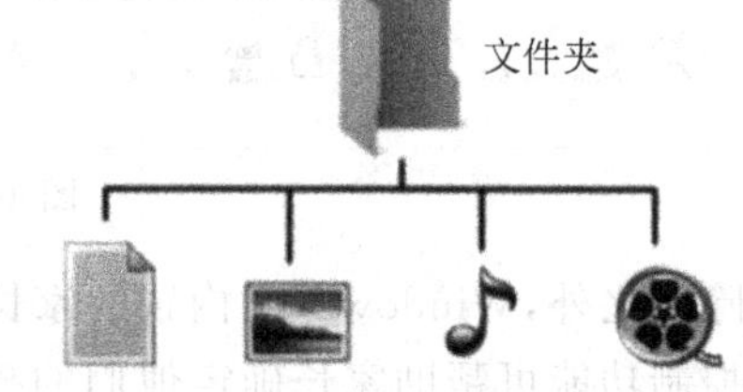

图 4-5 文件管理的树状结构

4. 文件及文件夹命名规则

(1) 文件种类是由主名和扩展名两部分来表示的，文件和文件夹名长度不超过 256 个字符，1 个汉字相当于 2 个字符。

(2) 在文件和文件夹名中不能出现“\”“/”“-”“ ：”“ * ”“?”“<”“>”“|”等特殊字符。

(3) 文件名和文件夹名不区分大小写。

(4) 每个文件名中都有扩展名(通常为 3 个字符)，用来表示文件类型。文件夹名没有扩展名。

(5) 同一个文件夹中的文件、文件夹名不能重名。

5. 通配符

在进行文件内容查找时，可以使用通配符“?”和“ * ”。

Windows 10 的文件名中可以使用通配符“?”和“ * ”表示具有某些共性的文件。“?”代表任意位置的任意一个字符，“ * ”代表任意位置的任意多个字符。例如，“ * ”表示所有文件，“ * .txt”代表扩展名为 txt 的所有文件。

学习情境 2：文件与文件夹的管理

Windows 操作系统中文件管理通常都在“资源管理器”中进行操作，首先来了解硬盘分区与盘符、文件、文件夹、文件路径等的含义。

1. 硬盘分区与盘符

硬盘分区是指将硬盘划分为几个独立的区域，方便存储和管理数据，一般会在安装操作系统时对硬盘进行分区。分完区后的各个盘符是 Windows 系统对于磁盘存储设备的标识符，一般使用26个英文字母加上1个冒号（:）来标识，如“本地磁盘（C）”，“C”就是该盘的盘符，在具体使用中用“C: ”来表示。

2. 文件路径

在计算机中对文件进行操作时，除了要知道文件名，还需要指出文件所在的盘符和文件夹，即文件在计算机中的位置，这就是文件的路径。文件路径包括相对路径和绝对路径两种。其中，相对路径以“.”（表示当前文件夹）、“..”（表示上级文件夹）或文件夹名称（表示当前文件夹中的子文件名）开头；绝对路径是指文件或目录在硬盘上存放的绝对位置，如“D:\wode\kan.jpg”表示图片“kan.jpg”文件在D盘的“wode”文件夹中。在 Windows 10 系统中单击地址栏的空白处，即可查看打开的文件夹的路径。

3. 文件管理窗口

打开资源管理器的方法：双击桌面上的“此电脑”图标或单击任务栏上的“文件资源管理器”按钮，都可打开“文件资源管理器”对话框，然后单击导航窗格中各类别图标左侧的图标，可依次按层级展开文件夹，选择某个需要的文件夹后，其右侧将显示相应的文件内容。

在对文件或文件夹进行各种基本操作前，都必须要先选择相应的文件或文件夹才行。

4. 选择文件和文件夹的方法

（1）选择所有文件或文件夹：按住 Ctrl+A 组合键，或选择“编辑”→“全选”命令，可以选择当前窗口中的所有文件或文件夹。

（2）选择单个文件或文件夹：使用鼠标直接单击文件或文件夹图标即可，被选中的文件或文件夹将呈蓝色透明状。

（3）选择多个连续的文件或文件夹：在窗口空白处按住鼠标左键，拖曳鼠标框选需要选择的多个对象，然后松开鼠标左键即可。还有一种方法就是用鼠标选择第一个选择对象，然后按住 Shift 键，再单击最后一个选择对象，即可选中两个对象之间的所有对象。

（4）选择多个不连续的文件或文件夹：按住 Ctrl 键，再依次单击所要选择的文件或文件夹，可选中多个不连续的文件或文件夹。

学习情境3：文件与文件夹的基本操作

1. 新建文件和文件夹

新建文件是指在计算机操作中根据需要建立一个相应类型的空白文件，新建后可以双击打开该文件并编辑文件内容。如果将一些文件分类整理在一个文件夹中以便日后管理，就需要新建文件夹。新建文件和文件夹的具体操作如下。

（1）双击桌面上的“此电脑”图标，打开“此电脑”窗口，双击E盘图标打开“E:\”文件夹窗口。

（2）单击“主页”→“新建”→“新建项目”按钮，在打开的下拉列表中选择“新建”→“新建 DOCX 文档”选项，或在窗口的空白处右击，在弹出的快捷菜单中选择“新建”→“DOCX 文档”命令。

(3) 系统将在文件夹中默认新建一个名为“新建 DOCX 文档”的文件，且文件名呈可编辑状态，此时将文件名改为“test”，然后单击空白处或按 Enter 键即可，如图 4-6 所示。

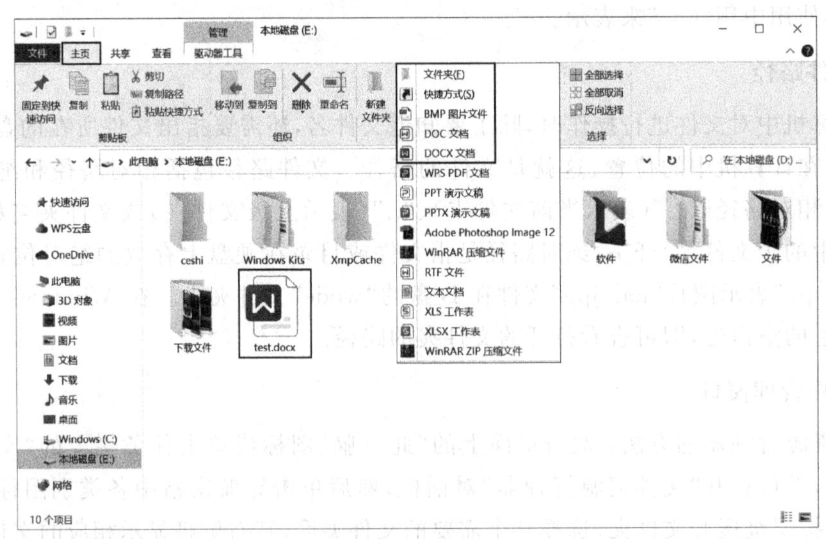

图 4-6　新建文件

(4) 单击“主页”→“新建”→“新建文件夹”按钮，或在右侧文件显示区中的空白处右击，在弹出的快捷菜单中选择“新建”→“文件夹”命令，输入文件夹的名称“ceshi”后，按 Enter 键，即可完成新文件夹的创建。

(5) 双击打开新建的“ceshi”文件夹，在“主页”选项卡的“新建”组中单击“新建文件夹”按钮，输入子文件夹名称“xinjian”后按 Enter 键，然后新建一个名为“chongjian”的子文件夹。单击地址栏左侧的“←”按钮，返回上一级窗口，如图 4-7 所示。

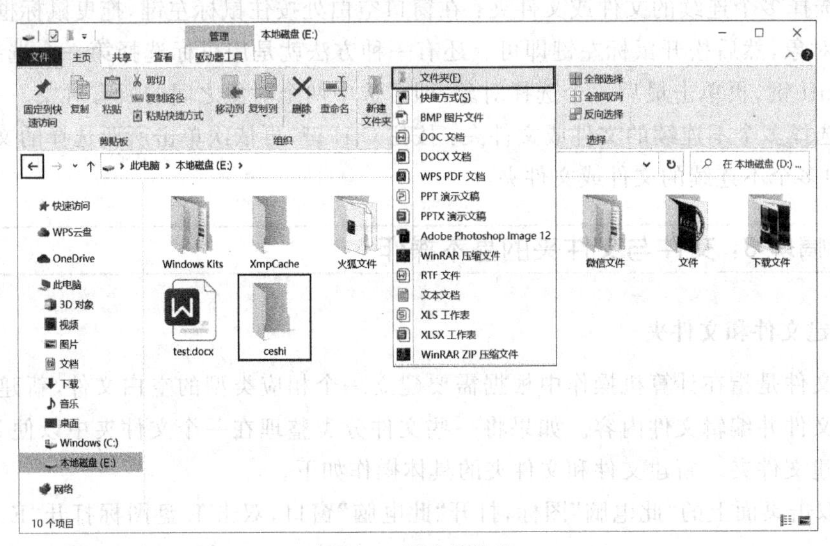

图 4-7　新建文件夹

2. 移动、复制、重命名文件或文件夹

选中需要操作的文件或文件夹后，右击选择“复制”命令，或使用 Ctrl+C 组合键，切换到目标窗口，在窗口空白处单击鼠标右键，然后在弹出的快捷菜单中单击“粘贴”命令，或使用 Ctrl＋V 组合键即可。

选中需要重命名的文件或文件夹，在其上右击“重命名”命令，原文件名就变成可编辑状态，输入新的文件名后在空白处单击或敲一下 Enter 键即可。

3. 删除和还原文件或文件夹

选中要执行操作的文件或文件夹，右击，在弹出的快捷菜单中选择“删除”命令，或按键盘上的 Delete 键，即可删除选择的文件或文件夹。被删除的文件或文件夹实际上只是移动到了“回收站”中，仍然会占用磁盘空间，若误删某个文件或文件夹，还可以在“回收站”窗口中选择要还原的文件或文件夹，右击，在快捷菜单中单击“还原”命令操作找回来。如果使用 Shift＋Delete 组合键永久删除的文件或文件夹，是不能在上述操作中被找回的。

4. 搜索文件或文件夹

在日常操作计算机中，如果不知道文件或文件夹的保存位置，可以使用 Windows 10 的搜索功能来查找。下面以搜索 E 盘中“test”这个文件为例，具体操作如下。

(1) 资源管理器中打开“本地磁盘 E”窗口。

(2) 在窗口地址栏后面的搜索框中单击，激活“搜索工具”→“搜索”选项卡，然后在“优化”组中单击“类型”下拉按钮，在打开的下拉列表中选择文件类“文档”选项，如图 4-8 所示。

(3) 在搜索框中输入关键字“test”，稍后 Windows 会自动在搜索范围内搜索所有文件信息，并在文件显示区显示搜索结果，如图 4-9 所示。

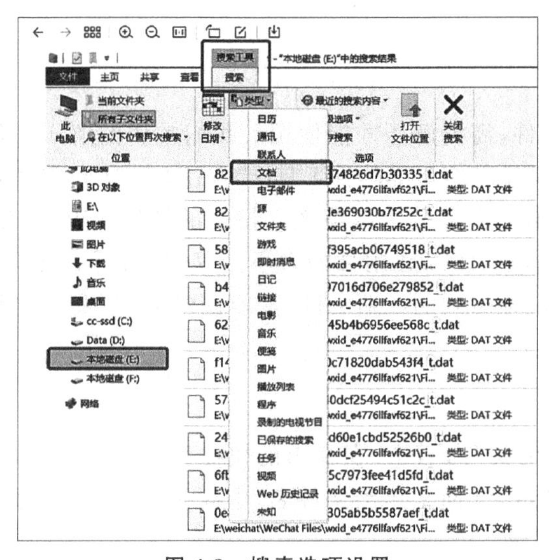

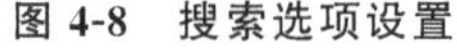
图 4-8 搜索选项设置

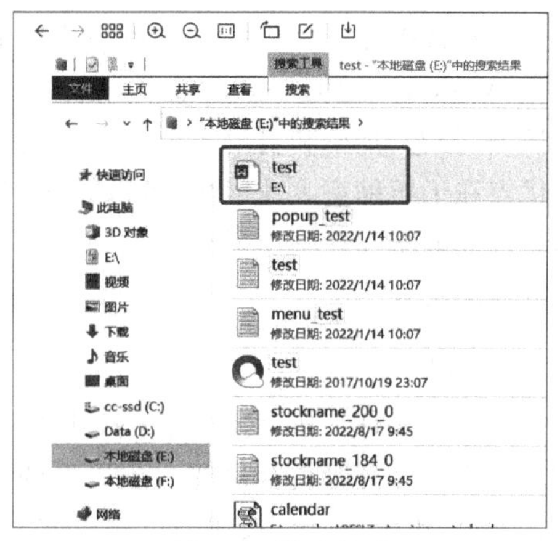

图 4-9 搜索结果

(4) 根据需要，可以在“优化”组中单击“修改日期”→“大小”→“其他属性”按钮来设置搜索条件，能缩小搜索范围。

5. 文件或文件夹显示隐藏

在 Windows 10 操作系统中默认的文件或文件夹只显示名称，不显示扩展名，因此，在搜索文件或文件夹时，只能通过名称来搜索，若想通过扩展名对 Windows 10 中的文件进行搜索，就需要先将文件的扩展名显示出来。具体操作方法：打开“文件资源管理器”窗口，在“查看”选项卡的“显示隐藏”组中单击选中“文件扩展名”复选框，即可显示扩展名。

文件或文件夹查看和隐藏操作步骤：双击桌面“此电脑”图标，在“此电脑”窗口中单击“查看”选项，选择“隐藏的项目”复选框，当勾选“隐藏的项目”复选框后，可以看到显示隐藏的文件是淡颜色的，如图 4-10 所示。

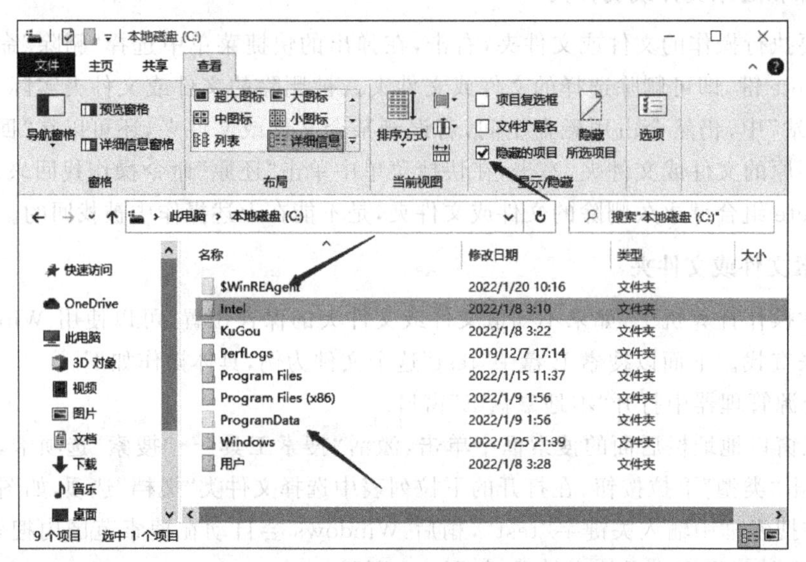

图 4-10 文件夹的隐藏和显示

学习情境 4：文件压缩和解压操作

在日常操作计算机中要遇到一些压缩文件，需要解压才能使用。我们常用的解压缩软件是 WinRAR，这是一款功能非常强大的文件压缩解压缩软件工具。WinRAR 64 位包含强力压缩、分卷、加密和自解压模块，它支持目前绝大部分的压缩文件格式的解压。WinRAR 的优点在于压缩率大速度快，备份数据，有效减少 E-mail 附件的大小。WinRAR 64 位解压缩软件能解压互联网上下载的 RAR、ZIP 和其他格式的压缩文件，并能创建 RAR 和 ZIP 格式的压缩文件。

1. 压缩

文件或文件夹压缩操作是：选中要压缩的文件，右击，在弹出的快捷菜单中选择“添加到压缩文件”，这时就会出现一个压缩的对话框，上面是压缩文件名，中间是选项，选择好相应选项后，单击“确定”按钮即可完成该文件压缩。

2. 解压

文件或文件夹解压操作是：在需要解压的文件上右击，在弹出的功能窗口里面单击解压文件，然后在操作窗口右边选择好文件解压之后的存储位置，选择完毕之后，单击下方的“确定”按钮，等待系统解压即可。解压完毕之后，在刚刚选择的存储位置就可以找到解压后的文件。

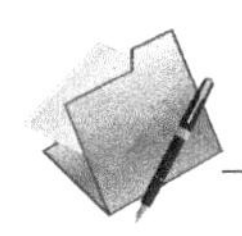

任务3 认识Windows实用小程序

知识目标

(1) 了解计算机的附件。
(2) 掌握截图工具的操作方法。
(3) 掌握写字板的操作方法。
(4) 掌握计算器的使用技巧。
(5) 学会使用画图工具。

技能目标

(1) 能够熟练运用附件里的各项小程序。
(2) 能够熟练操作截图工具。
(3) 能够熟练使用计算器和画图工具。

任务导入

Windows操作系统中自带了一些实用的小程序,方便我们在工作中不用借助复杂的工具软件就能完成基本的操作,满足我们的需求。下面我们来学习几个实用小程序的操作方法。

学习情境1:截图工具

Windows操作系统以前的版本中都包含有截图工具,不过只有非常简单的截图功能,如用Print Screen键可截取整个屏幕,按键盘上的Alt+Print Screen组合键可截取当前窗口等。但在Windows 7/8/10中,截图工具的功能逐渐变得强大起来,甚至可与专业的屏幕截取软件相媲美。

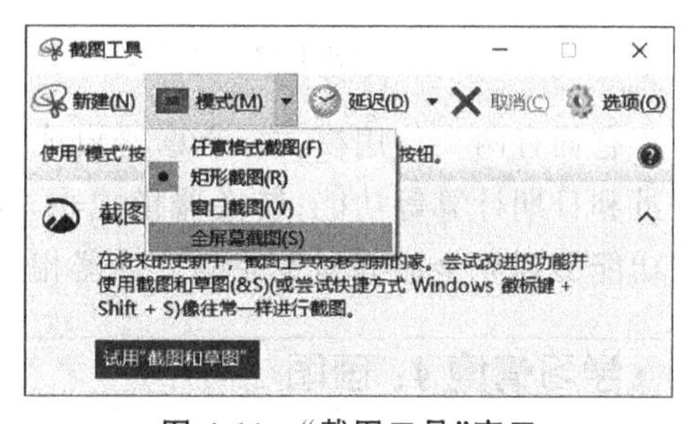

图4-11 "截图工具"窗口

单击"开始"按钮,打开"Windows附件"下拉选项,单击其中的"截图工具"命令,启动"截图工具"窗口,如图4-11所示。单击"新建"按钮,会以默认的方式进行截图,此时屏幕的显示会有所变化,等待用户移动(或拖动)鼠标进行相应的截图。单击"模式"按钮右边的下拉按钮,选择一种截图模式(默认设置是窗口截图),即可移动(或拖动)鼠标进行相应的截图。截图之后,截图工具窗口会自动显示所截取的图片,然后可以通过工具栏对所截取的图片进行处理,如进行复制、粘贴等操作,也可以把它保存为一个文件,如.png文件。

学习情境 2：写字板

写字板也是 Windows 系列版本中自带的一个文本编辑、排版工具，可以完成简单的 Microsoft Office Word 的功能。单击“开始”→“Windows 附件”→“写字板”命令，即可打开写字板程序，如图 4-12 所示。

写字板的窗口界面与其他程序软件的界面非常相似，有菜单栏和工具栏，其“文件”菜单可以实现“新建”“打开”“保存”“打印”“页面设置”等操作。

在写字板程序中，我们既可以对文本设置不同的字体和段落样式，也可以插入图形和其他对象，它也具备了编辑复杂文档的基本功能。“主页”菜单中的“绘图”功能可以打开“画图”程序软件进行操作，使用完后关闭“画图”软件时会自动返回到写字板中，同时把所绘制的图片插入写字板中，写字板保存文件的默认格式为“.rtf”。

学习情境 3：计算器

在 Windows 10 操作系统中，计算器程序也是常用的小程序之一，单击“开始”→“计算器”命令，即可打开计算器程序，如图 4-13 所示。

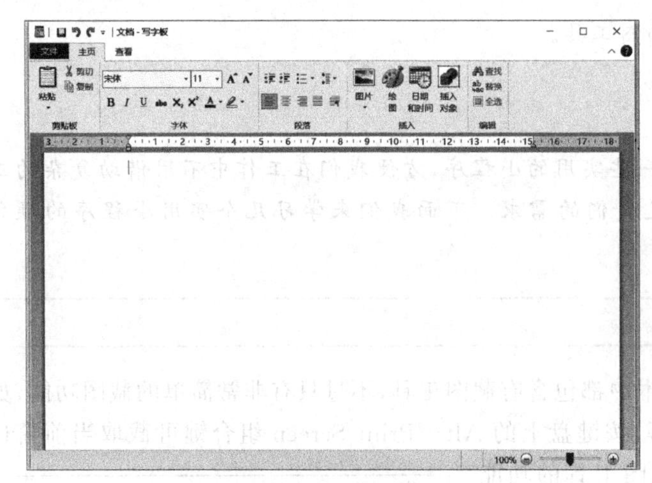

图 4-12 写字板窗口

图 4-13 计算器

它拥有两类使用模式：计算器模式和转换器模式。计算器模式中，包括标准、科学、程序员和日期计算等功能；转换器模式中，包括货币、容量、长度、重量和温度等 13 种功能，这些功能多到完全能够与专业的计算器相媲美。

学习情境 4：画图

画图工具是 Windows 操作系统中基本的作图工具，相比前期的版本而言 Windows 10 系统中的画图工具发生非常大的变化，界面更加美观，同时内置的功能也更加丰富、细致。单击“开始”菜单，选择“Windows 附件”→“画图”命令，可打开画图程序，如图 4-14 所示。

在窗口的顶端是标题栏，它包含“自定义快速访问工具栏”和“标题”两部分内容。在标题栏的左边可以看到一些按钮，这些按钮称为自定义快速访问工具栏，通过此工具栏，可以

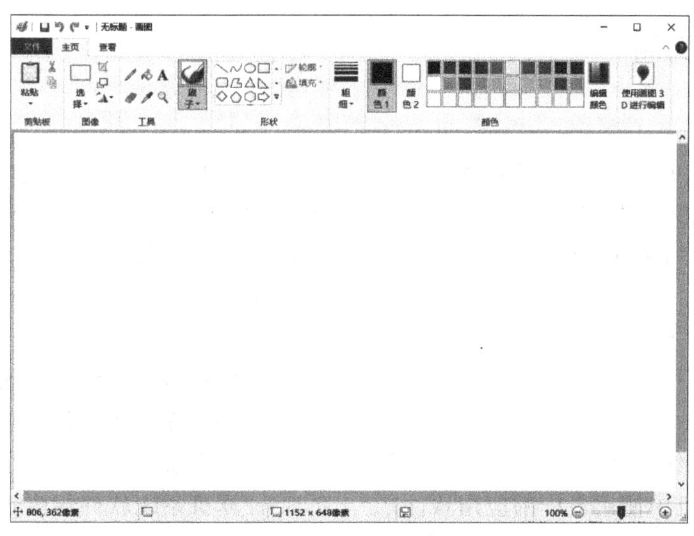

图 4-14　画图程序窗口

进行一些常用的操作，如保存、撤销、重做等。

标题栏下方是菜单栏和画图工具栏，这也是画图工具的主体。

菜单栏中包含“文件”“主页”“查看”三个菜单项。

单击“文件”菜单项，选择其下的命令项可以进行文件的新建、保存、打开、打印等操作。

选择“主页”菜单项时，下面会显示出相应的功能区，其中包含剪贴板、图像、工具、形状、粗细和颜色功能等模块，并提供给用户对图片进行编辑和绘制的功能。

功能区最右边有一个“使用画图 3D 进行编辑”功能，这是 Windows 10 操作系统加入的新功能，单击它可打开“画图 3D”功能界面，如图 4-15 所示。在这个界面中，用户可以绘制 2D、3D 形状，还可以加入背景贴纸和文本，轻松更改颜色和纹理、添加不干胶标签或将 2D 图片转换为 3D 场景。另外，通过“画图 3D”还可以将创作的 3D 作品混合现实，通过混合现实查看器查看用户的 3D 作品。

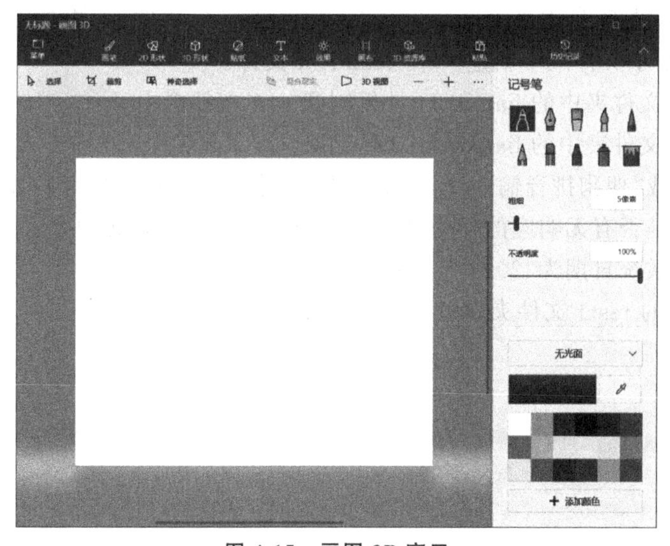

图 4-15　画图 3D 窗口

学习效果自测

一、单选题

1. 在 Windows 10 中，要想选择多个连续的文件或文件夹，正确的操作方法是：首先选中第一个文件或文件夹，然后按(　　)键不放，再依次单击到最后一个文件或文件夹。要想选择多个不连续的文件应该按住(　　)键不放再单击所要选择的文件。

A. Tab　　B. Alt　　C. Shift　　D. Ctrl

2. Windows 操作系统是一个(　　)。

A. 多用户单任务操作系统　　B. 多用户多任务操作系统

C. 单用户单任务操作系统　　D. 单用户多任务操作系统

3. 计算机系统包括硬件系统和软件系统，其中操作系统是(　　)。

A. 计算机中使用最广的应用软件　　B. 计算机系统软件的核心

C. 计算机的专用软件　　D. 计算机的通用软件

4. 下列(　　)软件可以方便地压缩文件，也可以解压几乎所有压缩格式的文件。

A. WinRAR　　B. Photoshop　　C. Word　　D. AutoCAD

5. 在 Windows 操作系统中，下列操作中不正确的是(　　)。

A. 在“背景”界面中可以更改图片、选择图片契合度、设置纯色或幻灯片放映等参数

B. 在“颜色”界面中，可以为 Windows 统选择不同的颜色，也可以单击“自定义颜色”按钮，在打开的对话框中自定义自己喜欢的主题颜色

C. 在“锁屏”界面中，可以选择系统默认的图片，也可以单击“浏览”按钮，将本地图片设置为锁屏画面

D. 在“开始”界面中，可以自定义主题的背景、颜色、声音以及鼠标指针样式等项目

二、操作题

1. 针对系统中文件和文件夹的操作，具体要求如下。

(1) 在计算机的 D 盘中新建 test、test1 和 test2 三个文件夹，再在 test 文件夹中新建 test3 文件夹，在该子文件夹中新建一个 lianxi.txt 文件。

(2) 将 test3 文件夹中的 lianxi.txt 件复制到 test 文件夹中。

(3) 将 test3 文件夹中的 lianxi.txt 文件删除。

2. 从官网下载“搜狗拼音输入法”的安装程序，然后安装到计算机 D 盘中。

3. 检查当前是否有无响应的任务进程，若有则将其结束，若无则查看系统硬件的性能。

4. 设置当前系统日期为“2023 年 5 月 23 日”。

5. 将 D 盘中的 test1 文件夹设置为隐藏属性。

项目 5

键盘输入训练

项目简介

键盘是计算机的一个最主要的输入设备,键盘的历史比计算机还要早,自从计算机诞生之后,它就成了人机交互的主要方式。通过键盘可以将英文字母、汉字、数字、标点符号等输入计算机中,从而向计算机发出命令、输入数据等。所以我们有必要熟知键盘上键的排列顺序和功能,并掌握熟练的打字输入技巧。

知识培养目标

(1) 熟知键盘上所有键的位置分布。

(2) 掌握键盘录入时正确的姿势。

(3) 掌握键盘的正确指法练习。

(4) 熟知键盘上各功能键的作用。

(5) 掌握搜狗拼音输入法的使用方法。

能力培养目标

(1) 让学生在熟识和操作键盘的过程中,通过掌握正确的指法,不断提高输入速度,体验到学习计算机的快乐,引导学生在使用计算机过程中解决学习、工作上的问题,进一步提高学生的键盘操作能力。

(2) 通过不断练习,使学生在熟练操作键盘的基础上重点掌握并熟练使用搜狗拼音输入法。

课程思政园地

课程思政元素的挖掘及培养如表 5-1 所示。

表 5-1　课程思政元素的挖掘及其培养目标关联表

知　识　点	知识点诠释	思　政　元　素	培养目标及实现方法
键盘	键盘是主要输入设备,字母、数字、汉字和各种符号等都是通过键盘输入计算机的	以前的计算机只能输入英文,现在由中国人创建汉字输入法解决了中文输入难题,为我们使用计算机创造了便利条件	让学生通过对中文各种输入法的操作和了解,增强民族自豪感

续表

知识点	知识点诠释	思政元素	培养目标及实现方法
搜狗拼音输入法	搜狗拼音输入法简单实用，会拼音就会使用，很容易上手，还可以方便输入生僻字、同音字等	搜狗拼音输入法的U模式可以输入生僻字，辅助码可以快捷输入同音字；V模式可以更便捷输入各种数字模式	使用搜狗拼音等汉字输入法时，能让学生感受到中国汉字文化的博大精深，每个字的组合都存在合理性，对中国象形文字有更深刻的了解，更加热爱祖国汉字文化

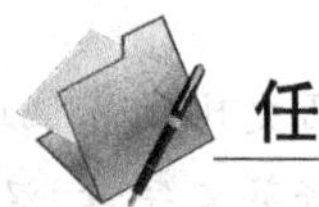

任务1 认识键盘

知识目标

(1) 熟知键盘上各键的位置分布。

(2) 掌握主键盘区字母键、数字键、符号键的名称和分布规律。

技能目标

(1) 熟练使用键盘录入各种符号。

(2) 掌握各种组合键的使用方法。

(3) 了解各种不同键数的键盘。

(4) 具有用键盘输入各种信息的能力。

任务导入

键盘是操作计算机时最常用的输入工具了，那你知道键盘上所有键的名称和功能吗？你了解输入各种字符数据的方法吗？你知道数字小键盘和上排数字键在输入时的区别吗？快来一起了解一下吧。

学习情境1：主键盘区

键盘是计算机的最主要的输入设备，是向计算机内输入文字、信息、程序的基础工具。因此，熟悉与掌握键盘是键盘录入的基本要求和前提。要想通过键盘准确并轻松快速地录入文字，首先要了解键盘中各按键的分布位置。

随着计算机技术的发展，键盘也经历了从83键、84键、101键到104键等的变化，现在常用的键盘就是104键盘。键盘上的按键按功能可分为5个区：主键盘区、功能键区、控制键区、数字键区和状态指示区，如图5-1所示。

主键盘区是键盘上最常用的区域，必须熟练掌握。它由26个字母键、10个数字键、一些特殊符号和一些控制键组成，一般有61个键位，如图5-2所示。

图 5-1 键盘分区图

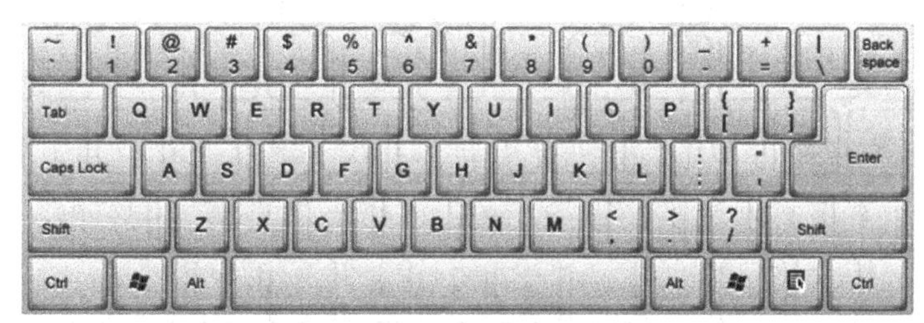

图 5-2 主键盘区

1. 字母键

26 个字母键分布排列在主键盘区的中间部位,键面上标有 A～Z 的大写字母,每个键可输入大小写两种字母,通过 Shift 和 Caps Lock 键可实现大小写的转换。

2. 数字键与符号键

主键盘区最上面一排的每个键面上都有上下两种符号,称为双字符键。上面的符号称为上档符号,一般是些运算符、标点符号和其他符号;下面的符号称为下档符号,主要是数字和少量的其他符号,输入时通过按 Shift 键可实现上档符号的录入。

3. 控制键

主键盘区的控制键较多,常用控制键的作用分别如下。

Tab 键:跳格键或者制表位键。按下此键,可使光标向右移动一个制表位。

Caps Lock 键:大写字母锁定键。在小写状态下按下此键,键盘右上角对应的指示灯亮,这时再敲下字母键录入的就是大写字母。再按一下此键对应指示灯灭,又回到小写状态。

Shift 键:上挡键或者换挡键,在键盘的左右两端各有一个。该键有两个作用,一是录入双字符键上方的符号,二是在小写状态下录入大写字母。但是该键不能单独使用,只能和其他键或者控制键组合使用。

Ctrl 键和 Alt 键:Ctrl 键和 Alt 键在主键盘区的最下一行两边,共有左右各两个且功能相同。Ctrl 键和 Alt 键不能单独使用，必须和其他键配合才能实现各种功能，如 Ctrl+C 组合键实现复制功能，Ctrl+V 组合键实现粘贴功能。

Space 空格键：键盘上最长的一个键。按下该键即可录入一个空白的字符，光标向右移动一格。

Windows 键：Windows 徽标键，在 Fn 键和 Alt 键之间，主键盘左右各一个，由于键面的标志符号是 Windows 操作系统的徽标而得名。此键通常和其他键配合使用，单独使用的功能是打开“开始”菜单。

Enter 键：Enter 键或者换行键。这是主键盘区使用频率最高的一个键，主要作用有两个，一是在程序运行时起确认的作用，二是在编辑文字时起换行的作用。

Back Space 键：退格键，用于删除光标左侧的字符，同时光标向左移动一个字符位置。

Fn 键：function(功能)的缩写，Fn 键是笔记本电脑上键盘中才有的专用键，位于笔记本电脑键盘最左下角第二个位置。正常情况，Fn 键不能单独使用，需要和 F1～F12 等键组合使用，而各大品牌笔记本电脑的 Fn 组合键功能有所不同，如图 5-3 所示。

图 5-3 Fn 键及其组合使用区域

学习情境 2：功能键区

功能键区位于键盘的顶端，包括 Esc 键、F1～F12 键等，如图 5-4 所示。这些功能键的作用主要根据具体的操作系统或者应用程序而定。

图 5-4 键盘功能区

Esc 键：取消键。可以快速取消当前的操作或命令。

F1～F12 键：功能键。各键均能执行一些快捷而特殊的操作。如通常按下 F1 键是帮助打开文档；按下 F2 键，则可实现重命名文件或文件夹。

Print Screen SysRq 键：屏幕打印键。在 Windows 系统中，如果计算机没有连接打印机，按下此键可将屏幕中所显示的全部内容以图片的形式复制到剪切板中。

Scroll Lock 键：屏幕滚动键。在屏幕内容滚动显示时，按下此键可实现屏幕停止滚动。

Pause Break 键：暂停/中断键。其功能是暂停系统操作或者屏幕显示输出。

学习情境 3：控制键区

控制键区位于键盘的中间部分，也称编辑键区，主要用于控制或者移动光标，如图 5-5 所示，这些键的作用简要介绍如下。

Insert 键：插入/改写键。该键用在编辑文本时更改插入/改写的状态，该键的系统默认状态是“插入”状态，在“插入”状态下，输入的字符插入光标处，同时光标右侧的字符依次向后移一个字符位置，这时按下此键即可改成“改写”状态，此时在光标处输入的文字将向后移动并覆盖原来的文字。

Home 键和 End 键：起始键和终止键。其功能是快速移动光标至当前编辑行的行首或行尾。

Page Up 键和 Page Down 键：前翻页键和后翻页键。其功能是将光标快速前移一页或后移一页。

Delete 键：删除键。在文字编辑状态下，按下此键可将光标后面的字符删除；在窗口状态按下此键，可将选中的文件删除。

光标键：上、下、左、右 4 个，位于编辑区下方的 4 个带箭头的键，箭头所指方向就是光标所要移动的方向。

学习情境 4：数字小键盘区

数字小键盘区也称数字键区，位于键盘的右下部分，如图 5-6 所示。

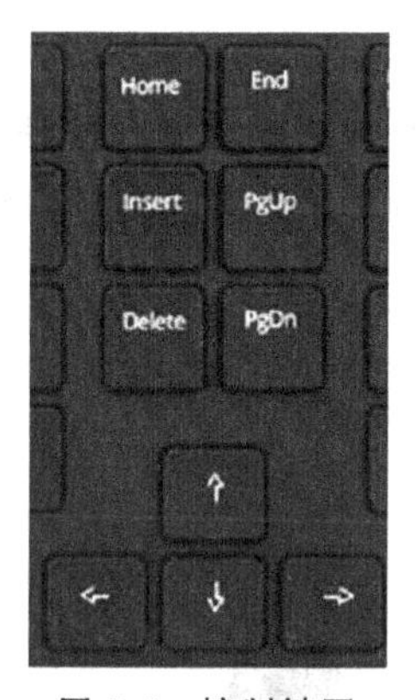

图 5-5 控制键区

图 5-6 数字小键盘区

此键区提供了数字操作键，包括数字键和运算符号键，其中 Del 为 Delete 的缩写，Ins 为 Insert 的缩写。

数字小键盘区的 Num Lock 键称为数字锁定键，它主要用于打开与关闭数字小键盘区。当状态指示区的第一个指示灯亮，数字小键盘区为开启状态；按下该键后，指示灯灭，数字小键盘区为关闭状态，此时不能用于录入，只能当编辑键使用。

学习情境 5：指示灯区

键盘右上角就是指示灯区，从左至右分别为 Num Lock 指示灯、Caps Lock 指示灯、

Scroll Lock 指示灯，如图 5-7 所示。

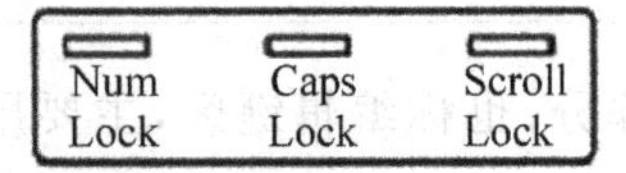

图 5-7 指示灯区

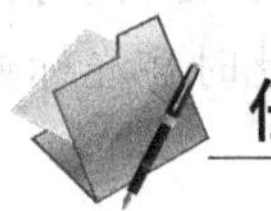

任务 2 指法规则练习

知识目标

(1) 熟知 8 个基准键。
(2) 熟知主键盘区字母键、数字键、符号键的名称和分布规律。
(3) 掌握正确的打字姿势。

技能目标

(1) 掌握指法练习技巧。
(2) 加强指法练习，能进行高质量盲打。

任务导入

你想不看键盘就能熟练地在计算机中输入中英文吗？只要你掌握了指法规则再加上刻苦练习一定可以实现这种“盲打”，是不是特别期待呀？下面我们来看看怎么能做到的。

学习情境 1：打字姿势

在操作计算机的时候，要养成正确的打字姿势，这样不仅能大大提高工作效率，减轻工作疲劳，而且有利于身心健康。正确的打字姿势应该是：身体躯干挺直而微前倾，全身自然放松；桌面的高度以肘部与台面相平的高度为宜；上臂和双肘靠近身体，前臂和手腕略向上倾，使之与键盘保持相同的斜度；手指微曲，轻轻悬放在各个手指相关的基键上；双脚自然地放在地面上，大腿自然平直，小腿与大腿之间的角度接近 90°；除了手指悬放在基键上，身体的其他任务部位不能搁放在桌子上，如图 5-8 所示。

图 5-8 正确的打字姿势

学习情境 2：指法规则

在操作计算机时，熟练地使用键盘不仅需要熟悉键盘的分布和正确的打字姿势，还要记住手指的键位分工和指法规则，并不断加强练习，这样才能快速提高自己的打字速度。

1. 基准键位

为了规范操作，计算机的主键盘区划分了一个区域，称为基准键区域。规定键盘中央的“A”“S”“D”“F”“J”“K”“L”“;”8 个键为基准键，如图 5-9 所示。其中在“F”和“J”两个键上各有一个凸起的小横杠或者小圆点，以便盲打时手指能通过触觉定位。字母键“A”“S”“D”“F”为左手基准键位，字母键“J”“K”“L”“;”为右手基准键位。左右手拇指轻置于空格键上。

图 5-9 基准键

2. 手指分工

每个手指在键盘上都有明确的分工，如图 5-10 所示。多数情况下，用户使用键盘从基准键出发分工击打各自键位。

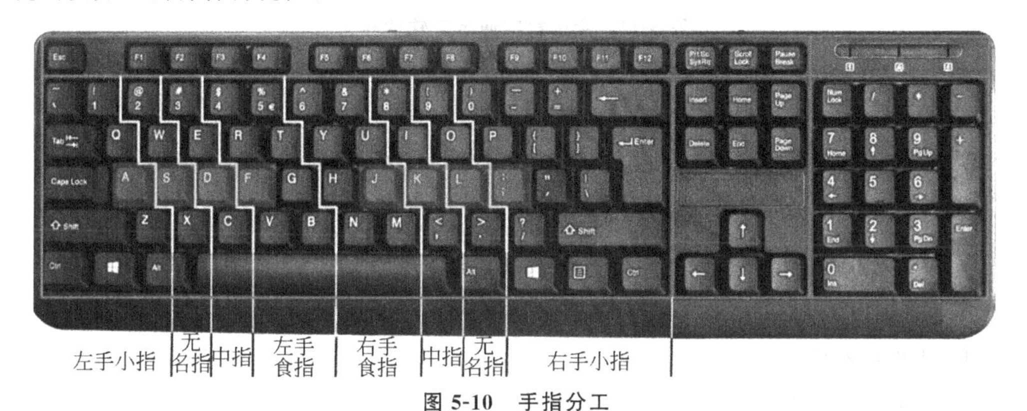

图 5-10 手指分工

学习情境 3：击键要点

在键盘操作中，首先要熟记指法规则，然后从开始就坚持盲打，即眼睛不看键盘，只看屏幕和稿件，通过大脑来控制要击键的位置。应遵循以下规则。

（1）击键前，将双手轻放于基准键位上，左右手拇指轻置空格键上。

（2）手掌以腕为支点略向上抬起，手指保持弯曲，略微抬起，以指头击键，注意一定不要以指尖击键，击键动作应轻快、干脆，不可用力过猛。

(3) 敲击键盘时,只有击键手指才做动作,其他手指放基准键位不动。

(4) 手指击键后,马上回到基准键位区相应位置,准备下一次击键。

学习情境 4：指法练习

初学者在学习键盘时,一定要有充足的时间进行键盘练习。认识键盘和手指分工后,就要对键盘进行指法练习,做到手随眼动,快速有力地击键,逐步提高录入的速度。

指法练习可通过打字软件来进行,如金山打字通,如图 5-11 所示。可从金山打字通软件的新手入门中的打字尝试、字母键位、数字键位和符号键位开始练习。只有坚持不懈地进行指法练习,才能实现运指如飞。

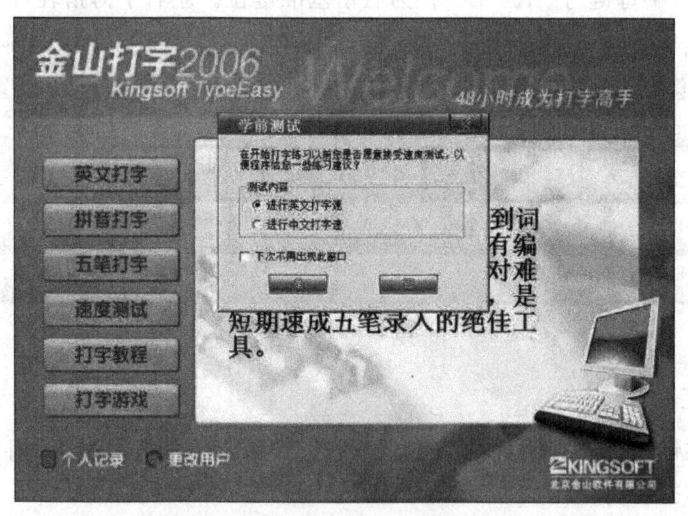

图 5-11 金山打字通练习软件界面

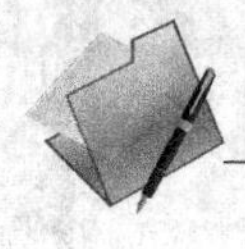

任务 3 认识搜狗拼音输入法

知识目标

(1) 认识输入法。

(2) 了解搜狗输入法。

技能目标

(1) 掌握下载安装搜狗拼音输入法的操作,并能进行相关设置。

(2) 掌握搜狗拼音状态条的组成。

任务导入

现在的汉字输入法有很多种,每种汉字输入法都各有特色,所以我们可以选择合适自己的输入法，现在比较流行的汉字输入法是搜狗拼音输入法，现在我们一起来了解搜狗拼音输入法。

学习情境 1：认识搜狗拼音输入法

录入汉字之前，需要先选择输入法，现在的汉字输入有很多种，所以在选择时可以根据每种输入法的不同特点和自身需要来选择，达到快速、准确录入汉字的目的。汉字的输入法一般有拼音输入法和笔画输入法，因拼音输入法入门较简单，仅需掌握拼音即可录入汉字，所以以下选用搜狗拼音输入法来讲解。

1. 搜狗拼音输入法发展

搜狗拼音输入法简称搜狗输入法，是 2006 年 6 月由搜狐（SOHU）公司推出的一款 Windows 平台下的汉字拼音输入法。搜狗拼音输入法是当前网上最流行、用户好评率最高、功能最强大的拼音输入法之一，至今已推出多个版本。

2. 搜狗拼音输入法安装、设置

登录官方网站，在首页中单击“立即下载”按钮即可下载最新版的搜狗拼音输入法，然后双击安装包就可以安装输入法，安装完成后在主菜单条上单击“定制输入法”按钮可弹出“定制输入法”对话框，对输入法进行设置。可选择候选词、外观和个性化皮肤以及开启模糊音等高级属性进行设置，从而使用户在使用时得心应手。

学习情境 2：了解搜狗拼音输入法状态条

按键盘上 Ctrl+Shift 组合键可切换出搜狗拼音输入法的状态栏，如图 5-12 所示。单击此状态栏上的S图标，可定制状态栏，也可进行更多的设置。搜狗拼音输入法默认状态栏从左到右依次表示：“菜单”“中/英文”“中/英文标点”“语音”“输入方式”“皮肤中心”和“智能输入助手”。

图 5-12 搜狗拼音输入法状态栏

（1）菜单：单击该按钮，在弹出的窗口中可设置“智能输入助手”“常用设置”“帮助反馈”“检查更新”，在窗口的上方会显示登录名及今日输入字数。

（2）中/英文：单击该按钮显示当前的输入状态，默认为中文，按下 Shift 键时，切换到英文状态，再按一次又返回中文状态。

（3）中/英文标点：单击该按钮切换中英文标点，默认是中文标点符号，可按下 Ctrl+. 组合键切换为英文标点符号。

（4）语音：单击该按钮，可启动语音输入，此时对着麦克风讲普通话即可转化为文字。

（5）输入方式：单击该按钮，可弹出输入方式选择窗口，可选“语音输入”“手写输入”“符号大全”“软键盘”。

（6）皮肤中心：单击该按钮，可进入皮肤中心选择窗口，此时可选择个性化的输入法皮肤。

（7）智能输入助手：单击该按钮，可开启智能写作。

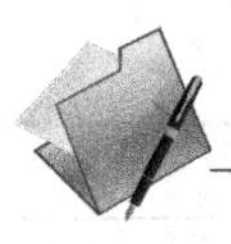

任务 4 掌握搜狗拼音输入法技巧

知识目标

(1) 了解搜狗拼音输入法。

(2) 掌握搜狗拼音输入法技巧。

技能目标

(1) 掌握搜狗拼音输入法技巧。

(2) 能够使用搜狗拼音输入法输入生僻字。

任务导入

有的同学在上一任务的学习中,已经安装好搜狗拼音输入法软件,也对搜狗拼音输入法有一定的了解,还想要研究搜狗拼音输入法的一些特殊输入方法。以下对特殊输入法具体讲解。

学习情境 1:了解简拼输入

搜狗拼音输入法不仅具有一般拼音输入法的全拼、简拼和混拼等输入方式,还具备多种人性化的输入功能,如模糊音输入、智能组词和生僻字输入等输入方法。

简拼输入法是指输入声母或声母的首字母来进行输入的一种方式,简单而实用,有效利用简拼,可以提高输入速度。例如,你想要输入"中华人民共和国",只需要输入"zhrmghg"即可如图 5-13 所示,或者输入"zhrm"后在候选词中选择 2 即可,如图 5-14 所示。

z'h'r'm'g'h'g

1 中华人民共和国

图 5-13 简拼输入

zh'r'm

1 这里(li)面 2 中华人民共和国

图 5-14 简拼输入+选择

学习情境 2:了解辅助码输入

在实际使用中,如果要输入不常用的字,如"僻"字,直接输入"pi"时,出现的候选字太多,如图 5-15 所示,用辅助码可以快速定位到"僻"字,加快选字速度,如图 5-16 所示。

pi 9 打开输入工具箱

1 屁 2 皮 3 批 4 劈 5 π ‹ ›

图 5-15 输入"pi"时的候选字

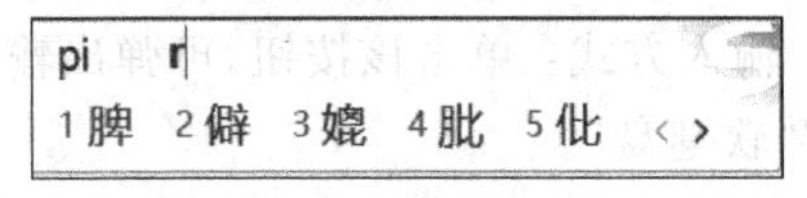

图 5-16 利用辅助码输入

图 5-16 中,使用了偏旁作为候选字的附加条件。首选,输入"僻"字拼音 pi,再按下 Tab 键,启动辅助码模式。"僻"的偏旁是单人旁,也就是"人",输入它的拼音 ren 的首字母 r,即可缩小搜索范围。

当一个偏旁不足以找出所需汉字时，可多加几个试试：如“嚏”字，把它拆解时，输入前两部分“口”和“十”的拼音首字母 ks（分别是 kou 和 shi 的第一个字母）作为辅助码，即可顺利找出“嚏”字，如图 5-17 所示。

更多的时候，常用辅助码的另一种编码方式（横-h、竖-s、撇-p、捺-n、折-z）：笔顺输入法。

如输入“孓”字，它的笔顺为横折竖钩捺，对应的笔顺字母表示就是 zsn（折、竖、捺），在输入 jue 后按下 Tab 键后输入 zsn 即可快速定位，如图 5-18 所示。

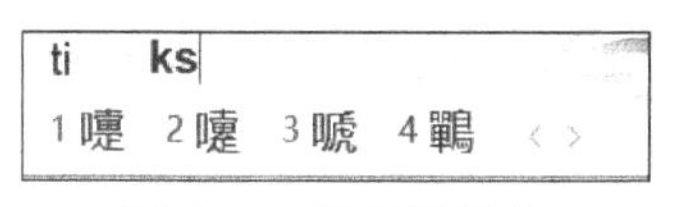

图 5-17 辅助码输入

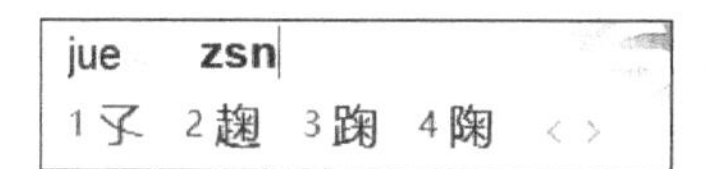

图 5-18 笔顺辅助码输入

学习情境 3：了解 U 模式输入

在使用中，如果遇到一个字不会读时可把字拆开。如“掱”这个字拆开就是手手手（shoushoushou），可在 U 模式下输入，如图 5-19 所示。

首选输入英文 u 字母，再输入拼音即可实现 U 模式下拆字输入。

如果遇到字无法拆开，而这个字又不知道读音时，也可在 U 模式下用笔顺输入。笔顺输入就是按照写字的横-h、竖-s、撇-p、捺-n、折-z 顺序来输入。

如“卞”字，写法为捺横竖捺，就可以输入 unhsn，如图 5-20 所示。

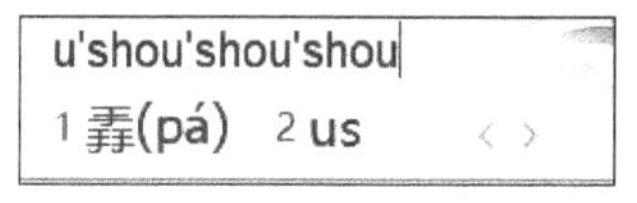

图 5-19 U 模式拆字输入

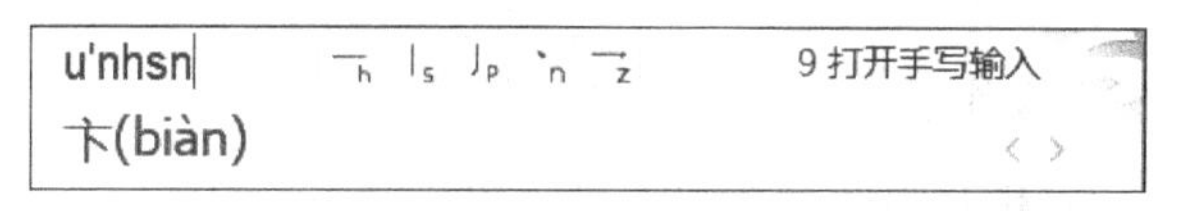

图 5-20 U 模式笔顺输入

注意：汉字笔顺中往左的点为撇，往右的点为捺，如“兴”第一二笔为捺，第三笔为撇。兴字的拼法就是 unnphpn。

学习情境 4：了解 v 模式输入

在实际输入中，如果需要输入相关的大写数字模式，如“七八九”，我们可直接输入 V789，搜狗输入法就会提供这个数字的其他几种格式，如图 5-21 所示。

注意：此时是以 abcd 这样的方式来确认选项的。

v 模式的其他功能：可在搜狗输入法下输入字母 v，在弹出的窗口中单击“v 模式帮助”按钮进行研究，如图 5-22 所示。

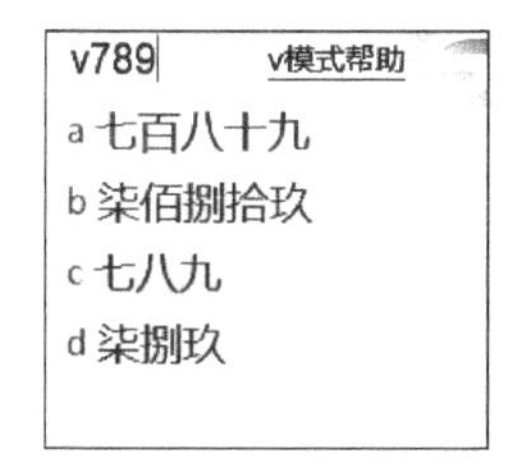

图 5-21 v 模式输入数字

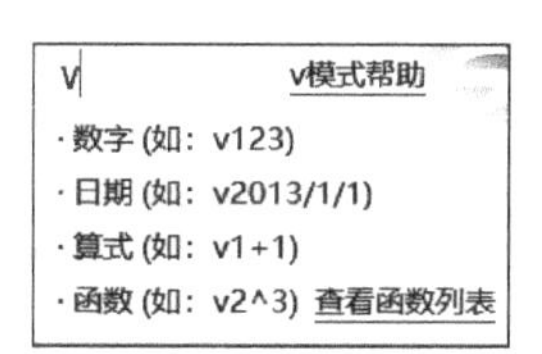

图 5-22 v 模式帮助

学习效果自测

一、单选题

1. 键盘属于(　　)。

A. 输入设备　　B. 存储设备　　C. 输入输出设备　　D. 输出设备

2. 键盘上 26 个字母键在(　　)。

A. 功能键区　　B. 主键盘区　　C. 数字键区　　D. 编辑键区

3. 在不同输入法中切换的组合键是(　　)。

A. Ctrl＋Shift　　B. Ctrl＋Space　　C. Ctrl＋Alt　　D. Ctrl＋Del

4. 输入双字符键的上方字符的方法是(　　)。

A. 按住 Ctrl 键，再按下该双字符键　　B. 按住 Shift 键，再按下该双字符键

C. 按住 Alt 键，再按下该双字符键　　D. 按住 Tab 键，再按下该双字符键

二、判断题

1. 删除键(Delete)的功能是删除光标前的字符。(　　)
2. 数字锁定键上的标识是“NumLock”。(　　)
3. 输入“@”字符的方法是先按住 Shift 键，再按下主键盘上的数字 2 键。(　　)
4. 插入键(Insert)的作用是改变插入和改写的状态。(　　)
5. 切换中英文状态是用 Ctrl＋空格组合键。(　　)

三、操作题

1. 下载并安装搜狗拼音输入法。
2. 用搜狗输入法录入以下汉字，注意掌握输入技巧。

毳 犇 羴 岙 尬 叕 掭 羲 氿 勦 汴

3. 在文字编辑软件中录入以下符号。

√ × ? $ @ …… 、' “”

4. 用金山打字通软件进行中英文打字速度测试，并记录成绩。

项目 6

WPS 文档编辑与处理

项目简介

WPS 文档是金山办公软件的重要组件之一，主要特点是具有功能强大、应用广泛的文字编辑、处理和排版。使用 WPS 文档可以快速、高效地进行文档编辑、排版、表格制作、版面设计、样式应用、图文混排和邮件合并。

本项目有 3 个任务。通过这 3 个任务的学习，基本掌握在 WPS 中编辑文本、制作表格、美化文档和插入图形对象等基本操作。

知识培养目标

(1) 掌握文本的输入、编辑及文档处理方法。
(2) 掌握表格插入、编辑及美化的方法。
(3) 掌握文档的页面布局、页面设计及页面背景制作方法。
(4) 掌握艺术字、图形对象的插入及编辑方法。
(5) 掌握文档样式和多级编号关联样式的实现方法。
(6) 掌握标题等级自动编号的方法。

素材库

能力培养目标

(1) 培养学生树立远大理想和宏伟目标的意识，养成刻苦努力、积极向上的品质。
(2) 培养学生自主学习、积极思考，具有发现问题、思考问题和解决问题的能力。
(3) 培养学生具有“千里之行，始于足下”的意识，认真打好每一个字、编辑好每一段文字。
(4) 培养学生动手能力和专业素养，鼓励学生做一个对社会有用的人。

课程思政园地

课程思政元素的挖掘及培养如表 6-1 所示。

表 6-1　课程思政元素的挖掘及其培养目标关联表

知识点	知识点诠释	思 政 元 素	培养目标及实现方法
文档编辑	以学生会招聘启事制作为案例，将文档编辑知识和公文写作格式要求融入其中	编辑文档是办公的基本要求，公文写作是学生走入职场必须具备的职业能力。让学生认识到一份内容正确、格式规范的文档是个人素养和职业素质的体现	引导学生扎扎实实打好基础，练好基本功，培养学生综合素质和细节意识

续表

知识点	知识点诠释	思 政 元 素	培养目标及实现方法
表格处理	以个人简历表的制作为案例，将表格编辑的知识点贯穿全过程	个人简历表是求职、升学者全面素质和能力体现的缩影，是学生求职、升学的名片。制作个人简历表让学生了解简历表的组成要素，认识到丰富的简历表是职场或高职院校面试成功的敲门砖	让学生提早知道高校招生时证书或学习经历的要求，培养学生树立远大理想和目标意识，养成刻苦努力、积极向上的品质
图文混排	以校园安全教育专题宣传海报制作为案例，将图文混排等知识应用其中	海报不仅能用专业软件制作，也可以利用身边常用的办公软件来制作。要深入探索 WPS 文档的奥妙，用简单的方法完成复杂的事情，达到事半功倍的效果	让学生懂得安全的重要性，进而提高安全意识，自觉将校园内各种安全要求牢记于心

任务 1　学生会招聘启事制作

知识目标

(1) 掌握文档创建和保存的方法。
(2) 掌握文档内容的编辑方法。
(3) 掌握字体和段落格式的设置方法。
(4) 掌握编号和项目符号的插入方法。

技能目标

(1) 具备建立与保存文档的能力。
(2) 具备熟练输入文本、编辑文档的能力。
(3) 具备快速选取和编辑文档内容的能力。
(4) 具备熟练设置文档字体和段落格式的能力。
(5) 具备熟练添加编号和项目符号的能力。

任务导入

随着新学期的到来，大批新的同学进入校园，为丰富课余生活，实现学生会的新老交替，提高学生会工作效率，学校学生会决定从一年级学生中招聘新成员，为新一届学生会补充新鲜血液。作为学生会负责人的你，拟用 WPS 文档处理制作一份招聘启事，以公示招聘的原则、要求等。启事要求：内容正确，简明扼要，结构清晰，符合公文相关格式要求。样文如图 6-1 所示。

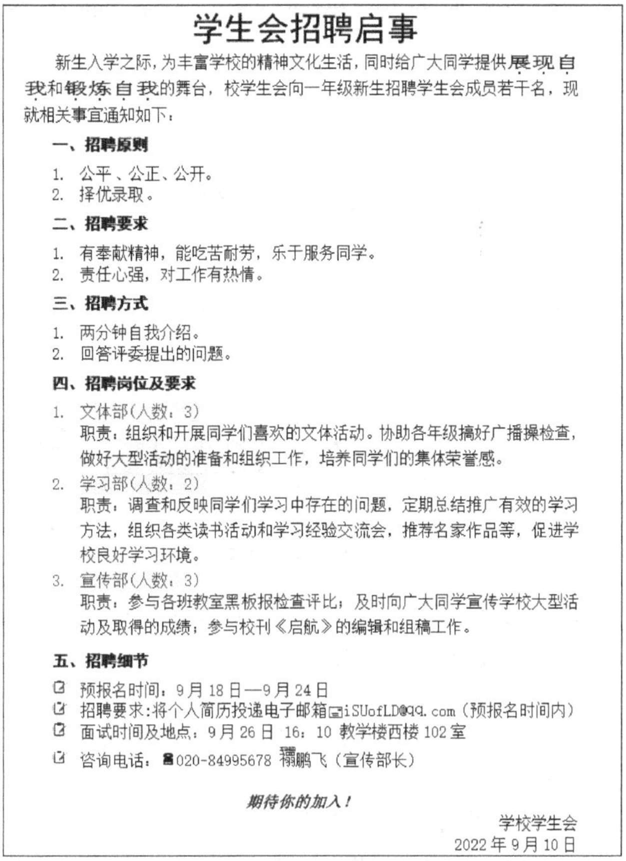

学生会招聘启事

新生入学之际，为丰富学校的精神文化生活，同时给广大同学提供展现自我和锻炼自我的舞台，校学生会向一年级新生招聘学生会成员若干名，现就相关事宜通知如下：

一、招聘原则

1. 公平、公正、公开。
2. 择优录取。

二、招聘要求

1. 有奉献精神，能吃苦耐劳，乐于服务同学。
2. 责任心强，对工作有热情。

三、招聘方式

1. 两分钟自我介绍。
2. 回答评委提出的问题。

四、招聘岗位及要求

1. 文体部(人数：3)
   职责：组织和开展同学们喜欢的文体活动。协助各年级搞好广播操检查，做好大型活动的准备和组织工作，培养同学们的集体荣誉感。
2. 学习部(人数：2)
   职责：调查和反映同学们学习中存在的问题，定期总结推广有效的学习方法，组织各类读书活动和学习经验交流会，推荐名家作品等，促进学校良好学习环境。
3. 宣传部(人数：3)
   职责：参与各班教室黑板报检查评比；及时向广大同学宣传学校大型活动及取得的成绩；参与校刊《启航》的编辑和组稿工作。

五、招聘细节

- 预报名时间：9月18日—9月24日
- 招聘要求:将个人简历投递电子邮箱iSUofLD@qq.com（预报名时间内）
- 面试时间及地点：9月26日 16：10 教学楼西楼102室
- 咨询电话：020-84995678 鹏飞（宣传部长）

期待你的加入！

学校学生会
2022年9月10日

图 6-1　招聘启事样文

学习情境 1：文档的创建与文本录入

1. 空白文档的创建

在“WPS Office首页”中单击“文件”→“新建”命令，然后单击“新建文字”→“新建空白文字”命令，如图6-2所示，即创建了一个文档标签为“文字文稿1”空白文档。

还可以在启动WPS Office后，单击标签栏的“新建”按钮，或者按Ctrl+N组合键创建空白文档。

2. 文档内容的输入

1）文本输入

在文档编辑区内会显示不停闪烁的光标，此为“插入点”，即当前文本输入的位置。当用户输入内容时，光标会自动后移，输入内容达到一行的最右端，光标会自动跳转到下一行继续输入内容。如果不满一行要开始新的段落，可以按Enter键换行，在换行的位置会产生一个段落标记符号。

除了用鼠标单击文档定位文本插入点外，还可以通过键盘的方向键或键盘编辑键区其他功能键定位。

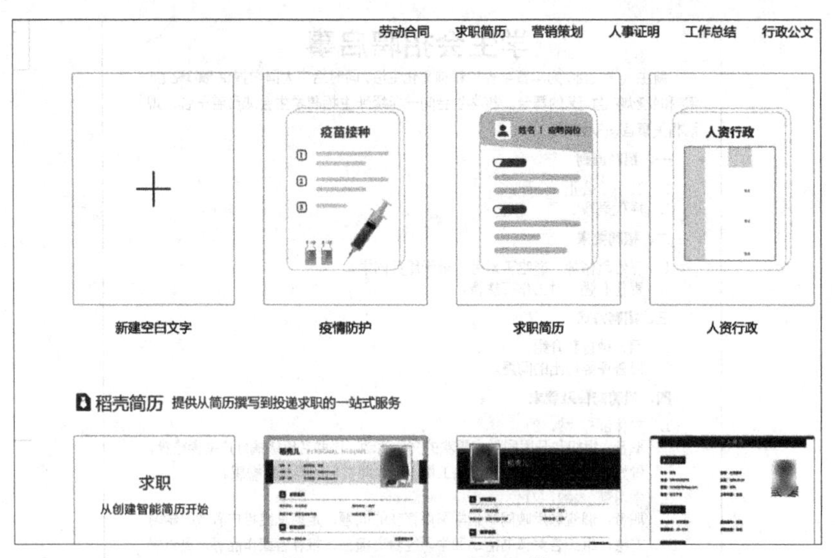

图 6-2　新建空白文字文档

在输入文本时，直接按键盘上对应的字母键可输入英文文本，如果要输入中文文本，则需要先切换到合适的中文输入法再进行操作。

2）特殊符号输入

在“插入”选项卡中，单击“符号”下拉按钮，在下拉菜单中可以看到一些常用的符号，单击需要的符号，即可插入符号。

如果下拉菜单中没有需要的符号，单击“其他符号”命令，打开“符号”对话框。在“符号”选项卡中，单击“字体”下拉按钮选择需要的字符所在的字体集，在下方的列表框中选择需要的符号，单击“插入”按钮，再单击“关闭”按钮即可，如图 6-3 所示。

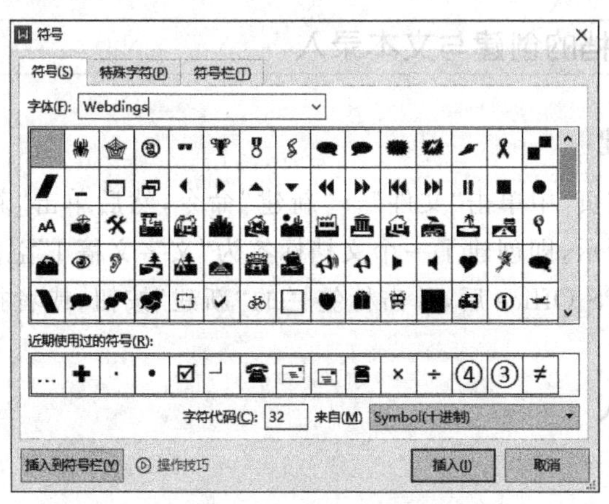

图 6-3　“符号”对话框

3. 文本编辑

1）选取文本

文本编辑前需要选取文本，常用的方法有以下几种，如表 6-2 所示。被选取的文本区域呈灰色底显示。若要取消选取文本，单击文档的任意位置即可。

表 6-2 选取文本的常用方法

选取对象	操作方法
选取连续文本	方法 1：将鼠标指针移到要选取的文本开始处，按住鼠标左键拖动到要选取文本的末尾释放。 方法 2：将文本插入点放置在要选取的文本开始处，按住 Shift 键单击要选取文本的末尾
选取不连续的文本	先拖动鼠标左键选定一个文本区域，再按住 Ctrl 键，再逐一选定其他区域的文本，选取完成后释放 Ctrl 键
选取单行或多行	鼠标左键单击要选中行的选中栏（选中栏就是 WPS 文字文档左侧的空白区域。当鼠标指针移至该空白区域时，鼠标指针会变为向右倾斜的箭头↗）。在选中栏按住鼠标左键拖动可选取多行
选取一段	方法 1：鼠标左键双击要选中段落的选中栏。 方法 2：段落任意位置连续三击鼠标左键。 方法 3：按住 Ctrl 键单击段落的任意位置
选取全文	方法 1：鼠标左键三击左侧选中栏。 方法 2：按组合键 Ctrl+A
选取矩形区域文本	按住 Alt 键的同时按下鼠标左键拖动选取

2）文本的复制、剪切、移动和删除

选取要复制的文本，单击“开始”选项卡中“复制”按钮或按 Ctrl+C 组合键，将光标插入点定位到文档中的目标位置，然后单击“开始”选项卡中“粘贴”按钮或按 Ctrl+V 组合键，即可把选中的文字复制到目标位置。

选取要移动的文本，单击“开始”选项卡中“剪切”按钮或按 Ctrl+X 组合键，将光标插入点定位到文档中的目标位置，然后单击“开始”选项卡中“粘贴”按钮或按 Ctrl+V 组合键，即可把选中的文字移到目标位置。

在编辑文档过程中，如果发现文本输入有误，可以将其删除。按 Delete 键，删除插入点之后的文本；按 Backspace 键，删除插入点之前的文本；选中文本区域，按 Backspace 键或 Delete 键，均可删除该区域文本。

3）文本撤销和恢复

输入文本或编辑文档时，如果操作失误，可以使用“快速访问工具栏”中的撤销和恢复功能，返回前面的操作。或按 Ctrl+Z 组合键撤销，Ctrl+Y 组合键恢复。

4）文本查找和替换

查找功能可以在文档中查找任意字符，包括文字、标点符号、数字等。例如，查找出“团委”，替换为“学生会”，“学生会”字体颜色为红色且加着重号。操作步骤如下。

（1）在“开始”选项卡中，单击“查找替换”下拉按钮，在下拉菜单中单击“查找”命令，打开“查找和替换”对话框。在“查找”选项卡的“查找内容”文本框中输入“团委”，单击“查找下一处”按钮，即可在文档中查找出“团委”。

（2）在“查找和替换”对话框中，单击“替换”替换选项卡，在“查找内容”文本框中输入“团委”，在“替换为”文本框中输入“学生会”，单击“格式”按钮，设置替换为的字体为红色，着重号为“·”，然后单击“全部替换”按钮，即可将文档中“团委”全部替换为红色且加着重号的“学生会”文本了。如图 6-4 所示。

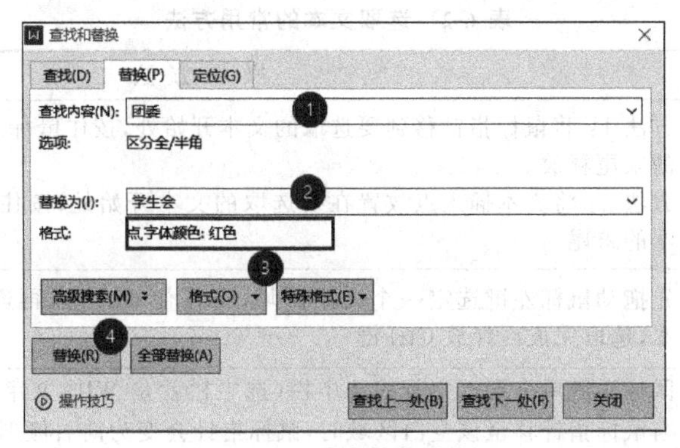

图 6-4　查找替换操作

“查找和替换”对话框中单击“替换”按钮为逐一替换，单击“全部替换”为全文全部一次替换完成。

学习情境 2：字体和段落格式设置

1. 字体格式设置

字体的格式设置主要是指对文档中文本的字体、字形、字号、颜色、下划线、文字效果、着重号、字符间距和位置等的设置。

可直接通过“开始”选项卡的“字体”命令工具进行字体设置，如图 6-5 所示。更详细的字体格式在“字体”对话框中进行设置，如图 6-6 所示。打开“字体”对话框可以单击“字体”命令组右下角的对话框按钮，或者在右击菜单中单击“字体”命令。设置字体格式时必须首先选中需要设置格式的文本。

图 6-5　“字体”命令工具

图 6-6　“字体”对话框

1）字体、字号、字形设置

字体：字符的形状，分为中文字体和西文字体（通常英文和数字使用）。

字号：字体的大小，计量单位常用"号"和"磅"。以"号"为计量单位的字号，数字越小，字符越大。以"磅"为计量单位的字号，磅值越大，字符越大。如果要输入的字号大于"初号"或不在字号列表中显示的磅值（如 30 磅），可以直接在"字号"文本框中输入数字，按 Enter 键。增大字号或减小字号，可以单击字号右侧的"增大字号"或"减小字号"按钮。

字形：包括加粗、倾斜。直接单击"加粗"或"倾斜"切换按钮会应用相应功能，再次单击恢复原来的字形。

2）字体颜色和效果设置

在 WPS 文字中，不仅可以为文本设置显示颜色，还可以为文本添加阴影、倒影、发光等特殊文字效果。为了凸显部分文本，还可以给文本设置突出显示颜色或字符底纹。

（1）字体颜色：在"字体颜色"下拉菜单中，有"主题颜色""标准色""渐变色"等颜色板块，直接单击即可应用。如果其中没有需要的颜色，可以单击字体下拉菜单中"其他字体颜色"命令，打开"颜色"对话框中选择或自定义颜色。或者单击字体下拉菜单中"取色器"命令，在屏幕中选取需要的颜色。

（2）文字效果：在"文字效果"下拉菜单中预设了"艺术字""阴影""倒影""发光"等效果，可以直接单击相应命令按钮，在子菜单中选择相应命令。如果需要自定义效果，单击"文字效果"下拉菜单底部的"更多设置"命令，在文档窗口右侧展开"属性"窗格，在其中可以自定义文本效果。

3）字符宽度、间距和位置设置

默认情况下，文档的字符宽度比例为 100%，同一行文本分布在同一条基线上。通过设置字符宽度、字符间距、字符位置，可以创建特殊的文本效果。通常在"字体"对话框的"字符间距"选项卡中进行设置，如图 6-7 所示。

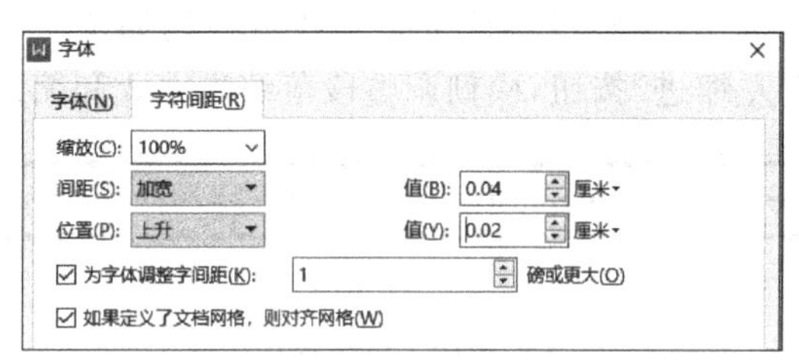

图 6-7 "字体"对话框的字符间距选项卡

4）字体格式清除

字体格式设置错误时，单击"字体"命令组中"清除格式"按钮，可以清除所选文本的所有格式，只留下无格式文本。

2. 段落格式设置

常用的段落格式设置可以通过"开始"选项卡的"段落"命令工具设置，如图 6-8 所示，详细的段落格式在"段落"对话框中进行设置，如图 6-9 所示。打开"段落"对话框可以单击"段落"命令组右下角的对话框按钮，或者在右击菜单中单击"段落"选项。设置段落格式时必须选中需要设置格式的一段文本。

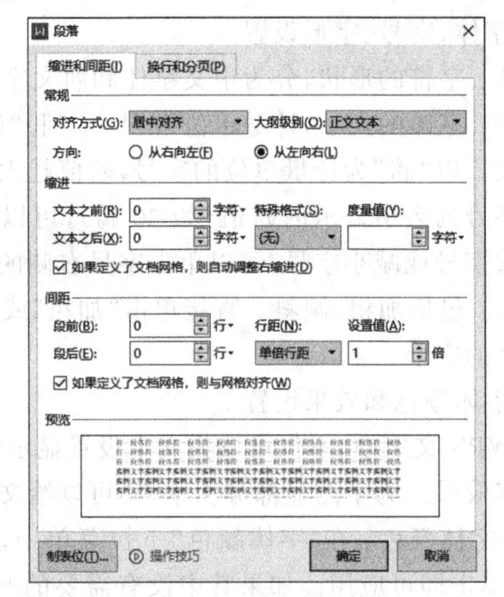

图 6-8 “段落”命令组　　　　图 6-9 “段落”对话框

1）段落对齐方式设置

段落对齐方式指段落文本在水平方向上的排列方式。有“左对齐”“居中对齐”“右对齐”“两端对齐”“分散对齐”5 种对齐方式。单击各自的命令按钮即可设置段落的对齐方式。

2）段落缩进设置

段落缩进是指段落文本与页边距之间的距离。“文本之前”和“文本之后”设置段落左边界或右边界距文档编辑区左边界的距离。特殊格式可以选择“首行缩进”和“悬挂缩进”两种方式。首行缩进用于控制段落第一行第一个字符的起始位置;悬挂缩进用于控制段落第一行以外的其他行的起始位置。

以上是精确段落缩进设置,还可以在“开始”选项卡的“段落”命令组中,单击“减少缩进量”按钮或“增加缩进量”按钮,调整段落缩进量。或者拖动如图 6-10 所示的“水平标尺”的“首行缩进”“悬挂缩进”“左缩进”按钮,模糊调整段落缩进方式和缩进量。

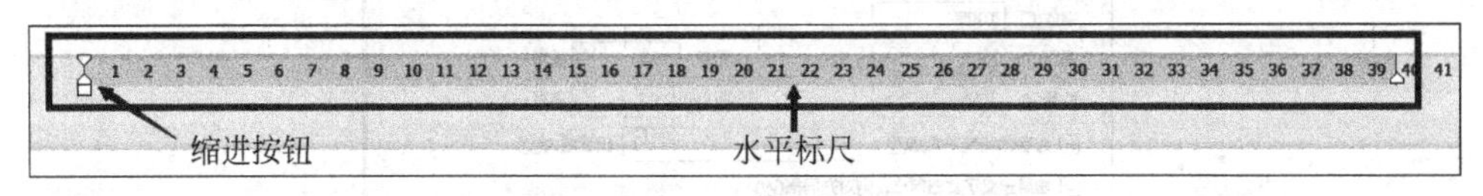

图 6-10 水平标尺

3）段落间距设置

段落间距包括段间距和行间距。段间距是指相邻两个段落前、后的空白距离,行间距是指段落中行与行之间的垂直距离。

“段前”是指段落第一行之前的空白高度。“段后”是指段落最后一行之后的空白高度。单击“行距”下拉按钮,可以选择“单倍行距”“1.5 倍行距”“2 倍行距”“最小值”“固定值”“多倍行距”命令,同时在“设置值”文本框中可以输入或查看相应数值。

4）中文版式

在工作中需要制作一些特殊效果的文档,可以应用“段落”命令组的“中文版式”下拉菜单中的“合并字符”“双行合一”“调整宽度”“字符缩进”命令。单击相应命令,可以打开对应的对话框进行设置和应用。

3. 格式刷

设置字体和段落格式时，可以利用“格式刷”工具，快速复制选定文本已设置的格式。操作方法如下。

选中已设置格式的文本，单击“开始”选项卡中“格式刷”，当鼠标指针变成刷子时刷选要应用格式的文本。

注意：单击一次格式刷只能刷选一次，双击格式刷可以刷选多次。

刷选结束单击“格式刷”按钮或者按 Esc 键释放格式刷。

学习情境 3：编号和项目符号添加

制作文档时，为了使文档内容看起来层次清晰、要点明确，可以为相同层次或并列关系的段落添加编号或项目符号。

1. 编号添加

选中需要添加编号的段落，单击“开始”选项卡中“编号”下拉按钮，在下拉菜单中选择需要的编号样式。

如果没有合适的编号样式，在“编号”下拉菜单中选择“自定义编号”命令，在打开的“项目符号和编号”对话框中，单击“编号”选项卡中“自定义”按钮，打开如图 6-11 所示的“自定义编号列表”对话框，设置编号格式、编号样式、起始编号等，如果需要设置编号位置、文字位置，单击“高级”按钮进行设置，设置完成后单击“确定”按钮。

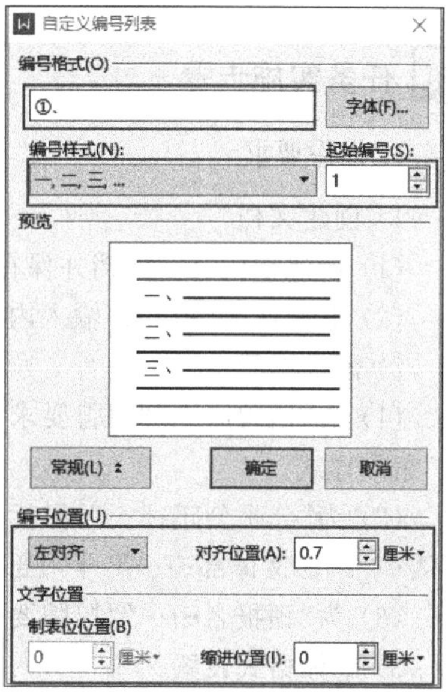

默认情况下，在已添加编号的段落后按 Enter 键，下一段会自动产生连续的编号；删除中间某一个编号，后面的编号会自动连续编号。

图 6-11 “自定义编号列表”对话框

2. 项目符号添加

选中需要添加项目符号的段落，单击“开始”选项卡中“项目符号”下拉按钮，在下拉菜单中选择需要的项目符号样式。

如果没有需要的项目符号样式，单击“项目符号”下拉菜单中“自定义项目符号”命令，在打开的“项目符号和编号”对话框中，任意选一项符号样式，单击“自定义”按钮，打开“自定义项目符号列表”对话框，单击“字符”按钮进入“符号”对话框，在其中选择需要的符号，单击“插入”按钮。如果需要设置项目符号位置、文字位置，单击“自定义项目符号列表”对话框中“高级”按钮进行设置，设置完成单击“确定”按钮。

学习情境 4：文档保存与关闭

1. 文档保存

文档编辑结束，需要保存文档，给文档取一个直观易记的文件名，将文档存放到指定的文件夹中。

单击“文件”下拉按钮，在下拉菜单中选择“保存”命令，或单击快速访问工具栏中“保存”按钮，或直接按 Ctrl＋S 组合键进行保存。

新创建的文档保存时，会弹出“另存文件”对话框，须选择文档保存位置、输入文件名、选择文件保存类型，单击“保存”按钮。如果需要对文档加密保护，单击“加密”按钮进行加密设置。

2. 文档关闭

文档编辑结束，可以直接单击文档标签右侧的“关闭”按钮关闭文档，也可以右击文档标签选择“关闭”命令，或者按 Ctrl＋F4 组合键关闭文档。如果单击窗口右上角的“关闭”按钮，或在文档“文件”菜单中单击“退出”按钮，会关闭 WPS Office 中除当前文档之外的其他文档。

关闭文档时，如果编辑文档后没有对文档进行保存，系统会弹出提示框，询问是否保存文档，选择相应按钮即可。

任务实施步骤

1. 操作要求

1）创建文档

（1）创建空白文字文档并保存为“学生会招聘启事”。

（2）对照样文（图 6-1）输入内容（编号等不用输入）。

2）添加编号

（1）为“招聘原则”“招聘要求”“招聘方式”“招聘岗位及要求”“招聘细节”添加“一、二、三”编号样式。

（2）为“公平公正……”“择优录取”；“有奉献……”“责任心……”；“两分钟……”“回答评委……”；“文体部……”“学习部……”“宣传部……”添加“1.2.3.”编号样式。

（3）为“预报名……”“招聘要……”“面试时……”“咨询电……”添加“√”项目符号。

3）字体格式设置

（1）全文字体设置为宋体，字号为小四。

（2）插入艺术字“学生会招聘启事”作为文档标题。标题字体为华文琥珀，字号为二号。预设样式：填充-黑色，文本 1，阴影，右上斜阴影，字形为加粗。文本轮廓：预设 1 磅、蓝色、单实线，居中，上下型环绕。

（3）为“展现自我和锻炼自我”的字体间距缩放 150%，加着重号。

（4）为使用了“一、二、三”编号样式的“招聘原则”等文本字体设置黑体、字号为小四。

（5）“文体部……”“学习部……”“宣传部……”等字体设置为红色、黄色突出显示。

（6）为联系人“禤鹏飞”的姓氏添加拼音文字。

（7）为“期待你的加入！”设置蓝色、倾斜、居中。

4）段落格式设置

（1）正文第 1 段：两端对齐，首行缩进 2 字符。

（2）使用“一、二、三”编号样式的段落设置段前段后间距各为 0.5 行。

（3）使用“1.2.3.”编号样式的段落缩进 0.74 厘米；各“招聘岗位及要求”中的职责段落缩进 4 个字符，行间距设置为 1.2 倍；“招聘细节”内容的段落缩进 0.74 厘米。

(4) 正文：两端对齐，首行缩进2字符。

(5) 落款和日期：右对齐。

5) 插入符号

(1) 在电子邮箱地址前插入符号“✉”。

(2) 在电话号码前插入符号“☎”。

2. 操作步骤

(1) 打开WPS Office软件，在“首页”单击“新建”按钮，单击“新建文字”→“新建空白文字”命令。对照样文(图6-1)在文档中输入内容。

(2) 选择全文，在“开始”选项卡中单击“字体”下拉按钮，选择“宋体”；单击“字号”下拉按钮选择“小四”。

(3) 选中“学生会招聘启事”文本，在“插入”选项卡中单击“艺术字”下拉按钮，选择“预设样式”：填充-黑色，文本1，阴影。单击“学生会招聘启事”艺术字，在“绘图工具”选项卡中单击“环绕”命令选择“上下型”；单击“对齐”命令，选择“水平居中”；单击“形状效果”选择“阴影”“外部”“右向斜偏移”；在右侧任务窗格中单击“文本轮廓”下拉按钮，选择“预设线条”：1磅，蓝色，实线。在“开始”选项卡中，单击“字体”下拉按钮，选择“华文琥珀”；单击“字号”下拉按钮选择“二号”。

(4) 选中正文第1段“展现自我和锻炼自我”文本。在“开始”选项卡中单击“字体”对话框按钮，打开“字体”对话框，在“字体”对话框的“字符间距”选项卡中，单击“缩放”，选择“150%”；在“字体”选项卡中单击“着重号”下拉按钮选择“.”，单击“确定”按钮；在“开始”选项卡中单击“段落”对话框按钮，打开“段落”对话框，在“段落”对话框的“缩进和间距”选项卡中，单击“特殊格式”下拉按钮，选择“首行缩进”，“度量值”选择“2”字符。

(5) 选中“招聘原则”文本，按下Ctrl键后，依次选中“招聘要求”“招聘方式”“招聘岗位及要求”“招聘细节”，然后释放Ctrl键，在“开始”选项卡中单击“字体”命令组的“编号”下拉按钮，选择“(一)(二)(三)”编号样式；单击“字体”命令组的“加粗”按钮。

(6) 选中“公平、公正、公开”和“择优录取”两段，在“开始”选项卡中单击“字体”命令组的“编号”下拉按钮，选择“1. 2. 3.”编号样式；单击“字体”命令组的“增进缩进量”按钮一次；单击“公平、公正、公开”和“择优录取”两段的任意地方，然后双击“开始”选项卡内“格式刷”按钮，分别在“有奉献……”“责任心……”“两分钟……”“回答评委……”和“文体部……”“学习部……”“宣传部……”段落上拖动鼠标指针以应用格式刷格式，单击“开始”选项卡内“格式刷”按钮停止应用格式刷；分别右击“有奉献……”“两分钟……”“文体部……”前面的编号，在弹出的菜单中选择“重新开始编号”命令。

(7) 选中“文体部……”所在的行，在“开始”选项卡中单击“字体颜色”下拉按钮命令，选择“标准色”中的“红色”，单击“突出显示”下拉按钮，选择“黄色”。单击“文体部……”所在的行的任意地方，然后双击“开始”选项卡内“格式刷”按钮，分别在“学习部……”“宣传部……”段落上拖动鼠标指针以应用格式刷格式，单击“开始”选项卡内“格式刷”按钮停止应用格式刷。

(8) 选中“预报名……(宣传部长)”内容，在“开始”选项卡中单击“插入项目符号”下拉按钮命令，选择“选中标记项目符号”命令；单击“增进缩进量”命令一次，使内容缩进 0.74 厘米。

(9) 将光标放在“iSUofLD……”前，在“插入”选项卡中单击“符号”命令按钮，在弹出的“符号”对话框中的“字体”选项卡“字体”中选择“Wingdings”，单击“≡”按钮；将光标放在电话号码“020……”前，在“插入”选项卡中单击“符号”命令按钮，在弹出的“符号”对话框中的“字体”选项卡“字体”中选择“Wingdings”，单击“☎”按钮。

(10) 选中宣传部部长的姓氏“禤”，在“开始”选项卡中单击“拼音指南”，在弹出的“拼音指南”对话框“拼音文字”内输入拼音文字“xuan”(如有拼音文字，则直接单击“确定”按钮)。

(11) 选中“期待你的加入!”，在“开始”选项卡中单击“文字颜色”下拉按钮，选择“标准色”中的“蓝色”；单击“倾斜”按钮；单击“居中对齐”按钮。

(12) 选中落款和日期，在“开始”选项卡中单击“右对齐”按钮。

(13) 单击“文件”下拉按钮，在下拉菜单中选择“保存”命令，在打开的“另存文件”对话框中选择保存位置，在“文件名”文本框中输入文件名“学生会招聘启事”，在“文件类型”下拉选项中选择“Microsoft Word 文件(*.docx)”类型，单击“保存”按钮。

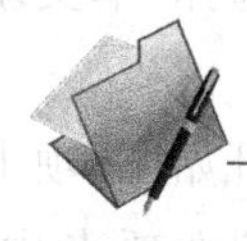

任务 2 个人简历表制作

知识目标

(1) 掌握表格、行、列和单元格的概念和选取方法。
(2) 掌握表格的边框、底纹和表格样式设置操作。
(3) 掌握表中文本对齐方式和表格对齐方式设置方法。

技能目标

(1) 具备创建表格和修改、删除表格的能力。
(2) 具备熟练选取表格、行、列、单元格的能力。
(3) 具备熟练增加、删除、合并、拆分表格的行、列、单元格的能力。
(4) 具备熟练调整表格、行、列、单元格的高度、宽度和位置的能力。
(5) 具备熟练设置表中文本对齐方式和文字方向的能力。
(6) 具备熟练设置表格的边框、底纹，应用表格样式的能力。

任务导入

朱子玉是一所中等职业院校计算机网络技术专业的学生，她想参加高等职业院校的自主招生考试。高等职业院校为更全面地了解考生，要求考生面试时提供一份个人简历，她根据要求，结合自己学习和实践情况，制作了一份个人简历。个人简历样文如图 6-12 所示。

个人简历

姓名	朱子玉	报读专业	物联网技术	
出生年月	2005.04	学历	中专	
身高	159cm	专业	计算机网络技术	
体重	46kg	就读学校	×××中职学校	
籍贯	广东广州	联系邮箱	×××@qq.com	
通信地址	广州市南沙区×××道×××路×××小区 158××××5678			

教育背景

2020.09—2023.07 ×××**中等职业技术学校 计算机网络技术**

主修课程

计算机网络基础、物联网入门、传感器、电子电工、C#语言与程序设计、智能家居系统安装与调试、网络操作系统、交换机路由器原理与配置、网络安全

实践经验

2021.03—2021.04 ××× **智能家居项目实习**

整理用户需求书、模块点位图绘制和标注、智能家居之智享人家App测试。

2022.05—2022.06 ××× **振成物联网公司实习**

用户需求调查、需求书撰写、系统配置。

技能证书

- 全国英语等级证书（二级）
- 全国计算机等级证书（二级）
- 华为1+X网络设备安装与调试（中级）证书

自我评价

- 对物联网专业课程兴趣非常大，较熟悉物联网（智能家居）安装与维护流程。
- 具有强烈的责任心和客户服务意识，良好的沟通能力。
- 目标明确，善于制定详细的计划来实现目标；严谨务实。

图6-12　个人简历表样文

学习情境1：表格创建

在WPS文档中插入表格前，首先根据需要确定表格的列数和行数，再单击“插入”选项卡中“表格”下拉按钮，在下拉菜单中进行表格的插入，操作步骤如下。

(1) 拖动鼠标指针创建表格。将光标定位在插入表格位置，单击“表格”下拉按钮，在下拉菜单中将鼠标指针移动到网格上方，移动鼠标，选择需要的行数和列数，单击鼠标即可插入表格，如图6-13所示。

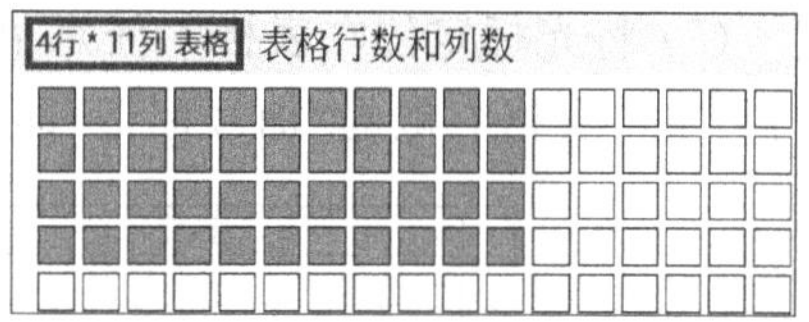

图6-13　拖动网格插入表格

(2) 插入表格。将光标定位在插入表格位置，单击“表格”下拉按钮，在下拉菜单中单击“插入表格”命令，在打开的“插入表格”对话框中，分别输入行数、列数，列宽选择“自动调整”或者在“固定列宽”文本框中输入数值，单击“确定”按钮，即可插入自定义表格。

(3) 绘制表格。将光标定位在插入表格位置，单击“表格”下拉按钮，在下拉菜单中单击“绘制表格”命令，当鼠标指针变为“笔状”时，按住鼠标左键并拖动，文档中将显示表格的预览图，释放鼠标左键，即可绘制出指定行列数的表格。绘制完成，单击“表格工具”选项卡中“绘制表格”按钮，即可退出绘制模式。

WPS Office 还提供了多种多样的内置表格模板，单击“插入”选项卡中“表格”工具的下拉按钮，在下拉菜单的“稻壳内容型表格”列表中选择需要的表格模板，单击即可插入自带样式和内容格式的表格。

注意：部分表格模板需要付费才能使用。

学习情境 2：表格编辑

1. 表格选取

选取单元格、行、列、整个表格的方法如表 6-3 所示。

表 6-3 选取表格的常用方法

对象选取	操作方法
单元格	将鼠标指针置于单元格左下角，当鼠标指针变成“黑色倾斜箭头”时单击，选中一个单元格。按住鼠标左键拖动可以选取多个单元格
行	将鼠标指针置于所选行的左侧，当鼠标指针变成“倾斜空心箭头”时单击即可选择单行。按住鼠标左键拖动可以选取多行
列	将鼠标指针置于所选列的正上方，当鼠标指针变成“黑色向下箭头”时单击即可选择单列；按住鼠标左键拖动鼠标指针可以选择多列
表格	将鼠标指针移至整个表格左上角十字框标记上单击，选取整个表格
不连续单元格、多行或多列	先选中某一个单元格、行或列，在按住 Ctrl 键的同时，单击其他单元格、行或列

2. 表格结构修改

1) 行和列的插入

(1) 将光标定位到需要插入行或列的位置，在“表格工具”选项卡中，单击“在上方插入行”“在下方插入行”“在左侧插入列”“在右侧插入列”命令，即可在光标对应位置插入行或列。或右击，在右键菜单中选择“插入”命令，在子菜单中选择插入行或列的命令。

(2) 将光标定位在表格中任意单元格，单击表格下方的“加号标记”即在表格最后插入一行，单击表格右侧的“加号标记”即在表格最右侧插入一列，如图 6-14 所示。

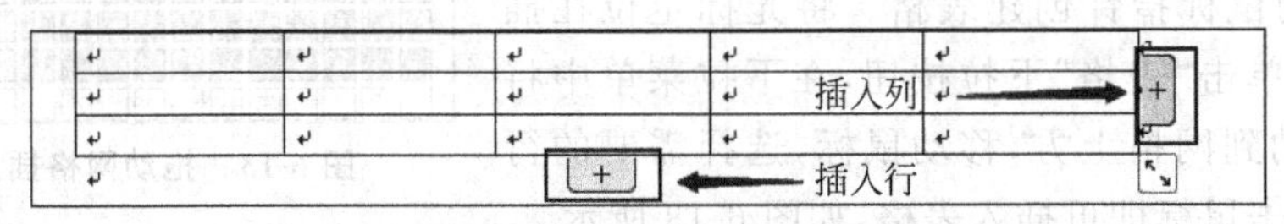

图 6-14 “加号标记”插入行、列

2) 行、列、单元格及表格删除

选择要删除的行、列、单元格、表格，在“表格工具”选项卡中，单击“删除”下三角按钮，在下拉菜单中选择要删除的选项。如果选择“单元格”命令，将打开“删除单元格”对话框，在其中选择填补空缺单元格的方法，单击“确定”按钮。

3) 单元格合并或拆分

选择要合并或拆分的单元格，在“表格工具”选项卡中单击“合并单元格”或“拆分单元格”按钮。或右击，在右击菜单中选择“合并单元格”或“拆分单元格”命令。拆分单元格时，会弹出“拆分单元格”对话框，在对话框中输入拆分的列数、行数，单击“确定”按钮。

3. 表格设置

1）表格位置设置

选取表格，在“表格工具”选项卡中单击“表格属性”按钮，如图 6-15 所示打开“表格属性”对话框，选择“表格”选项卡需要的对齐方式，单击“确定”按钮。或单击“开始”选项卡“段落”命令组中的对齐方式按钮。

2）单元格对齐方式设置

选取需要设置的单元格，在“表格工具”选项卡中，单击“对齐方式”下拉按钮，在下拉菜单中选择需要的对齐方式。或在右键菜单中选择“单元格对齐方式”命令，在命令子菜单中选择需要的对齐方式。

3）单元格文字方向设置

选取需要设置的单元格，在“表格工具”选项卡中，单击“文字方向”下拉按钮，在下拉菜单中选择需要的文字方向。或在右键菜单中选择“文字方向”命令，打开“文字方向”对话框，在其中选择需要的文字方向，单击“确定”按钮。

4）行高和列宽调整

（1）选取需要设置的行或列，在“表格工具”选项卡中“高度”“宽度”文本框中输入相应的数值。

（2）选取需要设置的行或列，在“表格工具”选项卡中，单击“表格属性”按钮，打开如图 6-15 所示的“表格属性”对话框，单击“行”选项卡进行“行高”设置，单击“列”选项卡进行“列宽”设置。

以上是精准设置行高、列宽，还可以模糊调整行高、列宽，操作方法如下。

（1）将鼠标指针放置在要调整行线或列线上，当鼠标指针变为有两条短线的双向箭头时，按住鼠标左键直接拖动边线即可调整行高或列宽。

图 6-15 “表格属性”对话框

（2）单击表格右下角的“双箭头”控制点，拖动鼠标指针可以调整表格的行高、列宽，也可以调整表格的宽度和高度。

（3）在“表格工具”选项卡中单击“自动调整”下拉按钮，在下拉菜单中可以选择“适应窗口大小”“根据内容调整表格”“平均分布各行”“平均分布各列”相应命令后表格会自动调整。

学习情境 3：表格美化

1. 表格边框和底纹设置

1）表格边框设置

选择要设置的表格、行或列，在“表格样式”选项卡单击“边框”下拉按钮，在下拉菜单中选择需要的选项即可。

如果没有需要的选项，选择“边框和底纹”命令，打开如图 6-16 所示的“边框和底纹”对话框。在“边框”选项卡中先选择“设置”选项，再选择“线型”样式、“颜色”“宽度”，若在“设置”选项中选择“自定义”，则需要在预览框中单击相应的边框位置，选择“方框”“全部”“网格”直接单击“确定”按钮即可。

还可以绘制框线，在“表格样式”选项卡中选择“线型”“宽度”“颜色”，当鼠标光标变成“笔状”时，拖动鼠标即可绘制框线。绘制完成按 Esc 键退出。如果绘制错误，单击“擦除”按钮进行擦除，如图 6-17 所示。“擦除”按钮也可用于合并单元格，绘制线条的操作也可用于拆分单元格。

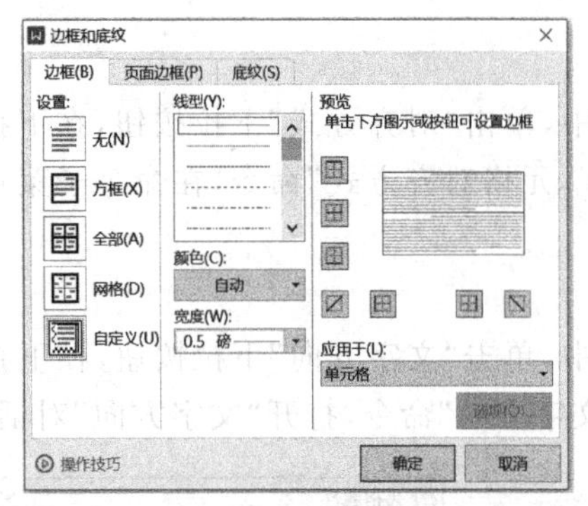

图 6-16 “边框和底纹”对话框

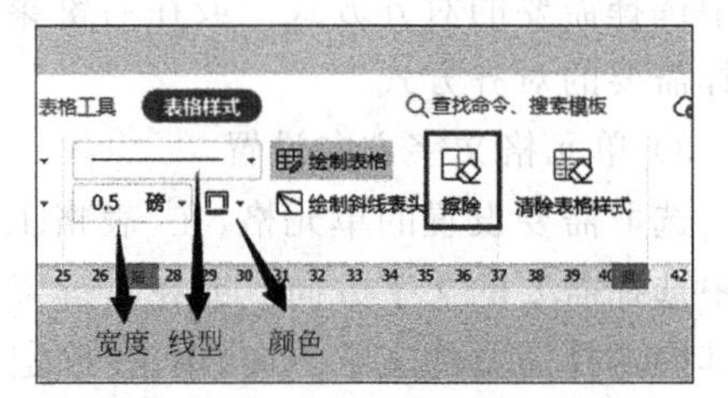

图 6-17 绘制框线

2）表格底纹设置

选择要设置的表格、行或列，在“表格样式”选项卡中单击“底纹”下拉按钮，在下拉菜单中选择需要的底纹颜色。

如果需要填充复杂底纹：选择要设置的表格、行或列，在“表格样式”选项卡中，单击“边框”下拉按钮，在下拉菜单中选择“边框和底纹”命令，打开如图 6-16 所示的“边框和底纹”对话框，在“底纹”选项卡中选择“填充”颜色以及“图案”的“样式”和“颜色”，单击“确定”按钮。

2. 表格样式应用

WPS 文档提供了许多预设表格样式，使用预设表格样式可快速完成表格的美化操作。将鼠标指针定位到表格中任意位置，或选中表格，单击“表格样式”选项卡的样式库下拉按钮，在下拉面板中选择需要的表格样式，整个表格即应用了相应表格样式。

学习情境 4：表格与文本相互转换

1. 将文本转换成表格

将要转换成行的文本用段落标记分隔，要转换成列的文本用分隔符（逗号、空格、制表符、其他特定字符）分隔。选中要转换成表格的文本，在“插入”选项卡中单击“表格”下拉按钮，在下拉菜单中选择“文本转换成表格”命令，在打开的“将文字转换成表格”对话框进行设置表格“列数”“行数”，选中相应的“文字分隔位置”，单击“确定”按钮。

2. 将表格转换成文本

选中要转换为文本的表格，在“表格工具”选项卡中单击“转换成文本”按钮，打开“表格转换成文本”对话框，选择单元格内容之间的分隔符类型，单击“确定”按钮。

任务实施步骤

1. 操作要求

对照样文如图 6-12 所示，新建 WPS 文档，制作个人简历。

(1) 插入表格，并输入相应内容。

(2) 标题“个人简历”，字体为微软雅黑，字号为小二号，加粗，居中对齐。标题下插入一条蓝色 2.25 磅的厚薄线。表格中文本字体为宋体，字号为小四号。

(3) 设置表格第 1～第 5 行中的第 1 列和第 3 列列宽为 2.40 厘米；第 2 列和第 4 列列宽为 3.45 厘米；第 6 行中的第 1 列列宽为 2.40 厘米。

(4) 表格第 1～第 8 行、第 10 行、第 12 行、第 14 行的行高为 0.9 厘米；第 9 行、第 11 行的行高为 3.29 厘米；第 10 行、第 12 行的行高为 2.47 厘米。

(5) 对照样文，将相应文本设置相应的对齐方式。

(6) 对照样文，将相应单元格进行合并单元格，并调整对齐方式。

(7) 对照样文，相应单元格的底纹设置为“白色，背景 1，深色 5%”。

2. 操作步骤

(1) 打开 WPS Office 软件，在“首页”单击“新建”按钮，然后单击“新建文字”→“新建空白文字”按钮。

(2) 在文档的第一行输入表格标题“个人简历”。

(3) 按 Enter 键，另起一行，在“插入”选项卡中单击“表格”下拉按钮，在下拉菜单中选择“插入表格”命令，打开“插入表格”对话框，在其中“列数”文本框中输入“5”，“行数”文本框中输入“15”，单击“确定”按钮。

(4) 在表格中输入如图 6-18 所示的内容(教育背景等具体内容按样文输入)。

个人简历

姓名	朱子玉	报读专业	物联网技术	
出生年月	2005.04	学历	中专	
身高	159cm	专业	计算机网络技术	
体重	46kg	就读学校	×××中职学校	
籍贯	广东广州	联系邮箱	×××@qq.com	
通信地址	广州市南沙区×××道×××路×××小区 158××××5678			
教育背景				
实践经验				
技能证书				
自我评价				

图 6-18 表格输入内容

(5) 选中标题“个人简历”，在“开始”选项卡中单击“字体”下拉按钮选择“微软雅黑”；单击“字号”下拉按钮选择“小二”，单击“加粗”按钮；单击“居中对齐”按钮。

(6) 单击表格左上角的“十字框”标记，选中表格，在“开始”选项卡中单击“字体”下拉按钮选择“宋体”；单击“字号”下拉按钮选择“小四 ”；单击“居中对齐”按钮。

(7) 同时选中表格第 1 列中的第 1～第 6 行，在“表格工具”选项卡中，“宽度”文本框中输入“2.40 厘米”。同样的方法，将表格第 3 列中的第 1～第 5 行“宽度”设置为 2.1 厘米，将表格的第 2 列、第 4 列中的第 1～第 5 行“宽度”设置为“3.45 厘米”，第 5 列“宽度”设置为 3.40 厘米。

(8) 合并单元格。选中表格第 5 列中的第 1～第 5 行，在“表格工具”选项卡中单击“合并单元格”按钮；选中表格第 6 行的第 2～第 5 列，单击“合并单元格”按钮；同样的方法，将表格中的第 7～第 15 行的第 1～第 5 列合并成一个单元格。

(9) 选中表格 1～第 8 行，在“表格工具”选项卡中的“高度”文本框中输入“0.9 厘米”。同样的方法，表格第 10 行、第 12 行、第 14 行的行高为 0.9 厘米；第 9 行、第 11 行的行高为 3.29 厘米；第 10 行、第 12 行的行高为 2.47 厘米。

(10) 选中表格第 1 列中的第 1～第 6 行，按住 Ctrl 键，用鼠标同时选中第 3 列中的第 1～第 5 行、第 8 行、第 10 行、第 12 行和第 14 行，在“开始”选项卡中单击“加粗”按钮，单击“底纹颜色”下拉按钮，选择主题颜色：“白色，背景 1，深色 5%”。

(11) 选中表格第 1 列中的第 1～第 6 行，在“表格工具”选项卡中，单击“对齐方式”下拉按钮，在下拉菜单中选择“水平居中”命令，用同样的方法，设置表格第 3 列中的第 1～第 5 行为“水平居中”；设置“教育背景”“实践经验”“技能证书”“自我评价”的“对齐方式”为“中部两端对齐”。

(12) 同时选中“教育背景”“实践经验”“技能证书”“自我评价”，单击“开始”选项卡中的“插入项目符号”下拉按钮，选择符号“☑”。

(13) 选中表格内“教育背景”下的“2020.09……网络技术”的内容，单击“开始”选项卡内“加粗”按钮。同样的方法，设置“2021.03……项目见习”和“2022……公司实习”两行的文字“加粗”。选中“技能证书”下的所有内容，单击“开始”选项卡内的“插入项目符号”下拉按钮，选择“带填充效果的圆形项目符号”，同样的方法，设置“自我评价”内的内容项目符号为“带填充效果的圆形项目符号”。

(14) 选中除标题“个人简历”之外的所有行，单击“开始”选项卡内“段落”对话框按钮，打开“段落”对话框，在“缩进和间距”选项卡内，“间距”的“段后”设置为“1”行。单击“插入”选项卡内的“形状”下拉按钮，选择“直线”，在标题和表格之间画出一条直线。选中刚才插入的直线，单击“绘图工具”选项卡内的“轮廓”下拉按钮，选择“更多设置”，在任务窗格“填充与轮廓”选项卡下的“线条”下拉按钮中选择“预设线条”中的“实线 2.25 磅 厚薄线”，单击“颜色”下拉按钮，选择“深蓝”。

(15) 在表格第 1 行第 5 列内，单击“插入”选项卡“图片”按钮，选择个人照片“zzy.png”。

(16) 单击“文件”下拉按钮，在下拉菜单中选择“保存”命令，在打开的“另存文件”对话框中选择保存位置，在“文件名”文本框中输入文件名“个人简历”，在“文件类型”下拉选项中选择“Microsoft Word 文件(*.docx)”类型，单击“保存”按钮。

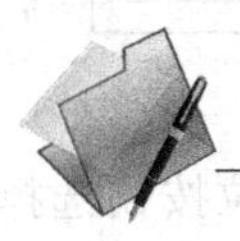

任务 3　校园安全宣传海报制作

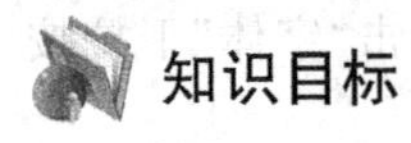

知识目标

(1) 掌握 WPS 文档的纸张大小、纸张方向、页边距等页面布局方法。

(2) 掌握页面背景、页面边框的应用方法。

(3) 掌握分栏的操作方法。

(4) 掌握艺术字、图片、形状和文本框等图形对象的插入和编辑方法。

技能目标

(1) 具备熟练设置纸张的大小、方向、页边距等页面布局的能力。

(2) 具备熟练设置页面填充效果、页面边框、艺术字等的能力。

(3) 具备熟练设置分栏的能力。

(4) 具备插入和设置艺术字、图片、形状和文本框的能力。

任务导入

为了加强学生的安全意识,学校向全校学生开展以“校园安全”为主题的教育专题活动,制作电子宣传海报是活动项目之一。家棋同学是一年级学生,刚学完了图文混排知识,他积极报名参加活动,利用 WPS 文档的图文混排功能制作了一个安全宣传海报。宣传海报样文如图 6-19 所示。

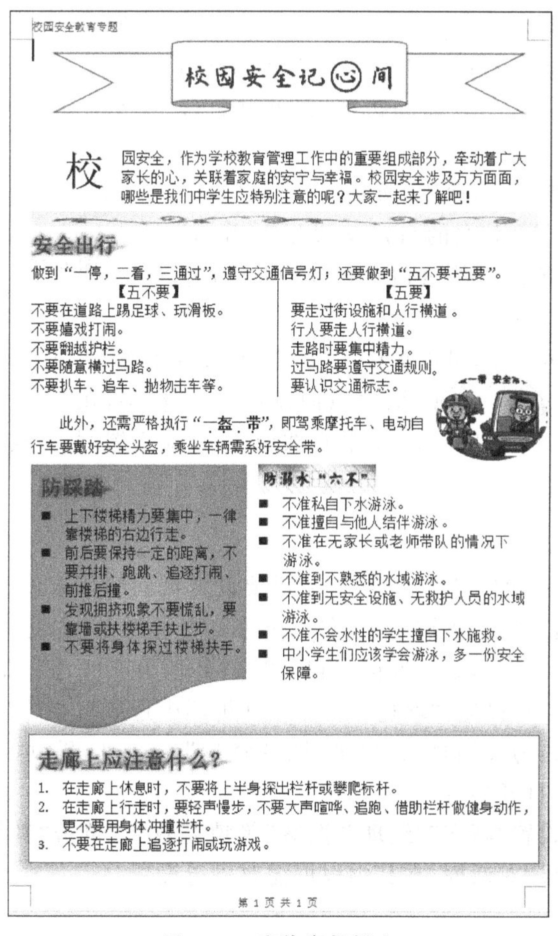

图 6-19 宣传海报样文

学习情境 1：页面布局

制作文档时，首先应根据需要对文档的页面方向、大小、页边距进行设置，有的文档还需添加水印或背景效果。

1. 页面规格设置

1）纸张大小

在“页面布局”选项卡中，单击“纸张大小”下拉按钮，在下拉菜单中选择需要的纸张规格。如果需要自定义“纸张大小”，在下拉菜单中选择“其他页面大小”，打开图 6-20 所示的“页面设置”对话框，在“纸张”选项卡的“宽度”和“高度”文本框中输入数值，单击“确定”按钮即可。

2）纸张方向

WPS 文档默认纸张方向为纵向，如需设置为横向，在“页面布局”选项卡中，单击“纸张方向”下拉按钮，在下拉菜单中选择“横向”命令。

3）页边距

页边距是页面的正文区域与纸张边缘之间的空白距离，包括上、下、左、右 4 个方向的边距，以及装订线的距离。

在“页面布局”选项卡中，单击“页边距”下拉按钮，在下拉菜单中可以看到“上次的自定义设置”“普通”“窄”“适中”“宽”等已预设好的页边距选项，单击相应的页边距即可。

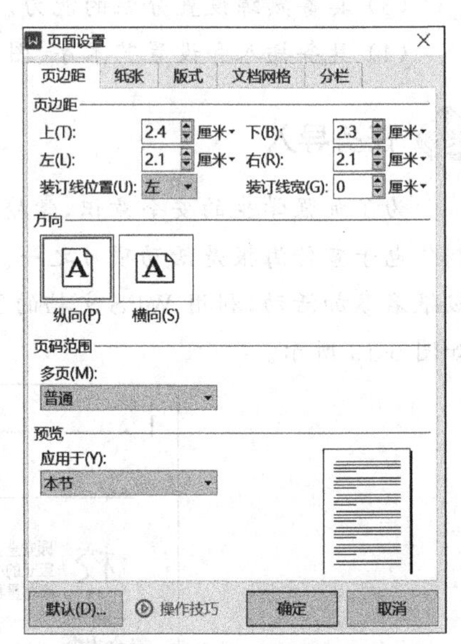

图 6-20 “页面设置”对话框

如果没有需要的页边距，可以直接在“页边距”按钮右侧的“上”“下”“左”“右”的数值框中输入数值。或者在如图 6-20 所示的“页面设置”对话框中，在“页边距”选项卡中“上”“下”“左”“右”的数值框中输入数值，如果有装订线位置，还应设置“装订线位置”和“装订线宽”。

2. 页面设计

1）页面背景

WPS 文档的页面颜色默认为白色，如果需要设置页面颜色或设置其他背景效果，在“页面布局”选项卡中单击“背景”下拉按钮，在下拉菜单中可以在“主题颜色”“标准色”“渐变填充”板块中选择。如果没有满足需要的，可以单击“其他填充颜色”，在打开的“颜色”对话框中选择或自定义颜色；或者单击“取色器”命令，在屏幕中选取需要的颜色。

如果需要将图片作为文档背景，单击“图片背景”命令，打开“填充效果”对话框，在“图片”选项卡中选择图片打开即可。

如果需要为文档设置“渐变”“纹理”“图案”等填充效果，单击“其他背景”命令中的任意子菜单，打开“填充效果”对话框，在其中根据需要进行设置。

2）页面边框

在“页面布局”选项卡中，单击“页面边框”按钮，打开“边框和底纹”对话框，在“页面边框”选项卡中进行设置，页面边框的设置可以参照本项目任务2表格边框设置的操作步骤。

3）添加水印

添加水印是指将文本或图片以虚影的方式设置为页面背景。

在“页面布局”选项卡中，单击“背景”下拉按钮，在下拉菜单中选择“水印”命令，或者在“插入”选项卡中单击“水印”按钮。WPS文档内置了一些常用的水印样式，单击即可应用。还可以自定义水印，在“水印”菜单中选择“插入水印”命令，打开“水印”对话框，勾选“图片水印”或“文字水印”复选框，根据需要进行相应设置，单击“确定”按钮。

学习情境2：分栏

分栏是将选定内容设置为两栏或多栏的效果，一般用于报纸、期刊排版等。

选中需要分栏的段落，在“页面布局”选项卡中，单击“分栏”下拉按钮，在下拉菜单中可以直接选择“一栏”“两栏”“三栏”。更多分栏设置单击“更多分栏”命令，打开“分栏”对话框，设置栏数、宽度和间距。

注意：当栏宽不相等时，一定要取消勾选“栏宽相等”复选框，两栏之间需要添加分隔线，勾选“分隔线”复选框，单击“确定”按钮，如图6-21所示。

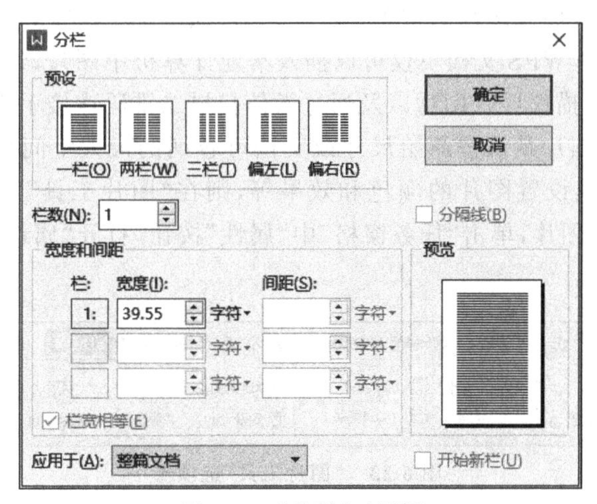

图6-21 “分栏”对话框

学习情境3：艺术字插入

制作海报、宣传册时，为了使文档更美观，经常在文档中插入一些具有艺术效果的文字，即艺术字。

1. 艺术字创建

创建艺术字的方法有两种，一种是选中文字套用WPS文档预设的艺术字样式，另一种是直接插入艺术字。

(1) 选中需要制作艺术字的文本，在“插入”选项卡中，单击“艺术字”下拉按钮，在下拉菜单中选择艺术字样式，选中的文本就应用了艺术字样式。

(2) 如果需要插入艺术字，在“插入”选项卡中，单击“艺术字”下拉菜单中预设的艺术字样式，将插入对应的艺术字编辑框“请在此处放置您的文字”，在编辑框中输入文字，输入的文字即为艺术字。

2. 艺术字编辑

选中需要编辑的艺术字，在“绘图工具”选项卡中进行艺术字文本框的设置，在“文本工具”选项卡中进行艺术字文本的设置，如图 6-22 所示。也可以单击“任务窗格”中的“属性”按钮，打开如艺术字的“属性”窗格，在其中进行自定义设置。

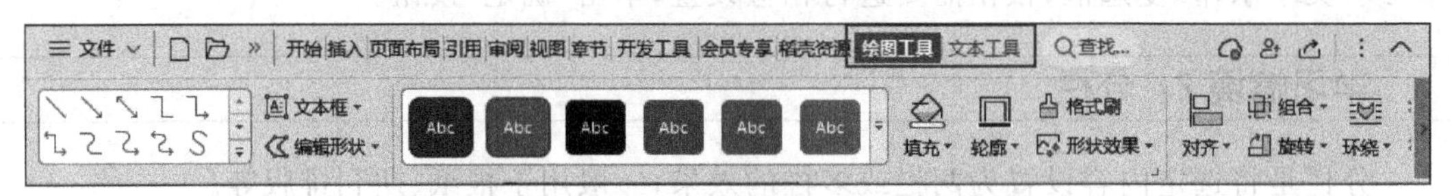

图 6-22 “绘图工具”和“文本工具”选项卡

学习情境 4：图形对象插入

1. 图片插入

将光标定位在需要插入图片的位置，在“插入”选项卡中单击“图片”下拉按钮，在弹出的菜单中选择图片来源。WPS 文档不仅可以插入本地计算机中图片，还可以插入稻壳商城提供的图片，还支持从扫描仪导入图片以及通过微信扫描二维码连接手机传图。

在文档中插入的图片默认按原始尺寸或文档可容纳的最大空间显示，如需对图片的尺寸和角度进行调整，或设置图片的颜色和效果等，则在“图片工具”选项卡中进行设置，如图 6-23 所示。或选中图片，单击“任务窗格”中“属性”按钮，打开“属性”窗格，在其中进行自定义设置。

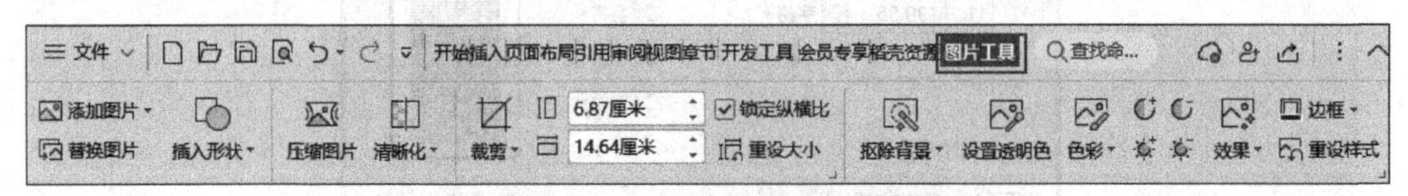

图 6-23 “图片工具”选项卡

2. 形状插入

将光标定位在插入形状的位置，在“插入”选项卡中单击“形状”下拉按钮，在下拉列表中选择需要的形状。当鼠标指针变成“+”时，按住鼠标左键拖动到合适大小后释放即可。绘制时按住 Shift 键，可以绘制出规整的形状。

在形状中添加文本时，右击形状，在右击菜单中选择“添加文字”命令，即可在形状中输入文本。在如图 6-22 所示“绘图工具”选项卡和“文本工具”选项卡中进行形状设置和文本设置。

3. 智能图形插入

智能图形用来表示结构、关系或过程的图表，插入智能图形首先要确定图形的类型和布局。

将光标定位在插入形状的位置，在“插入”选项卡中，单击“智能图形”下拉按钮，在下拉列表中选择需要的图形类型，即可在文档中插入选中的智能图形。

智能图形与普通的图形一样，可以为其设置样式、布局等格式，还可以更改智能图形颜色、添加或删除形状、编辑文本格式等。

选择已插入的智能图形，在“设计”选项卡中编辑智能图形的外观效果，在“格式”选项卡中编辑智能图形的文本格式，如图 6-24 所示。

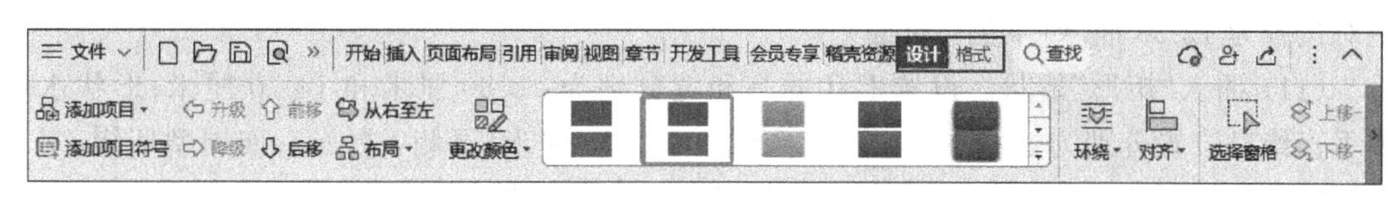

图 6-24 “设计”和“格式”选项卡

4. 文本框插入

文本框可以容纳文字、图片、图形等多种页面对象，可以像图片、图形一样添加填充、轮廓等效果。

将光标定位在需要插入文本框的位置，在“插入”选项卡中，单击“文本框”下拉按钮，在下拉菜单中选择相应命令。选取文本框类型后，当鼠标指针变成“＋”时，按住鼠标左键拖动到合适大小后释放即可绘制一个文本框，可在其中输入文本或插入图片等。

对文本框进行编辑，先选中文本框，在对应的“绘图工具”选项卡和“文本工具”选项卡中进行设置。

任务实施步骤

1. 操作要求

校园安全记心间.docx”文档，按照以下要求制作海报。

(1) 纸张方向为纵向。纸张大小为 A4，默认页边距。页面正文设置为宋体，字号为小四。

(2) 在文档最前面插入“上凸带型”形状，形状内添加文字“校园安全记心间”，文字字体设置为深红色、华文行书、小一、加粗，其中“心”字设置为增加型圆圈，文本所在的文字框左、右、上、下文字边距分别是 0.20 厘米、0.20 厘米、0.00 厘米和 0.00 厘米。形状高 2.00 厘米、宽 14.00 厘米、居中、线条宽度是 1 磅、上下型环绕且套用格式：彩色轮廓，浅绿，强调颜色 6；形状水平和垂直绝对位置分别为 3.54 厘米(右侧：页面)、2.50 厘米(下侧：页面)。

(3) 正文第 1 段首字下沉 2 行，距正文 0.5 厘米。

(4) 在正文第 1 段后插入一条分隔线，分隔线图片为“split.png”，上下型环绕。

(5) 设置小标题“安全出行 ”“防踩踏”“走廊上应注意什么?”文本纯色填充为红色、字号为小二；发光效果为：浅绿 11pt 发光，着色 6；右上对角透视阴影；倒影为：紧密倒影，接触。

(6) 将正文(文字：【五不要】……要认识交通标志。)进行分栏设置：两栏，加分隔线。分栏小标题居中对齐、加粗。

(7) “安全出行”子主题最后一段首行缩进 2 个字符，“一盔一带”加粗和加着重号。

(8) “防踩踏”及“防溺水六不准”内容添加“带填充效果的大方型项目符号”；“走廊上应注意什么?”内容添加“1. 2. 3.”编号。

(9) 插入“流程图：文档”形状。设置形状的高和宽分别为：7.80 厘米和 6.40 厘米；形状水平和垂直绝对位置分别为 3.20 厘米(右侧：页面)、13.53 厘米(下侧：页面)；四周型环绕；形状效果是：细微效果，灰色，50%，强调颜色 3。将“防踩踏……探过楼梯扶手”内容剪切到形状内。

(10) 在“不准私自下水游泳。”前插入图片“防溺水.PNG”。图片设置上下型环绕；垂直绝对位置为 13.53 厘米(下侧：页面)。

(11) 插入“矩形”形状。设置形状的高和宽分别为：3.80 厘米和 14.70 厘米；形状水平和垂直绝对位置分别为 3.20 厘米(右侧：页面)、22.00 厘米(下侧：页面)；四周型环绕；文本框效果：彩色轮廓-浅绿，强调颜色 6；形状发光效果是：灰色，50%，18pt 发光，着色 3。将“走廊上应注意什么……或玩游戏。”内容剪切到形状内。

(12) 插入“一盔一带.PNG”图片。图片设置上下型环绕；图片裁剪为椭圆形状；高和宽大小缩放为 2.54 厘米和 3.31 厘米。图片水平和垂直绝对位置分别为 15.22 厘米(右侧：页面)、12.22 厘米(下侧：页面)。

(13) 插入页眉，内容是：校园安全教育专题。插入页脚，样式是：第 1 页 共?页，底端居中。

2. 操作步骤

(1) 双击打开“校园安全记心间.docx”。在“页面布局”选项卡中，单击“纸张方向”下拉按钮选择“纵向”。单击“纸张大小”下拉按钮，选中“A4”。全选文档内容，在“开始”选项卡中的“字体”下拉框中选择“宋体”，在“字号”下拉框中选择“小四”。

(2) 在第 1 段文字前按 Enter 键插入 1 个空行，光标在空行区域时在“插入”选项卡中单击“形状”下拉按钮，在“星与旗帜”栏中单击“上凸带形”，然后在文档上方单击鼠标，系统插入“上凸带形”形状。将“绘图工具”的“形状高度”和“形状宽度”分别设置为 2.00 厘米、14.00 厘米；单击“环绕”下拉按钮，选中“上下型环绕”命令；单击“对齐”下拉按钮，选中“水平居中”命令；单击Abc按钮，套用“彩色轮廓-浅绿，强调颜色 6”格式；右击形状，在菜单中选中“其他布局选项”命令后系统弹出“布局”对话框，在“布局”对话框的“位置”选项卡中，“水平右侧”和“垂直下侧”均选择“页面”，“水平”和“垂直”的“绝对位置”分别设置为 3.54 厘米和 2.50 厘米。

(3) 在刚才添加的形状中添加文字“校园安全记心间”，全选形状内全部文字，在“开始”选项卡的“字体”下拉菜单中选择“华文行书”；在“字号”下拉菜单中选择“小一”；单击“加粗”按钮；单击“字体颜色”下拉按钮选择标准色“红色”。选中形状内文字中的“心”字，单击“拼音指南”下拉按钮选中“带圈字符”，在“带圈字符”对话框的“样式”中选择“增大圈号”，单击“确定”按钮。单击侧边栏“⊶”按钮，在任务窗格“文本选项”选项卡中单击“文本框”按钮，将左、右、上、下文字边距分别设置为 0.20 厘米、0.20 厘米、0.00 厘米和 0.00 厘米。

(4) 选中正文第 1 段，在“插入”选项卡中单击“首字下沉”命令，在弹出的对话框“位置”中单击“下沉”按钮，“下沉行数”设置为 2、“距正文”设置为 0.50 厘米。

(5) 在“插入”选项卡中单击“图片”，在“本地图片”相关路径上选择“split.png”；单击“图片工具”选项卡中的“环绕”下拉按钮，选择“上下型环绕”，并将图片移到第 1 段文字后，单击“图片工具”选项卡中的“对齐”下拉按钮，选择“水平居中”。

(6) 选中“安全出行 ”“防踩踏”“走廊上应注意什么?”文本,在“开始”选项卡的“字号”下拉菜单中选择“小二”;单击“加粗”按钮;单击“字体颜色”下拉按钮选择标准色“红色”;单击“文字效果”下拉按钮选中“更多设置”命令,在任务窗格“效果”选项卡内:“阴影”选择“右上对角透视”“倒影”选择“紧密倒影,接触”“发光”选择“浅绿 11pt 发光,着色 6”。

(7) 选中文字“【五不要】……要认识交通标志。”,在“页面布局”选项卡内单击“分栏”下拉按钮,选中“更多分栏”命令,在弹出的“分栏”对话框中“预设”中选中“两栏”,在“分隔线”前设置为☑,单击“确定”按钮。选中“【五不要】”和“【五要】”,在“开始”选项卡内单击“加粗”和“居中对齐”按钮。

(8) 选中文字“此外,还需……系好安全带。”所在的段落,在“开始”选项卡内单击“段落”对话框按钮,打开“段落”对话框,在“段落”对话框的“特殊格式”选中“首行缩进”,“度量值”设置为 2 字符。选中该段中的“一盔一带”文字,在“开始”选项卡内单击“字体”对话框下拉按钮,打开“字体”对话框,在“字体”对话框的“着重号”选中“·”。

(9) 选中“防踩踏”及“防溺水六不准”两个子主题中的所有内容,在“开始”选项卡单击“插入项目符号”下拉按钮,选中“带填充效果的大方形项目符号”。选中“走廊上应注意什么?”这个子主题中的内容,在“开始”选项卡单击“编号”下拉按钮,选中“1. 2. 3.”编号。

(10) 在“插入”选项卡中单击“形状”下拉按钮,选中“流程图:文档”形状。在“绘图工具”选项卡内,“形状高度”和“形状宽度”分别设置为 7.80 厘米和 6.40 厘米;单击“环绕”下拉按钮,选中“四周型环绕”命令;单击[Abc]按钮,套用“细微效果,灰色,50%,强调颜色 3”格式;鼠标右击形状,在菜单中选中“其他布局选项”命令后系统弹出“布局”对话框,在“布局”对话框的“位置”选项卡中,“水平右侧”和“垂直下侧”均选择“页面”,“水平”和“垂直”的“绝对位置”分别设置为 3.20 厘米和 13.53 厘米。将“防踩踏……探过楼梯扶手”内容剪切到形状内。

(11) 在“插入”选项卡内单击“图片”插入“防溺水.PNG”图片。在“图片工具”选项卡内单击“环绕”下拉按钮,选中“上下型环绕”;鼠标右击刚才插入的图片,在菜单中选中“其他布局选项”命令后系统弹出“布局”对话框,在“布局”对话框的“位置”选项卡中,“垂直下侧”选择“页面”,“垂直”的“绝对位置”设置为 13.53 厘米。将图片插入“不准私自下水游泳。”的文本前。

(12) 在“插入”选项卡内单击“形状”下拉按钮,选中“矩形”形状。在“绘图工具”选项卡内,“形状高度”和“形状宽度”分别设置为 3.80 厘米和 14.70 厘米;单击“环绕”下拉按钮,选中“四周型环绕”命令;单击[Abc]按钮,套用“彩色轮廓,浅绿,强调颜色 6”格式;单击“绘图工具”内的“形状效果”下拉按钮,选中“发光”命令下的“灰色,50%,18pt 发光,着色 3”;鼠标右击形状,在菜单中选中“其他布局选项”命令后系统弹出“布局”对话框,在“布局”对话框的“位置”选项卡中,“水平右侧”和“垂直下侧”均选择“页面”,“水平”和“垂直”的“绝对位置”分别设置为 3.20 厘米和 22.00 厘米。将“走廊上应注意什么……或玩游戏。”内容剪切到形状内。

(13) 在“插入”选项卡内单击“图片”插入“一盔一带.PNG”图片。在“图片工具”选项卡内单击“环绕”下拉按钮,选中“四周型环绕”;在“图片工具”选项卡内单击“裁剪”下拉按钮,选中“椭圆”后按 Enter 键。在“图片工具”选项卡内将“形状高度”和“形状宽度”分别设置为 2.54 厘米和 3.31 厘米;鼠标右击形状,在菜单中选中“其他布局选项”命令后系统弹出“布局”对话框，在“布局”对话框的“位置”选项卡中，“水平右侧”和“垂直下侧”均选择“页面”，“水平”和“垂直”的“绝对位置”分别设置为15.22厘米和12.22厘米。

(14) 在“插入”选项卡内单击“页眉页脚”命令。在页眉区域输入文字“校园安全教育专题”；在页脚区域单击“插入页码”命令按钮，在弹出的窗体样式中选中“第1页 共?页”，单击“确定”按钮。

(15) 单击“保存”按钮，保存文档。

学习效果自测

一、单选题

1. WPS文档(　　)。
   A. 只能处理文字　　B. 只能处理表格
   C. 可以处理文字、图形、表格等　　D. 只能处理图片
2. WPS文档默认的扩展名是(　　)。
   A. TXT　　B. DOCX　　C. WPS　　D. PPT
3. 在文档中如要用矩形工具画出正方形，应同时按住(　　)键。
   A. Ctrl　　B. Shift　　C. Alt　　D. Ctrl+Alt
4. 鼠标左键选中栏，可以选取(　　)。
   A. 当前行　　B. 当前段
   C. 全文　　D. 当前行第1个词组
5. 在文档编辑状态下，执行两次“剪切”操作后，剪贴板中(　　)。
   A. 仅有第二次被剪切的内容　　B. 有两次被剪切的内容
   C. 无内容　　D. 仅有第一次被剪切的内容
6. WPS文档中，能指定每行字数的设置是(　　)。
   A. 标尺　　B. 网格线　　C. 文档网格　　D. 无法设置
7. WPS文档中，以“号”为计量单位的字号，数字越大，表示字体越(　　)。
   A. 大　　B. 小　　C. 不变　　D. 都不对
8. 下面关于页眉/页脚的说法，不正确的是(　　)。
   A. 页眉/页脚中可以插入文本、页码、时间
   B. 页眉/页脚是文档页中文本的上部分和下部分
   C. 页眉/页脚中可插入图片和作者姓名
   D. 页眉/页脚是文档中每个页面的顶部、底部临近页边的区域
9. WPS文档中，如需快速选取一个较长的文字段落，最快捷的操作方法是(　　)。
   A. 直接用鼠标拖动选择整个段落
   B. 在段首单击，按住Shift键不放，单击段尾
   C. 在段落左侧选中栏空白处双击鼠标
   D. 从该段开始处按住Shift键不放，再按End键
10. 下面关于分节的说法，不正确的是(　　)。

A. 在设置分节符时可以将文档进行不连续节的设置

B. 插入分节符后文档内容不能从下页开始

C. 默认方式下整个文档视为一节

D. 每一节可根据需要设置不同的页面格式

11. 文本校对是查找差错的重要一环。差错主要指(　　)。

A. 标点和符号使用不正确　　B. 用语不当、语句不通顺

C. 使不规范计量单位　　D. 错字、别字、多字、少字、用字不规范等

12. 对选中的文字,按 Ctrl+B 组合键,其作用是(　　)。

A. 更改选中文字所在段的项目符号为圆点

B. 更改文字为粗体

C. 插入符号

D. 更改文字颜色为 Blue(蓝色)

13. WPS 文字中若在“段落”对话框中设置行距为 1.3,应当选择“行距”列表框中的(　　)。

A. 固定值　　B. 单倍行距　　C. 多倍行距　　D. 最小值

14. 段落中第一行不缩进,其余行缩进,这种特殊格式叫(　　)。

A. 悬挂缩进　　B. 左缩进　　C. 分散对齐　　D. 首行缩进

二、填空题

1. WPS 文字中可以把预先定义好的多种格式的集合全部应用在选定的文字上的特殊文档称为________。

2. 鼠标左键________选中栏,可选取当前行文本;鼠标左键________选中栏,可选取当前行;鼠标左键________选中栏,可选取整个文档内容。

3. 编辑文档时,使用格式刷可以复制当前文本或段落的格式,要将格式应用多次,应________“格式刷”按钮。

4. 首字下沉有________和________两种样式。

5. 段落缩进中,有________和________两种特殊格式。

6. 文档中将“学生会”全部修改为红色字体加着重号的“学生会”,可通过________命令进行实现。

7. 输入数学公式,可以使用 WPS 文字中的“公式”命令按钮,简要描述输入 $\int e^x dx$ 的操作过程________。

8. 检查文档中文本的拼写错误可使用________命令。

三、操作题

注:本题来源于 2022 年全国计算机等级考试一级模拟真题。

打开“素材库\项目 6\WORD.docx”,按下列要求进行编辑。

(1) 将标题段文字“样本的选取和统计性描述”设置为二号、楷体、加粗、居中,颜色为深蓝,文字 2,深色 25%;文本效果预设为“映像:大小 80%,透明度 50%,模糊 9 磅,距离 8 磅”;设置标题段文字间距为紧缩 1.6 磅。

(2) 设置正文第1～第4段"本文以2012年修订的……描述了输入数据的统计性描述"字体为小四、新宋体、段落首行缩进2字符、1.4倍行距；将正文第三段"在全部的154家软件和……wind数据库以及国泰安数据库。"的缩进格式修改为"无"，并设置该段为首字下沉2行、距正文0.5厘米；在第一段"本文以2012年修订的……上市的88家分布。"下面插入图片"分布图.JPG"，图片文字环绕为"上下型"，位置"随文字移动"，不锁定纵横比，相对原始图片大小：高度缩放80%，宽度缩放90%，并将该图片颜色饱和度设置为150%，图片颜色色调的色温设置为5000K。

(3) 设置页面上、下、左、右页边距分别为2.3厘米、2.3厘米、3.2厘米和2.8厘米，装订线位于左侧0.5厘米处；插入分页符使第四段("本文选取145家……描述了输入数据的统计性描述：")及其后面的文本置于第二页；在页面底端插入"X/Y型，加粗显示的数字1"页码；在文件菜单下进行属性信息编辑，在文档属性摘要选项卡的标题栏键入"学位论文"，主题为"软件和信息服务业研究"，作者："佚名"，单位："NCRE"，添加两个关键词"软件；信息服务业"。插入"怀旧型"封面，输入地址为"北京市海淀区无名路5号"；设置页面填充效果图案为"5%"，背景颜色为"水绿色，个性色5，淡色80%"。

(4) 将文中最后5行文字依制表符转换为5行7列的表格，表格文字设为小五、方正姚体；设置表格第2～第7列列宽为1.5厘米；设置表格居中，除第一列外，表格中的所有单元格内容对齐方式为"水平居中"；设置表标题("表3.2 输入数据的统计性描述")为小四、黑体，字体颜色自定义颜色模式为HSL，其中色调为5、饱和度21、亮度136。

(5) 为表格的第一行和第一列添加"茶色，背景2，深色25%"底纹；其余单元格添加"白色，背景1，深色15%"底纹。在表格后插入一行文字："数据来源：国泰安数据库，Eviews6.0软件计算"，字体为小五，对齐方式为"左对齐"。

项目 7

WPS 电子表格处理

项目简介

WPS 电子表格是金山办公软件的重要组件之一，主要特点是有强大的数据计算、管理和分析功能。使用 WPS 表格可以快速、高效地对数据进行加工、计算、排序、筛选和统计分析，并能用各种图表对数据进行可视化处理，直观形象地表示数据。

本项目有 4 个任务。通过这 4 个任务的学习，基本掌握在 WPS 表格中数据输入和编辑、设置表格格式、数据计算和查询、数据管理与分析、数据可视化以及数据保护和共享的基本操作。

知识培养目标

素材库

(1) 掌握行、列和单元格的选定、复制、移动、删除等的操作方法。

(2) 掌握单元格字体格式、数字格式、对齐方式、边框和底纹的设置方法。

(3) 掌握工作表的选择、插入、重命名、删除、移动、复制、隐藏或显示等的操作方法。

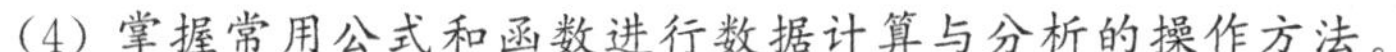

(4) 掌握常用公式和函数进行数据计算与分析的操作方法。

(5) 掌握排序、筛选、分类汇总图表和透视表等的操作方法。

(6) 掌握页眉和页脚的设置操作和工作表打印的操作方法。

能力培养目标

(1) 培养学生能够利用各种信息资源、科学方法和信息技术工具解决实际问题的能力。

(2) 培养学生数据挖掘和信息分析的思维。

(3) 培养学生具有团队协作精神，善于与他人合作、共享信息的专业素养。

(4) 培养学生独立思考和主动探究的能力，为职业能力的持续发展奠定基础。

课程思政园地

课程思政元素的挖掘及培养如表 7-1 所示。

表 7-1　课程思政元素的挖掘及其培养目标关联表

知　识　点	知识点诠释	思　政　元　素	培养目标及实现方法
数据有效性验证设置	数据输入时，有些内容或格式是不能出错的，通过有效性知识点，保障数据输入的正确性与完整性	严谨认真	通过数据有效性验证设置，除提升数据输入效率外，还要强化学生认真操作、严谨做事的职业意识

续表

知　识　点	知识点诠释	思 政 元 素	培养目标及实现方法
工作表的计算	应用公式或函数实现数据的计算或统计	钻研、开拓、创新	电子表格中简单的函数往往能解决实际生活中复杂的需求问题。通过学习，培养学生开创思维，大胆尝试行为，并在操作中增进自信心
批量处理数据	大批量数据排序、筛选、分类汇总等操作	深入思考，积极主动	基于大批量数据的操作，培养学生了解原始数据作用，挖掘数据增值可能。培养勇于接受新鲜事物、积极进取的精神
打印工作表	打印标题设置及打印预览等设置打印输出	节能，环保	通过在打印时的合理设置可以减少资源浪费。培养学生节约资源，爱护环境的意识

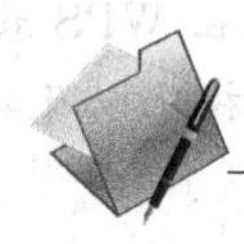

任务1　餐厅菜单表制作

知识目标

(1) 认识电子表格中的数据类型及表示方式。

(2) 理解文件保存的三要素：位置、文件名和文件类型。

(3) 理解数据有效性的作用。

技能目标

(1) 具备熟练输入各种类型的数据，并能够通过查找替换实现数据修改的能力。

(2) 具备熟练掌握工作表、行、列和单元格的选定、复制、移动、删除等操作的能力。

(3) 具备常见数据有效性验证设置的能力。

任务导入

因工作需要，留一手餐厅需要将菜单等信息收录在表格中，内容包括菜名编号、菜名、单价、单位和菜品类型等。店长将这项工作任务交给了杨涵，杨涵利用 Excel 制作出了餐厅菜单工作表。

为保证输入信息的一致性，在输入数据过程中，杨涵使用了数据有效性设置来限制非法数据录入，提高数据录入的准确性。

学习情境1：工作簿创建和保存

1. 工作簿创建

单击“开始”按钮，选择 W→WPS Office→WPS Office，打开 WPS Office 软件。在首页

中单击“新建”按钮，然后单击“新建表格”→“新建空白表格”命令，即可打开 WPS 表格工作窗口，并创建一个名为“工作簿 1”的空白工作簿。

2. 工作簿保存

在工作簿中进行编辑后，需要经过保存操作给文件取一个直观易记的文件名，将内存中的文件存放到磁盘上指定的文件夹中，便于以后使用。WPS 表格可以将工作簿另存为 Excel 工作簿、网页、文本、PDF 等文件，也可以将工作簿输出为高清图片和长图，方便在社交网络上发布。在数据编辑过程中经常性地使用 Ctrl+S 组合键来执行保存操作可以避免由系统崩溃、停电故障等造成的数据丢失。

学习情境 2：单元格数据输入和编辑

1. 数据类型

在 WPS 表格中，用户可以在单元格中输入各种类型的数据，如文本、数值、日期和时间等，每种数据都有特定的格式。

文本型数据：文本是指汉字、英文，或由汉字、英文、数字组成的字符串。默认情况下，输入文本时沿单元格左侧对齐。

数值型数据：数值型数据由数字 0～9、正号“+”、负号“-”、小数点“.”、分数号“/”、百分号“%”、指数符号“E”或“e”、货币符号“¥”或“$”和千位分隔号“,”等组成。默认情况下，输入数值型数据时沿单元格右侧对齐。

2. 数据输入

1）输入文本数据

选择一个单元格后，可以直接从键盘上输入文本，输入完毕后，按 Enter 键选定下方单元格为活动单元格。按 Tab 键选定右侧单元格为活动单元格。除了 Enter 和 Tab 键，还可以用方向键来选定其他单元格为活动单元格。

2）输入日期和时间数据

在表格中输入日期时使用英文状态下的“-”或“/”分隔日期的年、月、日，输入时间使用英文状态下的“:”分隔时、分、秒，日期和时间中间用英文空格分隔。年份通常用两位数表示，如果输入时省略年份，则以当前年份为默认值输入。

3）输入纯数字文本

在 WPS 表格的常规格式单元格中输入小于 11 位的以 0 开头的纯数字时会自动将左侧的 0 去掉，转换为数值。例如输入“01001”会变成“1001”。如果要保留输入数据左侧的 0，则需要在输入内容的最左侧加一个英文状态下的“'”将数值强制转换为文本。也可以将单元格的数字格式设置为文本格式再输入。当输入大于 11 位的数字时，表格会自动将数字强制转换为文本。

3. 数据编辑

需要对单元格中现有的内容进行编辑时，可以选择单元格后，在编辑栏中编辑单元格内容；也可以双击单元格内容，在单元格中编辑。编辑过程中可以按 Backspace 键删除光标左侧文本,按 Delete 键删除光标右侧文本。使用“查找和替换”对话框可以查找字符串并使用其他字符串替换找到的字符串。

4. 单元格批注编辑

在表格中处理数据时,可使用批注对单元格内容进行说明。例如,为单元格 B3 加上批注内容“此菜名需要进一步核实”,操作步骤如下。

(1) 右击 B3 单元格,在快捷菜单中单击“插入批注”。

(2) 在批注框中输入“此菜名需要进一步核实”。

学习情境 3: 行、列和单元格操作

1. 行、列、单元格和区域选择

将光标移到行号处,当光标变成 ➡ 时,单击鼠标选择一行,拖动鼠标可选择连续的多行;将光标移到列标处,当光标变成 ⬇ 时,单击鼠标选择一列,拖动鼠标可选择连续的多列;将光标移到单元格中,当光标变成 ✚ 时,单击选择当前单元格,拖动鼠标向任意方向滑动即可选择连续单元格区域。

选择第一个行、列或单元格区域后,按住 Ctrl 键不放,再选择其他区域,即可选择不连续的单元格区域;按住 Shift 键不放,再选择其他区域,即可选择连续的单元格区域。单击行号和列标交叉处的全选按钮或按 Ctrl+A 组合键可以选择全部单元格。

在名称框中输入单元格或区域地址后按 Enter 键可以快速选择单元格或区域。例如在名称框中输入“A1:G2”,按 Enter 键则可选择该区域。

2. 行、列、单元格的插入

在表格中可以根据需要插入一行或多行,操作方法是右击插入位置的单元格,在快捷菜单中的“插入”,“在上方插入行”/“在下方插入行”数值框中输入需要插入的行数,按 Enter 键即可在当前单元格的上方插入指定数量的行。

插入列和插入单元格的方法与插入行的方法相同,在插入单元格时要注意活动单元格的移动方向。

3. 行、列、单元格的删除

表格中不再需要的行、列和单元格,可以将其删除。操作方法是右击要删除的行,在快捷菜单中单击“删除”按钮即可。

删除列和删除单元格的方法与删除行的方法相同,在删除单元格时要注意选择是当前单元格下方单元格上移,还是右侧单元格左移。

4. 行、列、单元格的移动

行、列、单元格的移动的方法有以下两种。

(1) 选择要移动的行、列或单元格,将光标移到选择区域的边沿,当光标变成 ✥ 时,拖动到目标区域释放鼠标。

(2) 选择要移动的行、列或单元格,按 Ctrl+X 组合键,选择目标区域,按 Ctrl+V 组合键。

5. 行、列、单元格的复制

行、列、单元格的复制有以下两种方法。

(1) 选择要复制的行、列或单元格，将光标移动到选择区域的边沿，当光标变成时，按住 Ctrl 键拖动到目标区域。

(2) 选择要复制的行、列或单元格，按 Ctrl+C 组合键，选择目标区域，按 Ctrl+V 组合键。

学习情境 4：单元格数据填充

1. 填充柄填充

例如，在 A1:A10 单元格区域中填充数字 1～10，操作步骤如下。

(1) 在单元格 A1 中输入数字“1”。

(2) 将光标移动到 A1 单元格右下角，当光标变成“”时，按住鼠标左键向下拖动到 A10 单元格。

2. 自定义序列填充

在 WPS 表格中进行序列填充时，除了按系统预设的序列填充外，还可以按用户自定义序列进行填充。

例如，设置自定义序列“米饭，酒水……蒸焖炸烩”的操作步骤如下。

(1) 单击“文件”，选择“选项”命令。

(2) 在“选项”对话框中单击“自定义序列”，在“输入序列”编辑框中输入“米饭，酒水，饮料，广式茶点，汤，粥粉面，烧烤，小炒，凉拌，鲜果，炖菜，酱卤，蒸焖炸烩”，每输入一项按 Enter 键，输入完成后单击“添加”按钮将其添加到自定义序列，单击“确定”按钮，如图 7-1 所示。

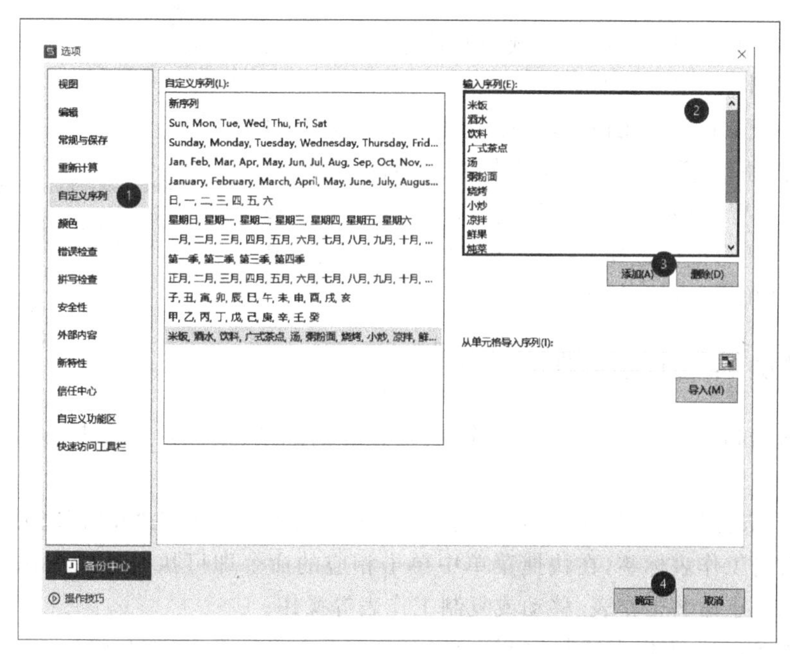

图 7-1 添加自定义序列

当我们在表格中输入“米饭”,下拉填充柄时,所设置的序列就会填充到表格中。

3. 智能填充

智能填充可以根据用户创建的模式比对表格中现有字符串之间的关系,分析和感知用户的想法,从而给出最符合用户需要的一种填充规则自动填充数据。

例如,如图 7-2 所示留一手餐厅工作信息表中,根据“工号姓名电话”列中的数据填充“工号”“姓名”“电话号码”等内容,操作步骤如下。

(1) 打开“素材库\项目 7\留一手餐厅工作人员信息表.xlsx”文件。

(2) 在“工号”列标题下的第 1 个单元格中输入“1094”,按 Ctrl+E 组合键。

(3) 在其余各列标题下的第 1 个单元格中输入第 1 个结果,按 Ctrl+E 组合键。

留一手餐厅工作人员信息表					
工号姓名电话	身份证号	类型	工号	姓名	电话号码
1094陈欣欣1857[illegible]617	440181[illegible]0130454X	员工	1094	陈欣欣	185[illegible]5617
1095梁子轩1343[illegible]928	440181[illegible]06023616	员工			
1109蔡明16620[illegible]83	440181[illegible]06291225	员工			
1143王宇飞1814[illegible]616	440181[illegible]02111213	员工			
1147邵梁13268[illegible]42	440181[illegible]05123316	员工			
1150孙成芳1326[illegible]445	440181[illegible]10150341	员工			
1166张一诺1783[illegible]137	440181[illegible]11081522	员工			

图 7-2 留一手餐厅工作人员信息表

学习情境 5:数据有效性验证设置

在 WPS 表格中输入数据之前,对指定区域设置数据有效性,可以验证输入的数据是否有效,避免输入无效数据。

例如,设置 F3:F15 单元格区域中只能输入 11 位电话号码长度文本,操作步骤如下。

(1) 选定 F3:F15 单元格区域,在“数据”选项卡中,单击“有效性”按钮“☰”,打开“数据有效性”对话框。

(2) 在“设置”选项卡“允许”组合框中选择“文本长度”,从“数据”组合框中选择“等于”,在“数值”编辑框中输入“11”,单击“确定”按钮,如图 7-3 所示。

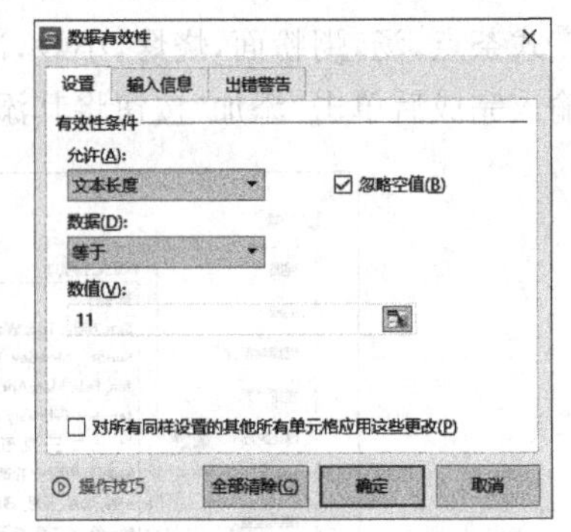

图 7-3 设置电话号码长度有效性

学习情境 6:工作表操作

在 WPS 表格中经常需要插入、删除、隐藏或取消隐藏、重命名工作表、移动或复制现有工作表。

单击工作表标签栏中的 + 图标,即可插入一张新工作表。单击“开始”选项卡中的“工作表”按钮或右击工作表标签,在快捷菜单中单击相应的命令即可执行删除工作表、隐藏或取消隐藏工作表、重命名工作表、移动或复制工作表等操作。

例如,将 Sheet1 工作表复制为 Sheet1(2)并放置在最后面,操作步骤如下。

(1) 右击 Sheet1 工作表标签,在快捷菜单中单击“移动或复制工作表”。

（2）在“工作簿”列表中选择当前工作簿“留一手工作人员信息表.xlsx”，在“下列选定工作表之前”列表中选择“（移至最后）”，勾选“建立副本”复选框，单击“确定”按钮。如图 7-4 所示。

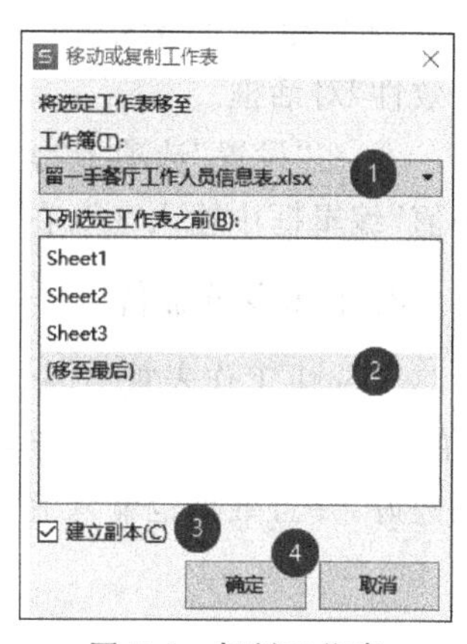

图 7-4　复制工作表

任务实施步骤

1. 菜单工作簿创建和保存

创建新工作簿并保存为“留一手餐厅菜单.xlsx”，操作步骤如下。

（1）单击“开始”菜单，选择 W→WPS Office→WPS Office，打开 WPS Office 软件。单击“新建”按钮，然后单击“新建表格”中的“新建空白表格”命令。

（2）单击“文件”，选择“另存为”，打开“另存文件”对话框。

（3）在“另存文件”对话框中选择保存路径为“WPS 网盘”，在“文件名”编辑框中输入文件名“留一手餐厅菜单”，在“文件类型”编辑框中选择“Microsoft Excel 文件(*.xlsx)”，单击“确定”按钮。

2. 菜单数据输入

在留一手餐厅菜单工作簿的 Sheet1 工作表中输入数据，操作步骤如下。

（1）在 A1:E1 单元格区域中输入各列的标题文本“菜名编号”“菜名”“单价（元）”“单位”“类型”。

（2）选择 A2 单元格，再输入“610001”，按 Enter 键。

（3）将光标移动到 A2 单元格右下角，当光标变成“+”时，按住鼠标左键向下拖动到 A73 单元格。

（4）在 B2:E2 单元格区域中依次输入“土豆西红柿汤面”“13”“份”“粥粉面”。

（5）参照“素材库\项目 7\留一手餐厅菜单.txt”文件中的内容，将其余菜名信息输入表中并保存数据。

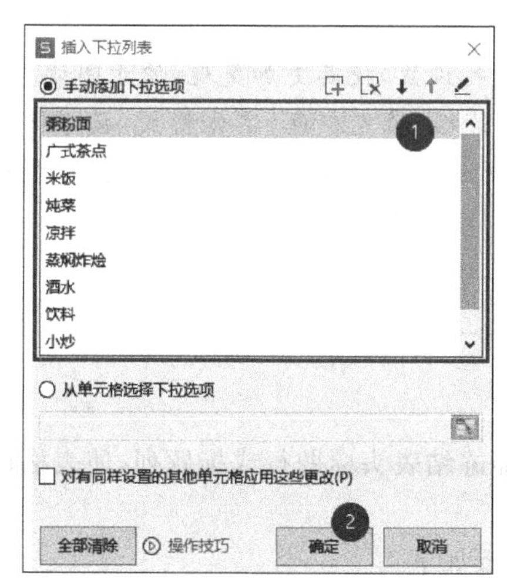

图 7-5　设置菜的类型下拉列表

3. 数据有效性验证设置

（1）设置“类型”列中只能从下拉列表中选择输入“粥粉面”……“饮料”或者“小炒”，操作步骤如下。

① 选定单元格区域 E2：E73。在“数据”选项卡中，单击“下拉列表”按钮，打开“插入下拉列表”对话框。

② 在“手动添加下拉选项”编辑框的第一行输入“粥粉面”，单击上方的“增加”按钮增加一行，在第二行中输入“广式茶点”，依次添加“炖菜”……“小炒”后如图 7-5 所示，单击“确定”按钮。

（2）设置“单价”只能在 0～200 元，操作步骤如下。

① 选定单元格区域 C2:C73。在“数据”选项卡中,单击“数据有效性”按钮,打开“数据有效性”对话框。

② 在“设置”选项卡“允许”组合框中选择“小数”,从“数据”组合框中选择“介于”,在“最小值”编辑框中输入“0”,在“最大值”编辑框中输入“200”,单击“确定”按钮。

4. 工作表重命名

Sheet1 工作表重命名。单击“开始”选项卡中的“工作表”下拉按钮,选中“重命名”,输入“菜单”按下 Enter 键,工作表名更改为“菜单”工作表成功。这样留一手餐厅菜单工作表就创建好,并且数据也输入完成。

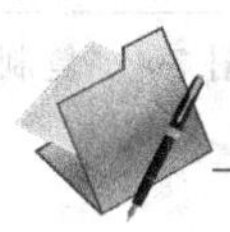

任务 2 餐厅菜单工作表的格式设置

知识目标

(1) 掌握窗口拆分和窗口冻结的作用和区别。
(2) 掌握条件格式的含义和应用场景。
(3) 掌握表格样式和单元格样式应用。

技能目标

(1) 具备窗口拆分和冻结切换的能力。
(2) 具备熟练对单元格格式的设置、复制和清除的操作能力。
(3) 具备熟练掌握单元格条件格式的设置方法。
(4) 具备表格和单元格样式修改的能力。

任务导入

杨涵制作好餐厅菜单工作表后,还需要对其格式进行设置,使其更加美观,便于阅读。在 WPS 表格中可以通过合并单元格,设置单元格边框,填充颜色,字体格式,数字格式以及对齐方式来对工作表进行格式美化。也可以使用系统预设的单元格样式和表格样式对表格进行美化,使表格中的数据更加整洁美观。

学习情境 1:工作窗口管理

1. 窗口冻结

在浏览数据较多的表格时,可以通过冻结窗格功能冻结表头标题行或标题列,使表格标题行和标题列始终显示。

例如,在菜单表中,冻结第 1 行和前 3 列的操作步骤如下。

(1) 打开“素材库\项目 7\留一手餐厅菜单.xlsx”工作簿文件。

(2) 在“菜单”工作表中选择第 1 行、第 2 行。

(3) 在“视图”选项卡中单击“冻结窗格”,选择“冻结至第 2 行”。

(4) 当滚动浏览表格时,第 1 行、第 2 行始终显示。

2. 窗口拆分

通过拆分窗口功能可以把窗口拆分为两个或者四个窗口,在每个窗口中都有独立的滚动条控制窗口的显示内容,可以同时查看同一工作表的不同区域。

例如,将留一手餐厅菜单表窗口拆分为两个窗口,分别显示表格第 5～第 10 行和第 35～第 40 行,操作步骤如下。

(1) 在“菜单”工作表选择第 11 行中任意一个单元格。

(2) 在“视图”选项卡中单击“拆分窗口”按钮,将窗口分为两部分,窗口中出现了两个垂直滚动条,分别滚动两个滚动条使两个窗口分别显示表格的第 5～第 10 行和第 35～第 40 行。如图 7-6 所示。

	A	B	C	D	E	F	G
1	菜名编号	菜名	单价（元）	单位	类型		
2	610001	土豆西红柿汤面	13	份	粥粉面		
3	610002	老式面包	19	份	广式茶点		
4	610003	蒜香包	13	份	广式茶点		
5	610004	南瓜芝士包	10	个	广式茶点		
6	610005	牛奶卷	17	份	广式茶点		
7	610006	咖啡奶香面包	16	份	广式茶点		
8	610007	桂圆肉红豆八宝饭	39	份	米饭		
9	610008	五色糯米饭(七色)	35	份	米饭		
10	610009	黑米恋上葡萄	33	份	广式茶点		
35	610034	法国波尔多AOC干红葡萄酒	159	瓶	酒水		
36	610035	黄尾袋鼠西拉子红葡萄酒5年份	46	瓶	酒水		
37	610036	路易拉菲红酒干红	158	瓶	酒水		
38	610037	辣炒海带丝	19	份	小炒		
39	610038	芝麻烤紫菜	25	份	烧烤		
40	610039	培根紫菜卷	30	份	小炒		
41	610040	海带结豆腐汤	30	份	汤		

图 7-6 拆分窗口

学习情境 2：单元格格式设置

1. 对齐方式设置

在留一手餐厅菜单表中,为了使类型名称和四个字的类型名称能够对齐,需设置“类型”列的对齐方式为“分散对齐”→“缩进 1 字符”,操作步骤如下。

(1) 打开“素材库\项目 7\留一手餐厅菜单.xlsx”工作簿文件。

(2) 选择“菜单”工作表中的 E 列。

(3) 在“对齐”选项卡的“水平对齐”组合框中选择“分散对齐(缩进)”,在“缩进”数值框中输入“1”,如图 7-7 所示,单击“确定”按钮。

2. 日期格式设置

在单元格中输入的数字,默认按常规格式显示,但在实际工作中这种默认格式可能无法满足用户需求。

3. 货币(数值)格式设置

WPS 表格中的货币(数值)型数据可以通过设置货币(数字)格式来改变其显示方式。例如,将菜单表中“单价(元)”列的数字格式设置为人民币格式,操作步骤如下。

(1) 选择“菜单”工作表中的 C2:C73 单元格区域。

(2) 按 Ctrl+1 组合键,打开“单元格格式”对话框。

(3) 在“数字”选项卡“分类”列表中选择“货币”,在“小数位数”列表中选择“2”,在“货币符号”列表中选择“¥”,如图 7-8 所示,单击“确定”按钮。

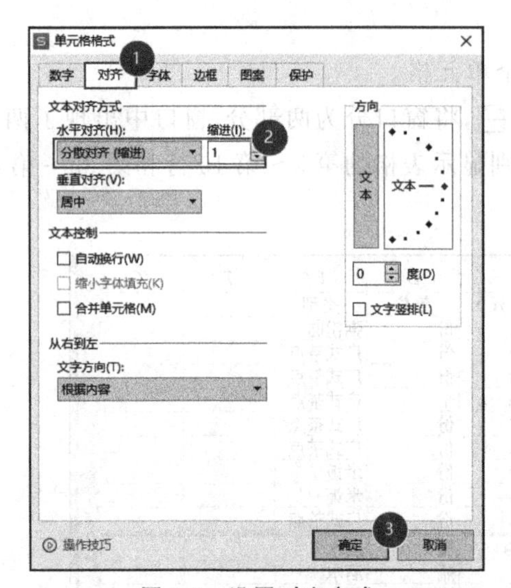

图 7-7 设置对齐方式

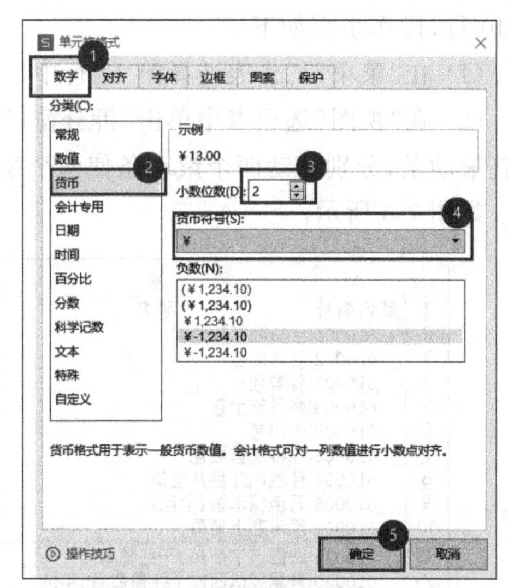

图 7-8 设置货币格式

4. 行高和列宽调整

在 WPS 表格中,可以根据表格内容调整表格的行高和列宽,也可以指定表格的行高和列宽。例如,设置菜单表中所有行的行高为 20 磅,A～E 列列宽为最合适的列宽,操作步骤如下。

(1) 单击“菜单”工作表左上角行号和列标交叉处的全选按钮全选表格。

(2) 在选择区域中右击,在快捷菜单中单击“行高”,在“行高”对话框中输入数值“20”,单击“确定”按钮。

(3) 选中 A～E 列,将光标移到列标 A 和 B 之间的分隔线上,当光标变成双向箭头时双击鼠标左键,即可调整各列的列宽为最合适的列宽。

5. 单元格格式复制

在 WPS 表格中可以使用“格式刷”和“选择性粘贴”功能来复制单元格格式。

6. 单元格格式清除

当某些单元格格式不再需要时,可以将其清除,操作方法是选择要清除格式的单元格,依次单击“开始”→“单元格”→“清除”→“格式”按钮。

学习情境 3:条件格式设置和清除

条件格式是指在单元格数值满足指定条件时,WPS 表格自动应用于单元格的格式。使用条件格式可以为某些符合条件的单元格应用某种特殊格式，还可以使用数据条、图标集和色阶来表示单元格数值的大小。

1. 条件格式设置

例如，将菜单单价高于150元的数据设置为红色字体。操作步骤如下。

（1）打开“素材库\项目7\留一手餐厅菜单.xlsx”工作簿文件。

（2）在“菜单”工作表中选中C2:C73单元格区域。

（3）依次单击“开始”→“条件格式”→“突出显示单元格”→“大于”按钮。

（4）将左侧最大值改为150，在“设置为”组合框中选择“自定义格式”。

（5）在“字体”选项卡中设置“颜色”为“红色”，单击“确定”按钮。如图7-9所示。

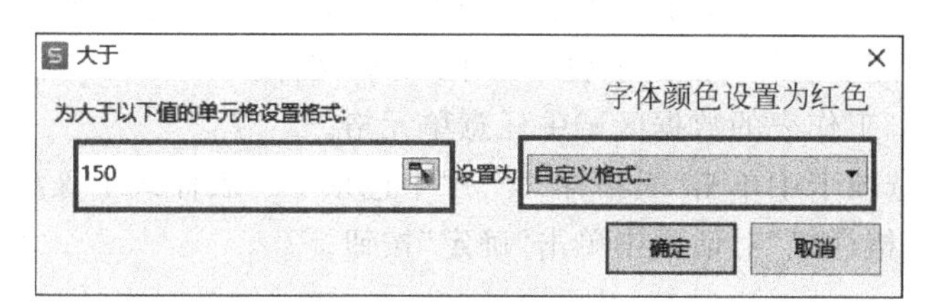

图7-9　条件格式设置

2. 条件格式清除

当表格中不再需要条件格式时，可以将其删除，操作步骤如下。

（1）选中“菜单”工作表中的A2:E73单元格区域。

（2）依次单击“开始”→“条件格式”→“清除规则”→“清除所选单元格的规则”按钮。

学习情境4：表格的样式美化

WPS表格中预定义了表格样式和单元格样式，输入数据并进行各种编辑处理后，可以使用表格样式和单元格样式快速设置表格的外观。如果对现有表格样式不满意，还可以新建或修改表格样式。

1. 表格样式应用

例如，为留一手餐厅菜单工作表应用“表样式浅色7”，操作步骤如下。

（1）打开“素材库\项目7\留一手餐厅菜单.xlsx”工作簿文件。

（2）单击“菜单”工作表的数据区域中任意单元格。

（3）在“开始”选项卡中单击“表格样式”→“浅色系”→“表样式浅色7”按钮。

（4）在“套用表格样式”对话框中选择“转换成表格，并套用表格样式”，勾选“表包含标题”和“筛选按钮”，然后单击“确定”按钮，如图7-10所示。

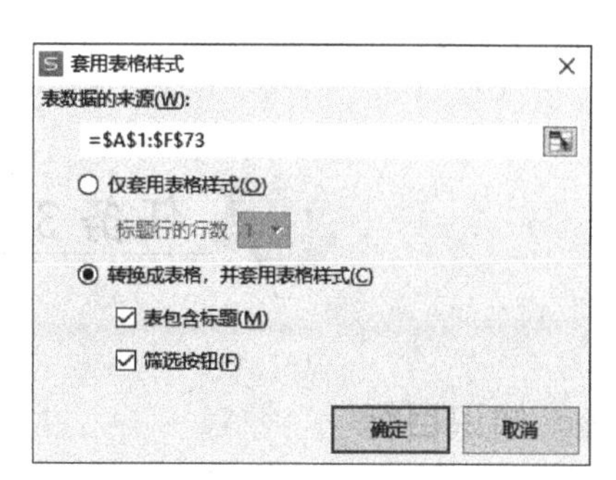

图7-10　套用表格样式

提示：将区域转换成表格后，当选择表格区域中的单元格时，功能区会显示“表格工具”选项卡，通过其中的命令按钮可以将表格转换为区域，添加表格切片器，设置表格镶边等操作。

2. 单元格样式应用

例如,为“菜单”工作表的 A1:E1 单元格区域应用单元格样式“强调文字颜色 6”,操作步骤如下。

(1) 选中“菜单”工作表的 A1:E1 单元格区域。

(2) 在“开始”选项卡中单击“单元格样式”→“强调文字颜色 6”按钮。

任务实施步骤

1. 菜单工作表应用样式

为餐厅菜单工作表应用表格样式“表样式中等深浅 7”,操作步骤如下。

(1) 打开“素材库\项目 7\留一手餐厅菜单.xlsx”文件。

(2) 单击“菜单”工作表的数据区域中任意单元格。

(3) 在“开始”选项卡中单击“表格样式”→“中色系”→“表样式中等深浅 7”按钮。

(4) 在“套用表格样式”对话框中单击“确定”按钮。

2. 对齐方式设置

在菜单表中设置“类型”列的对齐方式为“分散对齐—缩进 1 字符”,标题行单元格的对齐方式为水平居中,除菜名左对齐以外各列数据水平居中对齐,操作步骤如下。

(1) 在“菜单”工作表中右击列标 E,在快捷菜单中单击“设置单元格格式”,打开“单元格格式”对话框。在“对齐”选项卡的“水平对齐”组合框中选择“分散对齐(缩进)”,在“缩进”数值框中输入数值 1,单击“确定”按钮。

(2) 选择 A1:E1 单元格区域,单击“开始”选项卡上的“水平居中”按钮。

(3) 选择 B 列,单击“开始”选项卡上的“左对齐”按钮。

3. 数字格式设置

将菜单表中 C2:C73 单元格区域的数字格式设置为“货币”格式,两位小数,操作步骤如下。

(1) 选择“菜单”工作表中的 C2:C73 单元格区域,右击,在快捷菜单中单击“设置单元格格式”按钮,打开“单元格格式”对话框。

(2) 在“数字”选项卡的“分类”列表中选择“货币”,在“小数位数”数值框中输入“2”,在“货币符号”下拉列表中选择“¥”,即可在示例处查看设置效果,单击“确定”按钮。

(3) 选择 A:E 列,将光标移到 A:E 列中任意两列的列标分隔线上双击,调整列宽为最合适的宽度。

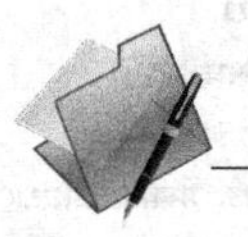

任务 3 工作表数据统计与打印

知识目标

(1) 认识运算符及其在混合运算中的运算顺序。

(2) 了解公式的组成和常用函数的结构。

(3) 了解单元格绝对引用、相对引用、混合引用的概念和区别。

(4) 了解页面设置和工作表打印的相关参数及作用。

技能目标

(1) 具备熟练使用运算符和单元格引用编辑简单计算公式的能力。

(2) 具备熟练使用 WPS 表格常用函数的能力。

(3) 具备在公式中灵活使用相对引用、绝对引用和混合引用的能力。

(4) 具备页面布局、打印预览和打印操作的相关设置方法。

任务导入

杨涵制作好菜单工作表后,数据导入餐厅的收费系统进行运作。店长陈虹为获得更多消费信息,将 2021 年 8 月的销售明细导出为“留一手餐厅 2021 年 8 月销售明细.xlsx”,并要求杨涵做计算和统计,输出相关报表以便能更好地分析销售情况。杨涵经过操作数据处理、计算和统计,实现了店长的功能要求。如图 7-11 所示是留一手餐厅 2021 年 8 月星期销售统计表。

留一手餐厅2021年8月星期销售统计表

星期	销售数量	销售额
星期天	721	32739.72
星期一	915	41279.6
星期二	670	31347.44
星期三	796	36339.16
星期四	3074	137159.52
星期五	2979	137595
星期六	882	39947.2

图 7-11 留一手餐厅 2021 年 8 月星期销售统计表

要计算相关数据,可以使用 WPS 表格提供的公式和函数功能。在使用公式和函数计算表格数据时,可以灵活使用单元格引用方式和自动填充功能快速填充一组相似的公式。使用 WPS 表格提供的打印设置功能,可以对纸张大小、纸张方向、页边距、打印标题、页眉、页脚等打印参数进行设置。

学习情境 1:公式和函数

1. 公式的组成

公式以英文状态下的“=”开头,后面是参与计算的运算数和运算符,每个运算数可以是常量、单元格或区域的引用、名称或函数。如图 7-12 所示公式的含义是:求以 A2 单元格的值为半径的圆的面积,即用 PI 函数求出圆周率乘以 A2 的 2 次方。

运算符:*和^
=PI()*A2^2 常量
函数 引用

图 7-12 公式的组成

2. 函数的组成

函数是一些预定义公式,使用时必须被包含在公式中。它使用一些称为参数的特定数据，按特定顺序或结构来执行计算。函数通常由函数名称、左括号、参数列表和右括号构成。

3. 运算符及优先顺序

运算符是对公式中的元素进行特定类型运算的符号。WPS 表格中包含 4 种类型的运算符：引用运算符、算术运算符、比较运算符和文本运算符。WPS 表格中的运算符及优先顺序如表 7-2 所示。

表 7-2 运算符及优先顺序

优先级	运 算 符	说 明	示 例
1	：和，	引用运算符	＝SUM(A1:A5,A8)
2	－	算术运算符：负号	＝3＊－5
3	%	算术运算符：百分比	＝80＊5%
4	^	算术运算符：乘幂	＝3^2
5	＊和/	算术运算符：乘和除	＝3＊10/5
6	＋和－	算术运算符：加和减	＝3＋2－5
7	&	文本运算符：连接符	＝"Excel"&"2016"
8	＝、＜＞、＜、＞、＜＝、＞＝	比较运算符：等于、不等于、小于、大于、小于或等于、大于或等于	＝A1＝A2 ＝B1＜＞"性别"

学习情境 2：单元格引用

1. 单元格和区域地址

WPS 表格使用字母标识列，使用数字标识行，这些字母称为列标，数字称为行号。引用某个单元格时使用“列标＋行号”格式，例如 A3。引用单元格区域时，则使用引用运算符来连接单元格区域的起止单元格地址，各种引用示例及含义如表 7-3 所示。

表 7-3 单元格和区域引用示例

引用示例	引 用 位 置	引用示例	引 用 位 置
A10	A 列中第 10 行的单元格	5:5	第 5 行中的全部单元格
A10:A20	A 列中第 10～第 20 行的区域	5:10	第 5～第 10 行的全部单元格
B15:E15	第 15 行中 B～E 列的区域	H:H	H 列中的全部单元格
A10:E20	A 列到 E 列中第 10～第 20 行的区域	H:J	H～J 列的全部单元格

如果要引用工作簿外的数据，需要在单元格或区域引用前面加上工作簿名称和工作表标签。引用格式如下：

'[工作簿名]工作表标签'!单元格或区域引用

2. 相对引用与绝对引用

WPS 表格公式中的单元格引用分为相对引用，绝对引用和混合引用。各种引用方式的特点如表 7-4 所示。将公式复制到目标位置时，公式中有“$”符号的行或列不变化，无“$”符号的行或列则会变化，具体变化情况如表 7-5 所示。

表 7-4 相对引用与绝对引用

引用类型	规则	表示方式	公式复制时特点
相对引用	列号和行号前都不加“$”	A1	行和列都变
绝对引用	列号和行号前都加“$”	$A$1	行和列都不变
混合引用	只有列号前加“$”	$A1	列不变，行变
	只有行号前加“$”	A$1	行不变，列变
技巧：按 F4 键可以在各种引用方式之间快速切换。			

表 7-5 公式复制时相对引用的变化情况

复制位置	公式	移动方式	粘贴位置	粘贴后的公式
D3	=C3-$C$10	向右移 2 列	F3	=E3-$C$10
		向下移 2 行	D5	=C5-$C$10
		下移 3 行、右移 4 列	H6	=H6-$C$10

学习情境 3：WPS 表格中的函数

WPS 表格中函数可以分为常用函数、财务函数、日期与时间函数、数学与三角函数、统计函数、逻辑函数、文本函数、信息函数、查找与引用函数和数据库函数，合理使用函数，特别是函数的嵌套，能够更好地发挥函数的作用。表 7-6 列出了常用的函数类型和使用范例。

表 7-6 常用的函数类型和使用范例

函数类型	函数名称及功能	使用范例
常用函数	SUM(求和)、AVERAGE(求平均值)、MAX(求最大值)、MIN(求最小值)、COUNT(数值计数)等	=AVERAGE(E2:I2) 计算 E2:I2 单元格区域中数字的平均值，文本、逻辑值和空白单元格将被忽略
日期与时间函数	YEAR(求年份)、MONTH(求月份)、DAY(求天数)、TODAY(返回当前日期)、NOW(返回当前时间)、DATEDIF(返回两个日期之间的天数、月数或年数)等	=DATEDIF("2010-1-5","2021-12-6","Y") 计算 2010 年 1 月 5 日和 2021 年 12 月 6 日之间相差的年数，结果为 11。其中第 3 个参数“Y”不区分大小写
数学与三角函数	ABS(求绝对值)、INT(求整数)、ROUND(求四舍五入)、SQRT(求平方根)、RAND BETWEEN(求指定范围内随机数)等	=ROUND(1234.567,2) 把 1234.567 保留 2 位小数，结果为 1234.57
统计函数	RANK(求大小排名)、SUMIF(单条件求和)、COUNTIF(单条件计数)、AVERAGEIF(单条件平均值)、COUNTIFS(多条件计数)、SUMIFS(多条件求和)等	=COUNTIFS(H3:H13,">=90",C3:C13,"男") 统计 H3:H13 中数据大于等于 90，且 C3:C13 中为“男”的数据的行数
逻辑函数	AND(与)、OR(或)、NOT(非)、FALSE(假)、TRUE(真)、IF(条件函数)、IFS(多条件判断)等	=IF(A3>=60,"及格","不及格") 判断 A3 是否大于等于 60，是就返回“及格”，否则返回“不及格”

续表

函数类型	函数名称及功能	使用范例
文本函数	LEFT(求左子串)、RIGHT(求右子串)、MID(求子串)、LEN(求字符串长度)、EXACT(求两个字符串是否相同)、TEXT(数值转文本)等	=LEN("计算机应用基础") 计算文本长度为 7 =TEXT("2021-2-5","yyyymmdd") 将"2021-2-5"转换为"20210205"
信息函数	ISBLANK(判断是否为空单元格)、ISEVEN(判断是否为偶数)、ISERROR(判断是否为错误值)等	=ISEVEN(G4) 判断 G4 单元格的值是否为偶数
查找与引用函数	ROW(求行序号)、COLUMN(求列序号)、VLOOKUP(在表区域首列搜索满足条件的单元格,返回指定列的值)、HLOOKUP(在表区域首行搜索满足条件的单元格,返回指定行的值)等	=ROW() 求当前单元格的行序号

学习情境 4：工作表打印

1. 打印标题设置

当表格内容超过 1 页时,通常需要在每页的顶端或左侧打印表格标题,以方便阅读。

例如,要在打印菜单表时每页打印第一行标题,操作步骤如下。

(1) 打开"素材库\项目 7\留一手餐厅菜单.xlsx"工作簿文件,单击"菜单"工作表。

(2) 在"页面布局"选项卡中单击"打印标题"按钮。

(3) 在"页面设置"对话框的"工作表"选项卡中,单击"顶端标题行"编辑框,用鼠标选择表格的第 1 行,单击"确定"按钮。

2. 页眉页脚设置

页眉和页脚可以用来打印表格的名称、页码、总页数、打印时间等信息。

例如,在菜单表的页眉显示"留一手餐厅菜单表",页脚显示"第 1 页,共?页",操作步骤如下。

(1) 在"页面布局"选项卡中单击"页眉页脚"按钮,打开"页面设置"对话框。

(2) 在"页眉/页脚"选项卡的"页脚"组合框中选择"第 1 页,共?页"。

(3) 单击"自定义页眉"按钮打开"页眉"对话框,在"中"编辑框中输入"留一手餐厅菜单表",选择"留一手餐厅菜单表"文本,单击"字体"下拉按钮,设置"字型"为"粗体","字号"为"22",如图 7-13 所示。单击"确定"按钮。

3. 页面设置

在打印 WPS 表格时,默认纸张为 A4,纸张方向为纵向,页边距为常规(上、下边距 2.54 厘米,左、右边距 1.91 厘米、页眉和页脚 1.27 厘米)。如果要改变默认设置,可以在"页面布局"选项卡中的"页边距""纸张方向"和"纸张大小"按钮进行设置。

4. 打印预览和打印

完成初步的打印设置后,单击"快速访问工具栏"中的"打印预览"按钮进入"打印预

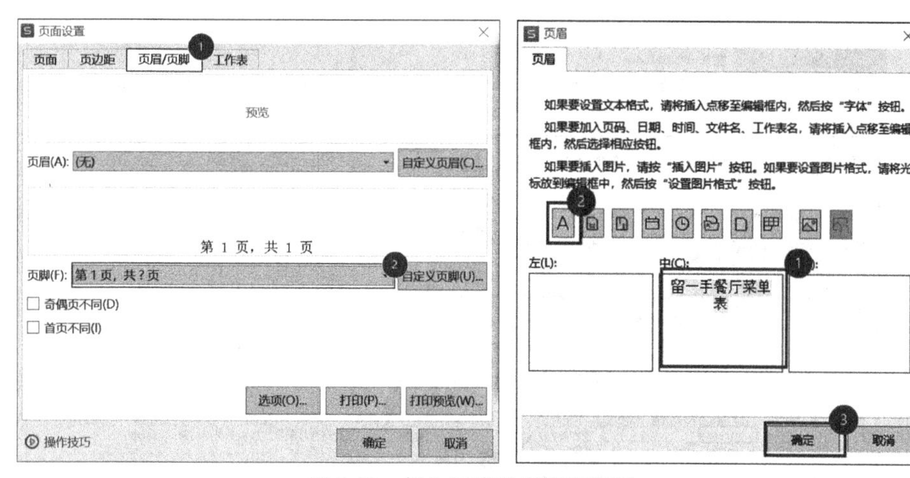

图 7-13　插入页脚及自定义页眉

览”窗口。在“份数”框中输入打印份数，单击“直接打印”按钮，即可按照当前的设置进行打印。单击“上一页”“下一页”按钮可以预览每一页的最终打印效果。单击“页边距”按钮会显示页边距线，拖动页边距线可以对页边距进行调整。

任务实施步骤

1. VLOOKUP 函数查询和填充数据

将“留一手餐厅 2021 年 8 月销售明细.xlsx”的 Sheet1 复制为 Sheet1(2)，复制的工作表名更改为“计算统计”。在“计算统计”工作表中 H1：N1 单元格区域中，添加“菜名”“类型”“单价”“总价”“实际总价”“星期”“时间段”等 7 列的列标题。可以通过 VLOOKUP 函数从“留一手餐厅菜单.xlsx”中的“菜单”工作表获得“菜名”“类型”“单价”三项信息。操作步骤如下。

(1) 打开“留一手餐厅菜单.xlsx”工作簿并将焦点停放在“菜单”工作表中。

(2) 在“留一手餐厅 2021 年 8 月销售明细.xlsx”工作簿文档的“计算统计”工作表 H2 单元格中输入公式“=VLOOKUP(C2,[留一手餐厅菜单.xlsx]菜单!$A:$E,2,FALSE)”，按 Enter 键，然后鼠标左键双击 H2 填充柄，相应的菜名信息自动填充到 H 列第 2 行下的区域。操作参考如图 7-14 所示。

(3) 用同样的方法，在 I2 单元格输入公式“=VLOOKUP(C2,[留一手餐厅菜单.xlsx]菜单!$A:$E,5,FALSE)”可填充好相关菜的“类型”；在 J2 单元格输入公式“=VLOOKUP(C2,[留一手餐厅菜单.xlsx]菜单!$A:$E,3,FALSE)”可填充好相关菜的“单价”。

2. 总价、实际总价、星期和时段等计算

在“留一手餐厅 2021 年 8 月销售明细.xlsx”的“计算统计”工作表中，计算 K2:N2 区域的“总价”“实际总价”“星期”“时间段”等信息。

“总价”计算公式是“购买数量 * 单价”。

“实际总价”计算公式是“当会员购买时(即数值是 1)，实际总价=总价 * 0.88；否则，实际总价=总价”。

“星期”指“下单时间”的当天是星期几。

“时间段”指“下单时间”的小时数值，即几点钟。

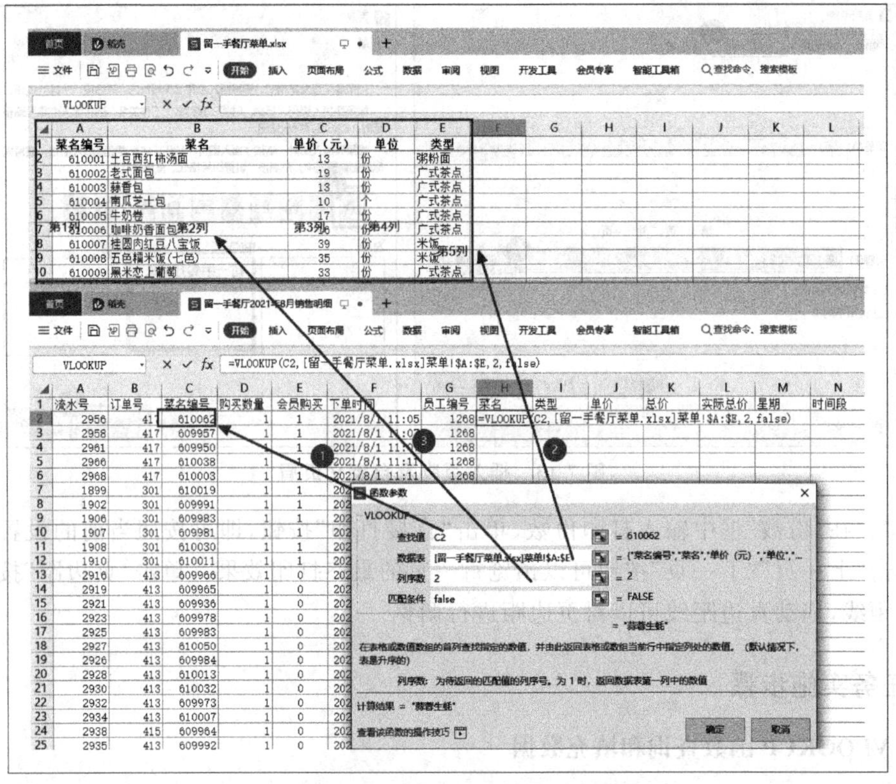

图 7-14　VLOOKUP 函数查询填充数据

操作步骤如下。

(1) 打开“素材库\项目 7\留一手餐厅 2021 年 8 月销售明细.xlsx”工作簿文件,单击“计算统计”工作表。

(2) 在 K2 单元格中输入公式“=D2 * J2”。

(3) 在 L2 单元格中输入公式“=IF(E2=1,K2 * 0.88,K2)”。

(4) 在 M2 单元格中输入公式“=WEEKDAY(F2,3)”。

(5) 在 N2 单元格中输入公式“=HOUR(F2)”。第(2)~(5)步操作如图 7-15 所示。

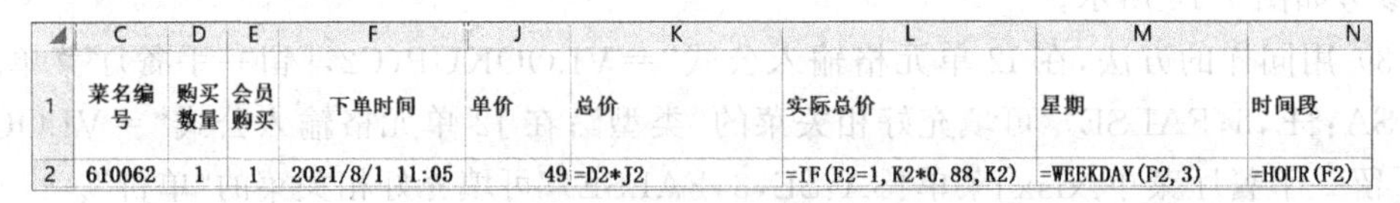

	C	D	E	F	J	K	L	M	N
1	菜名编号	购买数量	会员购买	下单时间	单价	总价	实际总价	星期	时间段
2	610062	1	1	2021/8/1 11:05	49	=D2*J2	=IF(E2=1,K2*0.88,K2)	=WEEKDAY(F2,3)	=HOUR(F2)

图 7-15　总价等计算公式

(6) 选中“K2:N2”区域,双击选择区域右下角的填充柄符号“+”(或拖动填充柄到最后一行),系统自动将第 3 行至最后一行区域内相对应的“菜名”“类型”“单价”“总价”“实际总价”“星期”“时间段”等信息填充好。

3. 重复项操作

从“菜名”H 列中提取各菜名名称填入 P 列中,操作步骤如下。

(1) 打开“素材库\项目 7\留一手餐厅 2021 年 8 月销售明细.xlsx”工作簿文件,单击“计算统计”工作表。

(2) 选中菜名列 H 列,按 Ctrl+C 组合键。用鼠标右击 P 列,在弹出的菜单中依次单击“选择性粘贴”→“数值”→“确定”按钮。

(3) 在“数据”选项卡中单击“重复项”→“删除重复项”按钮。

(4) 在“删除重复项警告”对话框中,选择“当前选定区域”后单击“删除重复项”按钮。

(5) 在“删除重复项”对话框中,勾选“(全选)和列 P”前面的选择框,单击“删除重复项”按钮。

(6) 系统提示“发现 9891 个重复项,已将其删除,保留 147 个唯一值”,单击“确定”按钮。

使用同样的方法,可提取出不重复的“类型”“员工编号”“星期”“时间段”数据来,它们分别放置在 T、X、AB 和 AF 列,并在每个列标题右边添加多两个列标题“数量”和“销售额”。如图 7-16 所示。

P	Q	R	S	T	U	V	W	X	Y	Z	AA	AB	AC	AD	AE	AF	AG	AH	AI
菜名	数量	销售额		类型	数量	销售额		员工编号	数量	销售额		星期	数量	销售额		时间段	数量	销售额	
蒜蓉生蚝				凉拌				1268				0				11			
内蒙古烤羊腿				烧烤				1166				1				12			
大蒜苋菜				小炒				1109				2				13			
芝麻烤紫菜				广式茶点				1095				3				14			
蒜香包				蒸焖炸烩				1143				4				17			
白斩鸡				汤				1452				5				18			
香烤牛排				米饭				1593				6				19			

图 7-16 删除重复项提取数据

4. 各种菜品的销售数量和销售额的统计

(1) 在 Q2 单元格中输入公式“=COUNTIF(H: H,P2)”,统计所在 P2 单元格菜名的销售数量。

(2) 在 R2 单元格中输入公式“=SUMIF(H: H,P2,L: L)”,统计所有 P2 单元格菜名的实际销售额。

(3) 选中 Q2:R2 单元格区域,鼠标左键双击填充柄(或拖动填充柄将公式填充到尾行)。

用同样的方法,可以统计出菜名“类型”“员工”“星期几”“时间段”4 个项目的数量和实际销售额来。如图 7-17 所示。

P	Q	R	S	T	U	V	W	X	Y	Z	AA	AB	AC	AD	AE	AF	AG	AH
菜名	数量	销售额		类型	数量	销售额		员工编号	数量	销售额		星期	数量	销售额		时间段	数量	销售额
蒜蓉生蚝	48	2310.84		凉拌	494	14956.72		1268	1301	53506.64		0	721	32739.72		11	960	44403.6
内蒙古烤	151	7445.76		烧烤	479	29939.08		1166	434	20473.00		1	915	41279.6		12	842	38244.4
大蒜苋菜	85	2499.6		小炒	3662	163015.64		1109	975	43892.00		2	670	31347.44		13	823	35371.24
芝麻烤紫	56	1407		广式茶点	686	12124.76		1095	595	28734.00		3	796	36339.16		14	117	4799.2
蒜香包	44	637.52		蒸焖炸烩	1473	127414.88		1143	1311	60046.00		4	3074	137159.52		17	1092	50714.52
白斩鸡	72	6339.52		汤	451	16017		1452	630	30069.00		5	2979	137595		18	1564	72512.52
香烤牛排	117	6875		米饭	791	15152.36		1593	662	29822.00		6	882	39947.2		19	1464	66690.28
干锅田鸡	63	5470.08		粥粉面	658	12391.08		1150	1059	48300.00						20	1531	69808.04
桂圆枸杞	59	2864.64		炖菜	431	20605.2		1147	625	28666.00						21	1469	67822.6
番茄有机	94	2961.92		酒水	504	36184.24		1243	482	22757.00						22	175	6041.24
白饭/大碗	323	4215.6		饮料	223	2463.4		1094	352	15491.00								
芝士烩波	188	32725		鲜果	135	3470.48		1220	1008	47024.00								
葱姜炒蟹	52	5537.2		酱卤	50	2672.8		1442	603	27627.00								

图 7-17 统计各种项目数据

利用 VLOOKUP、COUNTIF 或 SUMIF 等函数可以非常方便统计出餐厅一周中的某天、一天中的某个时间段、所有菜品中的某类菜、所有菜单中的某个菜及员工工作量等数据信息,这些信息对管理决策能起到非常大的帮助。

5. 统计表打印

复制“素材库\项目 7\留一手餐厅 2021 年 8 月销售明细.xlsx”文件中“计算统计”工作表

的 P：R 共 3 列数据到新工作表 Sheet2 中(说明：按 CTRL＋C 组合键，在 Sheet2 中用“选择性粘贴”→“数值”命令完成)，将 Sheet2 工作表命名为“菜名统计表”。

打印“菜名统计表”A1：C147 单元格区域中的内容，每页打印第一行标题，并设置页眉为“留一手餐厅 2021 年 8 月销售统计表”，页脚为“第 1 页，共?页”。操作步骤如下。

(1) 选中“菜名统计表”A1：C147 单元格区域，在“开始”选项卡中单击“所有框”下拉按钮，选择“所有框线”；鼠标右击 A 列，在弹出的菜单中选择“列宽”，并设置为“40”字符，用同样的方法，B 列和 C 列分别设置为 16 和 28 个字符；选中第 1～第 147 行，鼠标右击任意位置，在弹出的菜单中选择“行高”，并设置为“22”磅；选中 A1：C1 区域，在“开始”选项卡中单击“填充颜色”下拉按钮，选择“灰色，25%，背景 2”，单击“加粗”按钮。

(2) 在“页面布局”选项卡中，单击“打印区域”→“设置打印区域”按钮。

(3) 在“页面布局”选项卡中，单击“打印标题”按钮。在“页面设置”对话框的“工作表”选项卡中，单击“顶端标题行”编辑框，用鼠标选择表格的第 1 行。

(4) 单击“页眉/页脚”选项卡，在“页脚”组合框中选择“第 1 页，共?页”选项。

(5) 单击“自定义页眉”按钮打开“页眉”对话框，在“中”编辑框中输入“留一手餐厅 2021 年 8 月销售统计表”，选择“留一手餐厅 2021 年 8 月销售统计表”文本，单击“字体”下拉按钮，设置“字型”为“粗体”，“字号”为“22”，单击两次“确定”按钮。

(6) 单击“打印预览”按钮进入“打印预览”窗口预览打印效果，如图 7-18 所示。在“份数”框输入打印份数，单击“直接打印”按钮，即可按照当前设置进行打印。

留一手餐厅2021年8月各菜销售统计表

菜名	数量	销售额
蒜蓉生蚝	48	2310.84
内蒙古烤羊腿	151	7445.76
大蒜苋菜	85	2499.6
芝麻烤紫菜	56	1407
……		
豌豆薹仔猪骨汤	98	4307.16
小炒羊腰	32	1126.08
山药养生粥	69	1689.48

第 1 页，共 5 页

图 7-18　统计表打印预览

用同样的方法，也实现了星期销售数据统计表。如图 7-11 所示。

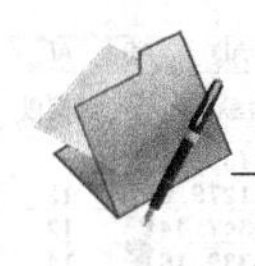

任务 4　餐厅销售明细数据处理

知识目标

(1) 掌握 WPS 表格数据的排序规则。

(2) 掌握 WPS 表格中自动筛选和自定义筛选的作用。

(3) 掌握 WPS 表格中分类汇总的作用。

(4) 掌握 WPS 单元格锁定和允许用户编辑区域在工作表保护中的作用。

技能目标

(1) 具备单关键字排序、多关键字排序和自定义序列排序的操作能力。

(2) 具备自动筛选、自定义筛选和高级筛选的操作能力。

(3) 具备熟练分类汇总和数据透视表的操作能力。

(4) 具备熟练对单元格锁定、单元格公式隐藏和工作表保护的操作能力。

任务导入

杨涵完成数据准备和统计报表后，还需要对数据进行必要的排序、筛选等操作，并将结果输出以便为公司决策提供参考数据；此外，对表中的数据也要求进行必要的保护，以满足工作需求。具体要求如下。

(1) 以“订单号”和“下单时间”为主、次要关键字，对数据做排序，方便观察数据。

(2) 筛选菜品中销售份数 100 份及以上且销售额在 10 000 元及以上的数据信息。

(3) 分类汇总各菜品类型的销售量信息。

(4) 保护工作表，输入密码“123”后，可以修改 P:AH 列数据；输入密码“456”，可设置或取消工作表锁定。

学习情境 1：数据排序

1. 关键字排序

单关键字排序是指以数据清单中某一列(单关键字)的值为依据排序，关键字相同的记录相对位置不变。

例如，在“计算统计”工作表按“实际总价”进行降序排序，操作步骤如下。

(1) 打开“素材库\项目 7\留一手餐厅 2021 年 8 月销售明细.xlsx”工作簿文件中的“计算统计”工作表。

(2) 选择“实际总价”列中的任意单元格。

(3) 在“数据”选项卡中单击“排序”→“降序”按钮。

2. 多关键字排序

多关键字排序是指以数据清单中某几列(多关键字)的值为依据排序，这些列分别称为主要关键字和次要关键字，排序时按主要关键字的值进行排序，主要关键字相同的根据次要关键字的值进行排序。

例如，在“计算统计”工作表中以“订单号”升序排序，下单时间相同的按照“下单时间”降序排序。操作步骤如下。

(1) 选择“计算统计”工作表数据区域中的任意单元格。

(2) 在“数据”选项卡中单击“排序”→“自定义排序”按钮。

(3) 在“排序”对话框中设置“主要关键字”为“订单号”，“排序依据”为“数值”，“次序”为“升序”；单击“添加条件”按钮；设置“次要关键字”为“下单时间”，“排序依据”为“数值”，“次序”为“降序”；单击“确定”按钮，如图 7-19 所示。

3. 自定义序列排序

在 WPS 表格中对数据清单进行排序时，除了按默认的排序次序进行排序外，还可以对文本按自定义顺序排序。

例如，在“计算统计”工作表，按“类型”进行排序，排序顺序为：米饭、酒水、饮料、广式茶

图 7-19 多关键字排序

点、汤、粥粉面、烧烤、小炒、凉拌、鲜果、炖菜、酱卤、蒸焖炸烩。操作步骤如下。

(1) 选择“计算统计”工作表数据区域中的任意单元格。

(2) 在“数据”选项卡中单击“排序”→“自定义排序”按钮。

(3) 在“排序”对话框中设置“主要关键字”为“类型”,“排序依据”为“数值”,在“次序”组合框中选择“自定义序列”。

(4) 在“自定义序列”对话框的“输入序列”编辑框中输入“米饭,酒水,饮料,广式茶点,汤,粥粉面,烧烤,小炒,凉拌,鲜果,炖菜,酱卤,蒸焖炸烩”,每输入一项按 Enter 键,输入完成后单击“添加”按钮。然后单击“确定”按钮。

学习情境 2:数据筛选

数据筛选是通过隐藏不满足条件的数据行,显示满足指定条件的数据行来完成数据筛选的目的。使用数据筛选可以快速显示满足条件的数据,提高工作效率。

例如,在“计算统计”工作表 P:R 列中筛选出“数量”大于或等于 100,“销售额”大于或等于 10 000 的数据信息来,操作步骤如下。

(1) 打开“素材库\项目 7\留一手餐厅 2021 年 8 月销售明细.xlsx”工作簿文件。

(2) 选择“计算统计”工作表 P: R 列区域中的任意单元格。

(3) 在“开始”选项卡中单击“筛选”按钮 ▽ 。

(4) 单击“数量”右侧的自动筛选按钮,在自动筛选列表中单击“数字筛选”→“自定义筛选”按钮,在“自定义自动筛选方式”对话框中设置“大于或等于”100,如图 7-20 所示,单击“确定”按钮。用同样的方法,设置实际“销售额”大于等于 10 000。

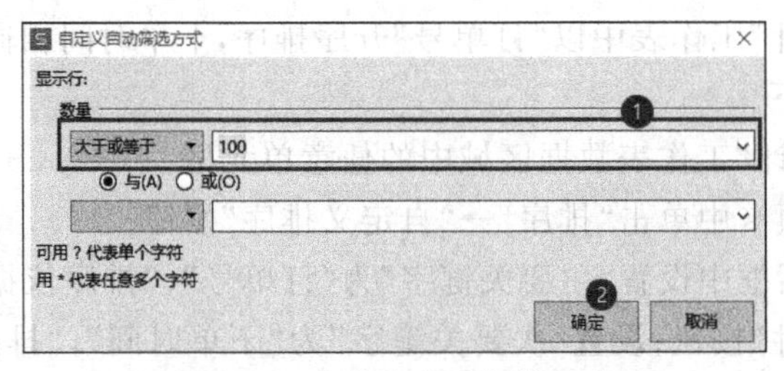

图 7-20 自定义自动筛选方式

学习情境 3:分类汇总

分类汇总功能能够快速地以某一字段为分类项,对数据清单中的数值字段进行各种统计计算(如求和、计数、平均值、最大值、最小值等),并分级显示汇总结果。

使用分类汇总功能之前,必须以分类字段为关键字对数据清单进行升序或降序排序,将分类字段值相同的行排列在一起,才能得出正确的分类汇总结果。

例如,在“计算统计”工作表统计各种类型的菜肴多少,操作步骤如下。

(1) 打开“素材库\项目 7\留一手餐厅 2021 年 8 月销售明细.xlsx”工作簿文件。

(2) 选择“计算统计”工作表“类型”列中的任意单元格。

(3) 在“数据”选项卡中单击“排序”→“升序”按钮。

(4) 在“数据”选项卡中单击“分类汇总”按钮,出现“分类汇总”对话框。

(5) 在“分类字段”组合框中选择“类型”字段,在“汇总方式”组合框选择“计数”,在“选定汇总项”列表框中勾选“菜名”,单击“确定”按钮,如图 7-21 所示。

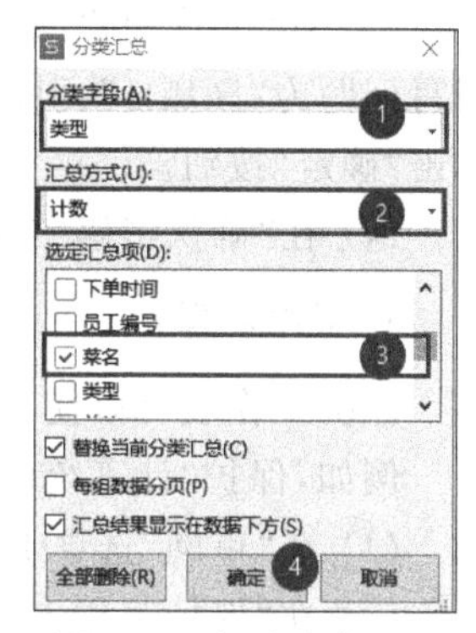

图 7-21 创建分类汇总

(6) 单击列标题左侧分级显示符号中的数字“2”隐藏第 3 级明细数据。

学习情境 4:工作表保护

当工作表中的某些单元格不希望被其他用户编辑,单元格中的公式不想被其他用户查看时,可以先设置单元格的保护选项为锁定和隐藏,来实现工作表的保护。

1. 单元格锁定取消

默认情况下,工作表中的所有单元格都是锁定的,要使某些单元格在工作表保护状态下能够被编辑,则需要在保护工作表之前取消这些单元格的锁定。

例如,取消“计算统计”工作表 E 列区域的锁定,操作步骤如下。

(1) 打开“素材库\项目 7\留一手餐厅 2021 年 8 月销售明细.xlsx”工作簿文件。

(2) 选定“计算统计”工作表 E 列区域。

(3) 在“审阅”选项卡中,单击“锁定单元格”按钮 。当“锁定单元格”按钮不再高亮显示时表示单元格未锁定。

2. 单元格公式隐藏

例如,在“计算统计”工作表中,设置工作表保护状态下不允许查看“总价”“实际总价”两列中的公式,操作步骤如下。

(1) 选择“计算统计”工作表 K:L 单元格区域,按 Ctrl+1 组合键。

(2) 在“单元格格式”对话框中,单击“保护”选项卡,勾选“锁定”和“隐藏”复选框,单击“确定”按钮。

3. 允许用户编辑区域设置

除了取消单元格锁定,还可以通过设置允许用户编辑区域来使某些单元格在工作表保护时能够编辑,或者设置为输入密码后可以编辑。

例如,将“计算统计”工作表 P:AH 列设置为在工作表保护状态下,输入密码“123”后才能编辑,操作步骤如下。

(1) 选定“计算统计”工作表 P:AH 列区域。

(2) 在“审阅”选项卡中单击“允许用户编辑区域”按钮。

(3) 在“允许用户编辑区域”对话框中,单击“新建”按钮,在“新区域”对话框中已经默认填写标题为“区域 1”,引用单元格为“$P:$AH”,在“区域密码”编辑框中输入密码“123”,单击“确定”按钮。

(4) 在“确认密码”对话框中再次输入密码“123”,单击“确定”按钮。

4. 工作表保护

保护工作表可以使工作表中锁定单元格区域的数据不被别人修改。

例如,保护“计算统计”工作表,并设置取消保护密码为“456”,操作步骤如下。

(1) 在“审阅”选项卡中单击“保护工作表”按钮。

(2) 在“保护工作表”对话框的“密码”编辑框中输入密码“456”,单击“确定”按钮。在“确认密码”对话框中输入“456”,单击“确定”按钮。

任务实施步骤

1. 员工销售数据的高级筛选

高级筛选出编号为“1268”员工销售过程中菜价超过 150 元的所有信息出来。操作步骤如下。

(1) 打开“素材库\项目 7\留一手餐厅 2021 年 8 月销售明细.xlsx”工作簿文件。

(2) 单击“开始”选项卡中的“工作表”下拉按钮,选中“插入工作表”,在弹出的对话框中单击“确定”按钮,系统增加了新的工作表;继续单击“工作表”下拉按钮,选中“重命名”,输入“FilterResult”按下 Enter 键,新增的工作表名更改成功。

(3) 选中“计算统计”工作表第 1～第 3 行,右击,在弹出的菜单里选择“在上方插入行 3”。

(4) 在 G1 和 J1 两个单元格输入条件区域标题文本为员工编号和单价。

(5) 在 G2 单元格输入员工编号为 1268,同行的 J2 输入表达式为>150。

(6) 单击第 3 行后 A:N 区域内任意单元格后,单击“开始”选项卡中“筛选”下拉按钮,选择“高级筛选”命令。在弹出的“高级筛选”对话框中,方式选择“将筛选结果复制到其他位置”,条件区域拖选为“$G$1:$J$2”,复制到“FilterResult!$A$1”,单击“确定”按钮即可,如图 7-22 所示。

	A	B	C	D	E	F	G	H	I	J	K	L	M	N
1							员工编号			单价				
2							1268			>150				
3														
4	流水号	订单号	菜名编号	购买数量	会员购买	下单时间	员工编号	菜名	类型	单价	总价	实际总价	星期	时间段
5	2956	417	610062	1	1	2021/8/1 11:05	1268	蒜蓉生蚝	凉拌	49	49	43.12	6	11
6	2958	417	609957	1	1	2021/8/1 11:07	1268	内蒙古烤	烧烤	48	48	42.24	6	11
7	2961	417	609950	1	1	2021/8/1 11:07	1268	大蒜苋菜	小炒	30	30	26.4	6	11
8	2968	417	610003	1	1	2021/8/1 11:11	1268	蒜香			13	11.44	6	11
9	2966	417	610038	1	1	2021/8/1 11:11	1268	芝麻			25	22	6	11
10	1899	301	610019	1	1	2021/8/1 11:15	1268	白斩			88	77.44	6	11
11	1902	301	609991	1	1	2021/8/1 11:19	1268	香烤			55	48.4	6	11
12	1907	301	609981	1	1	2021/8/1 11:22	1268	桂圆			48	42.24	6	11
13	1906	301	609983	1	1	2021/8/1 11:22	1268	干锅			88	77.44	6	11
14	1908	301	610030	1	1	2021/8/1 11:23	1268	番茄			32	28.16	6	11
15	1910	301	610011	1	1	2021/8/1 11:31	1268	白饭			10	8.8	6	11
16	2916	413	609966	1	0	2021/8/1 12:42	1166	芝士			175	175	6	12
17	2919	413	609965	1	0	2021/8/1 12:43	1166	葱姜			109	109	6	12
18	2921	413	609936	1	0	2021/8/1 12:43	1166	皮蛋			16	16	6	12
19	2923	413	609978	1	0	2021/8/1 12:44	1166	爆炒			55	55	6	12

图 7-22 高级筛选设置

2. 数据透视表的建立与数据查看

利用“计算统计”工作表数据，建立数据透视表，汇总查看各时间段菜品销售量及销售金额等信息。操作步骤如下。

(1) 打开“素材库\项目 7\留一手餐厅 2021 年 8 月销售明细.xlsx”工作簿文件。

(2) 单击“计算统计”工作表中有数据的一个单元格，在“插入”选项卡上单击“数据透视表”命令，在弹出的“创建数据透视表”对话框中直接单击“确定”按钮，系统自动切换到新的工作表进行数据透视表创建操作。

(3) 在右边“数据透视表”任务窗格中，将字符列表中的“时间段”拖到“数据透视表区域”中的“行”中；将字符列表中的“总价”拖两次到“数据透视表区域”中的“值”中；鼠标单击“值”区域中的第 1 项“求和项：总价”右边下拉按钮，在弹出的菜单中选中“值字段设置”命令，在“值字段设置”对话框的“值字段汇总方式”选择“计数”，单击“确定”按钮，数据呈现，如图 7-23 所示。

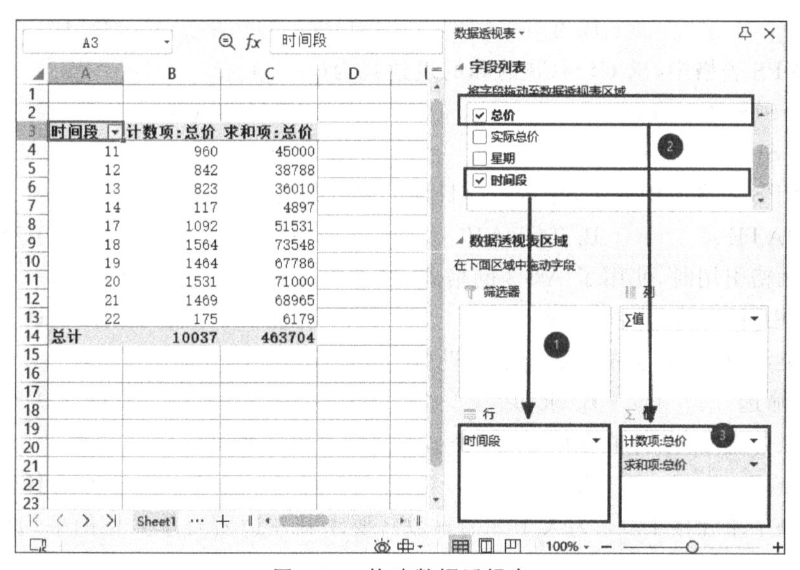

图 7-23 构建数据透视表

学习效果自测

一、单选题

1. 在 WPS 表格中，单元格名称 B3 表示( )。

A. 第 2 行第 3 列的单元格　　B. 第 2 行第 2 列的单元格

C. 第 3 行第 3 列的单元格　　D. 第 3 行第 2 列的单元格

2. 输入数字后显示“#”，原因可能是( )。

A. 输入的是#号　　B. 输入数字有误

C. 单元格宽度太小　　D. 单元格引用错误

3. 单元格里输入分数$\frac{3}{4}$，正确的输入是(　　)。

A. (3/4)　　B. 0.75　　C. 0　3/4　　D. 1　3/4

4. 在单元格里文本要分行输入，需在上一行输入结束时按(　　)组合键实现。

A. Shift+Enter　　B. Alt+Enter

C. Ctrl+Enter　　D. Ctrl+Shift+Enter

5. 行和列说法正确的是(　　)。

A. 都可以被隐藏　　B. 只能隐藏列不能隐藏行

C. 都不可以被隐藏　　D. 只能隐藏行不能隐藏列

6. 在 WPS 表格中，公式必须以(　　)符号开头。

A. =　　B. @　　C. -　　D. *

7. 在 WPS 表格中，若单元格 A1 和 A2 中分别存放数值 10 和字符"A"，则 A3 中公式"=COUNT(10,A1,A2)"的计算结果是(　　)。

A. 1　　B. 2　　C. 3　　D. 10

8. 在 WPS 表格中，求 C4～C8 的和的表达式为(　　)。

A. =SUM(C4:C8)　　B. SUM(C4:C8)

C. =SUM(C4-C8)　　D. SUM(C4,C8)

9. 在 WPS 表格的函数中，显示当前日期的函数是(　　)。

A. DATE　　B. TODAY　　C. YEAR　　D. COUNT

10. 单元格引用时，使用了 A$3 的格式，这种引用称为(　　)引用。

A. 相对　　B. 绝对　　C. 混合　　D. 普通

11. 分类汇总前，必须先对数据清单进行(　　)。

A. 筛选　　B. 求和　　C. 排序　　D. 汇总

12. 高级筛选时，条件值在同一行，表示条件的逻辑关系是(　　)关系。

A. 或　　B. 与　　C. 非　　D. 无任何意义

13. 有一个单元格 En(n 为大于 1 的整数)，要求其左边所有单元格的平均数，应输入公式(　　)。

A. =AVERAGE(A1:En)　　B. =AVERAGE(E1:En)

C. =AVERAGE(An:Fn)　　D. =AVERAGE(An:Dn)

14. 在同一个工作簿中要引用其他工作表某个单元格中的数据，如 Sheet2 工作表中 A3 单元格中的数据，其表达式正确的是(　　)。

A. Sheet2-A3　　B. Sheet2(A3)　　C. =Sheet2!A3　　D. =A3(Sheet2)

二、填空题

1. 默认情况下，输入单元格的数字会自动________对齐，而文本自动________对齐。

2. 若在单元格 B3 中存储公式=A$8，将其复制到 F5 单元格后，公式则变为________。

3. 若单元格 A1～A6 分别存放的数据是：2,4,6,8,WPS,10，在单元格 B1 输入公式"=COUNT(A1:A6)"，则 B1 的值是________；在单元格 B2 输入公式"=COUNTA(A1:A6)"，则 B2 的值是________。

4. 在 WPS 表格打印时，如果每页都需要打印列标题，则需要在"页面设置"→"打印标题”→“工作表”→“打印标题”→“________”进行设置。

5. ________图表可以显示数据系列各项数据与该数据系列总和的比例关系。

6. A1单元格里存放一个身份证号码440113200612211234，使得________函数，可以将身份证中的出生年“2006”截取出来。

7. 只清除单元格中的内容，可以使用________键。

8. 图表是动态的，当修改产生图表的数据后，图表会________。

三、操作题

注：本题来源于2022年全国计算机等级考试一级模拟真题。

1. 打开“素材库\项目7\excel.xlsx”文件。根据下面要求进行操作。

(1) 选择Sheet1工作表，将A1:E1单元格合并为一个单元格，文字居中对齐。依据本工作簿中“学班级信息表”中信息填写Sheet1工作表中“班级”列(D3:D34)的内容(要求利用VLOOKUP函数)。依据Sheet1工作表中成绩等级对照表信息(G3:H6单元格区域)填写“成绩等级”列(E3:E34)的内容(要求利用IF函数)。计算每门课程的平均成绩置于H11:H14单元格区域(要求利用AVERAGEIF函数)。计算各班级选课人数置于H18:H23单元格区域(要求利用COUNTIF函数)。利用条件格式将成绩等级列E3:E34单元格区域内内容为“A”单元格设置为“绿填充色深绿色文本”、内容为“B”的单元格设置为“浅红填充色深红色文本”。

(2) 选取Sheet1工作表中各课程平均成绩中的“课程号”列(G10:G14)、“平均成绩”列(H10:H14)数据区域的内容建立“簇状条形图”，图表标题为“平均成绩统计图”，以“布局5”和“样式6”修饰图表，以“单色-颜色7”更改图表数据条颜色。将图表插入当前工作表的“J10:N23”单元格区域内，将Sheet1工作表命名为“学生选课成绩表”。

(3) 选择“图书销售统计表”工作表，对工作表内数据清单的内容进行高级筛选(在数据清单前插入四行，条件区域设在A1:G3单元格区域，请在对应字段列内输入条件)，条件为：“农业科学”类图书，并且销售数量排名小于50或者销售额排名小于50，工作表名不变，保存EXCEL.XLSX工作簿。

2. 打开“素材库\项目7\excel-ts.xlsx”文件，选取“产品销售情况表”，对工作表内数据清单的内容建立数据透视表，按行为“分公司”，列为“季度”，数据为“销售额(万元)”求和布局，利用“数据透视表样式浅色9”修饰图表，添加“镶边行”和“镶边列”，将数据透视表置于现有工作表的I2单元格。保存excel-ts.xlsx工作簿。

3. 打开“素材库\项目7\excel-hz.xlsx”文件，选取“图书销售统计表”工作表，对工作表内数据清单的内容按主要关键字“经销部门”的升序和次要关键字“图书类别”的降序进行排序；完成对各经销部门销售额平均值的分类汇总，汇总结果显示在数据下方。保存excel-hz.xlsx工作簿。

4. 查询当前主流的国产办公软件有哪些？WPS软件在国内市场的使用情况，收集WPS软件近5年的销售情况，建立一张数据表，并创建饼图和簇状柱形图。

项目 8

WPS 演示文稿制作

项目简介

WPS 演示文稿是金山 WPS Office 的核心组件之一，主要用于制作与播放幻灯片，能够应用到各种需要演讲、演示的场合。该软件能够整合图、音、视等多媒体展现复杂的内容，帮助用户制作图文并茂、富有感染力的演示文稿，让演讲或演示的内容更容易让观众理解和记忆。

本项目有 3 个任务。通过这 3 个任务的学习，基本掌握 WPS 制作演示文稿、幻灯片动画设置、幻灯片放映设置和输出等基本操作。

知识培养目标

(1) 掌握 WPS 演示文稿的基本操作。

(2) 掌握 WPS 演示文稿背景设置和应用设计方案的操作方法。

(3) 掌握图形、图片、形状、音频和视频等对象在幻灯片中插入及设置的方法。

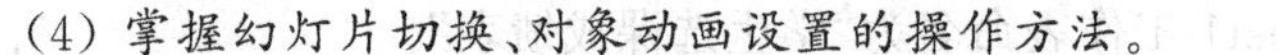

(4) 掌握幻灯片切换、对象动画设置的操作方法。

(5) 掌握 WPS 演示文稿放映设置及输出的操作方法。

素材库

能力培养目标

(1) 培养学生根据需求用科学的方法和技能解决实际问题的能力。

(2) 鼓励学生在页面布局和动画设计等方面具有探究精神。

(3) 激励学生拓宽知识视野，平时多观察多留意身边美好事物，增强文化自信。

课程思政园地

课程思政元素的挖掘及培养如表 8-1 所示。

表 8-1　课程思政元素的挖掘及培养关联表

知识点	知识点诠释	思政元素	培养目标及实现方法
创建演示文稿	榫卯结构示意图、示意图说明及制作过程动画，拓宽同学们的知识视野	中国传统工艺充满智慧，灿烂文化激励学生的自豪与进取之心	领略中国智慧之美，激发学生的爱国主义和民族情怀
创建演示文稿动画和交互效果	演示文稿动画和交互效果可突出显示或表达出创作者的想法或重点信息	平淡且没有动画和交互效果的演示文稿很难吸引观众的目光，添加适当的动画能很好起到突出、震撼效果	培养学生在学习和生活中，能把握主次，能在关键时刻突出主要的；能发现自己的优缺点，能让自己的优点更优，缺点补足，做一个积极向上，心有阳光的人

续表

知识点	知识点诠释	思政元素	培养目标及实现方法
放映和输出演示文稿	演示文稿创作之后，需要将演示文稿进行大面积传播，传播的方法则是将演示文稿进行输出和放映	鼓励学生要有创意并大胆去实施、实现	培养学生在学习或生活中多思考，思考怎样表达自己的意愿才更能获得关注，更能解决问题

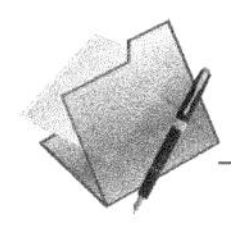

任务1 简说榫卯演示文稿的创建

知识目标

(1) 掌握演示文稿和幻灯片的基本操作。

(2) 掌握插入图形、表格、图表、音频和视频等对象的方法。

技能目标

(1) 具有演示文稿的基本操作能力。

(2) 具有幻灯片对象的插入及编辑能力。

任务导入

为拓宽同学们的知识视野，提升同学们的综合素质，让同学们领略中国灿烂文化进而增进爱祖国、爱民族的情怀，学校开展了名为“中国智慧之美”的主题活动，要求各班级围绕主题，自定方向，创建具有鲜明特色的PPT，在各自班级里开展活动。

通过讨论，网络1班的同学决定以“简说榫卯”为子主题进行准备。完成了如图8-1所示的演示文稿的制作。

榫卯是一种中国传统建筑、家具及其他器械的主要结构方式，是在两个构件上采用凹凸部位相结合的一种连接方式。凸出部分叫榫(或叫榫头)；凹进部分叫卯(或叫榫眼、榫槽)。其特点是在物件上不使用钉子，而是利用榫卯加固物件。

要完成如图8-1所示的图文并茂的演示文稿，需要掌握演示文稿的创建，演示文稿中文文字录入，图片、音频等对象的插入及编辑等操作。

学习情境1：演示文稿创建

1. 空白演示文稿创建

在WPS Office“首页”中单击“文件”→“新建”按钮，然后单击“新建演示”→“新建空白演示”按钮，如图8-2所示，即创建了一个文档标签为“演示文稿1”的空白文档。

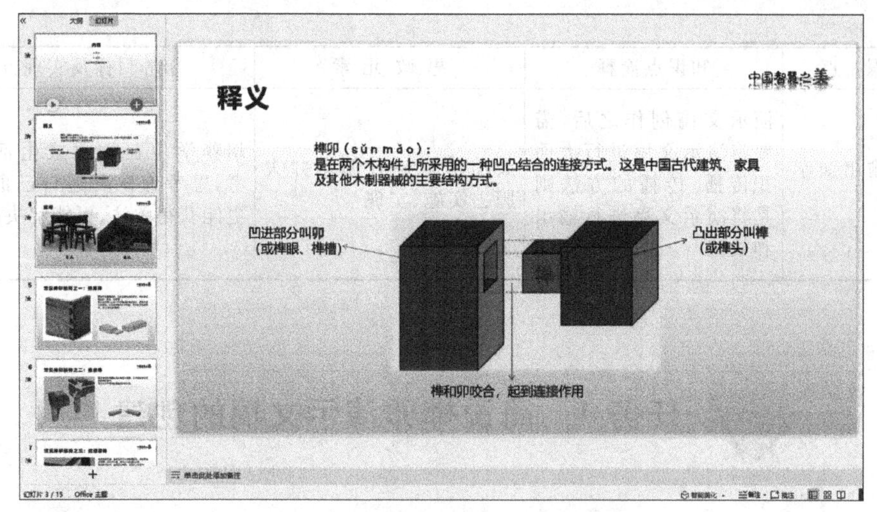

图 8-1 “简说榫卯”演示文稿最终效果

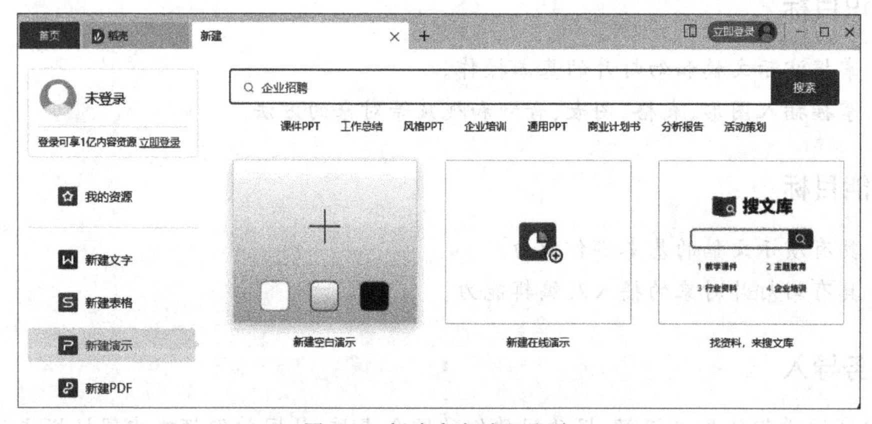

图 8-2 新建空白演示文稿

2. 依据模板创建演示文稿

WPS 演示文稿提供了多种类型的模板，依据这些模板可以快速创建各种专业的演示文稿，可大大提高工作效率。

启动 WPS 之后，单击“新建”按钮后，再单击“新建演示”按钮，在随后弹出的界面搜索框中输入关键字，比如“中国风”，然后单击“搜索”按钮，将显示与关键词相关的模板，如图 8-3 所示。单击模板缩略图，在打开的界面中可浏览整个模板，如果确定要使用，单击“立即下载”按钮即可下载使用，如图 8-4 所示。

注：WPS Office 2019 提供了许多精美的模板，用户可根据需要付费或者购买会员使用。

3. 保存演示文稿

演示文稿编辑完成之后需要保存，第一次保存可通过“文件”→“保存”命令或按下 Ctrl+S组合键即可弹出“另存为”对话框，在对话框中设置保存路径、文件名、文件类型之后单击“保存”按钮即可。也可执行“文件”→“另存为”命令，将正在编辑的演示文稿以其他文件名保存。

图 8-3　搜索模板

图 8-4　浏览下载 WPS 模板

学习情境 2：视图模式切换

WPS 演示为用户提供了普通视图、幻灯片浏览视图、备注页视图、阅读视图、幻灯片母版视图等视图模式。每种视图都有特定的工作区、工具栏和相关的命令按钮。可在“视图”选项卡中单击相应的视图按钮进行视图模式切换。

1. 普通视图

普通视图是演示文稿的默认视图模式，打开演示文稿即可进入普通视图模式，单击状态栏右侧的“普通视图”按钮也可进入普通视图模式，普通视图模式是编辑幻灯片最常用的视图模式。

2. 幻灯片浏览视图

单击状态栏右侧的“幻灯片浏览”按钮或者在“视图”选项卡中单击的“幻灯片浏览”按钮即可进入幻灯片浏览视图模式，如图 8-5 所示。在该视图模式中可以浏览演示文稿中所有幻灯片的整体效果，也可对其进行调整，如更改幻灯片的顺序、移动复制幻灯片等。

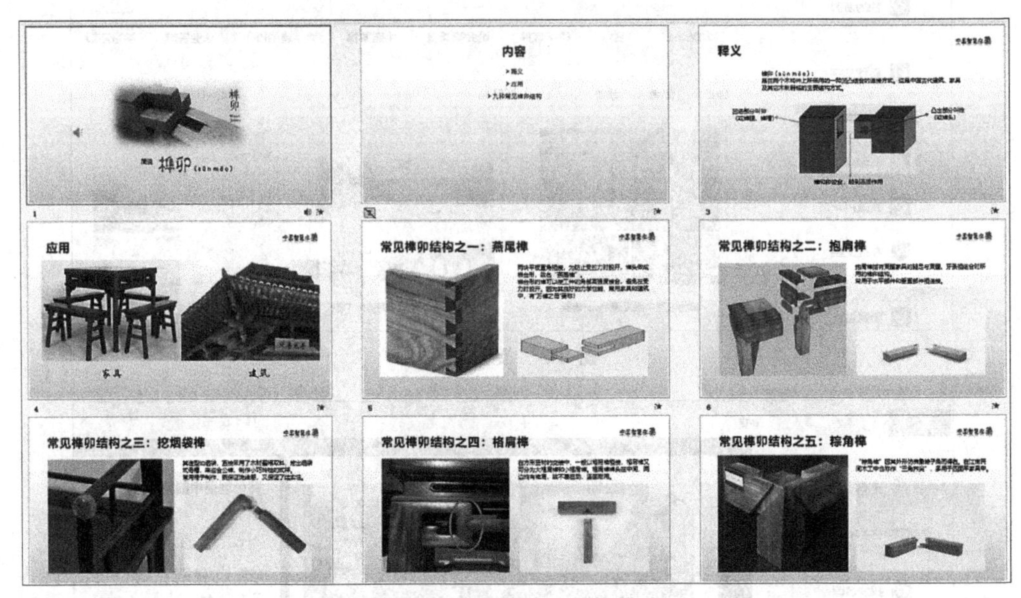

图 8-5　幻灯片浏览视图模式

3. 阅读视图

单击状态栏右侧的“阅读视图”按钮或者在“视图”选项卡中单击的“阅读视图”按钮即可进入阅读视图模式，如图 8-6 所示。在该视图模式中可以查看演示文稿的放映效果。在幻灯片上右击，之后在弹出的快捷菜单中选择“结束放映”命令，即可退出阅读视图模式。

图 8-6　阅读视图模式

4. 备注页视图

在“视图”选项卡中单击“备注页”按钮即可进入备注页模式。在备注页视图中，文档编辑窗口分为上、下两部分：上面部分是幻灯片缩略图，下面是备注文本框，可以更加方便地编辑备注内容。

学习情境 3：幻灯片的基本操作

演示文稿创建好之后，需要对幻灯片进行操作，幻灯片的操作有新建、选择、移动、复制、删除及更改幻灯片的版式等。

1. 幻灯片新建

默认情况下，新建的空白演示文稿只有一张幻灯片，而演示文稿一般都需要使用多张幻灯片，这时就需要新建幻灯片，新建幻灯片的常用方法如下。

(1) 将光标移至幻灯片视图窗格的缩略图中，在出现的“+”号按钮上单击，即可在该幻灯片之后新建一张幻灯片，如图 8-7 所示。

(2) 在“开始”菜单中单击“新建幻灯片”按钮，可在定位的幻灯片之后新建一张幻灯片。如图 8-8 所示。

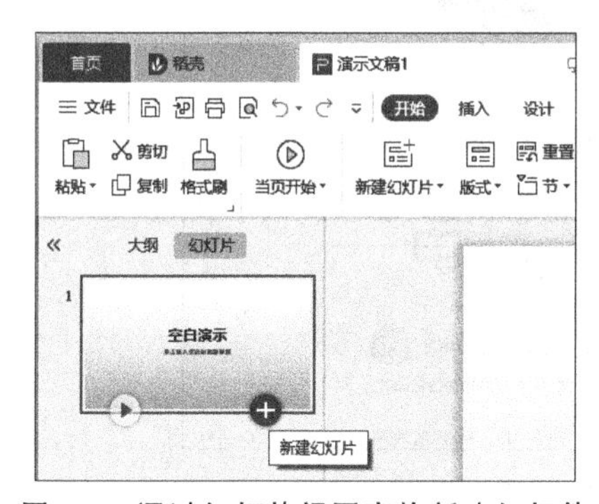

图 8-7 通过幻灯片视图窗格新建幻灯片

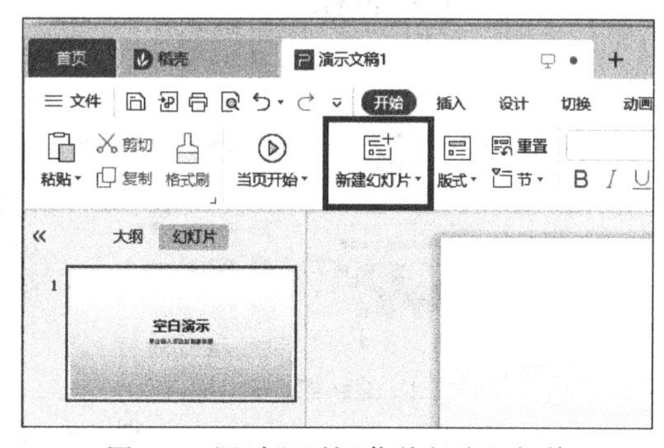

图 8-8 通过“开始”菜单新建幻灯片

按下 Ctrl+M 组合键、在“插入”菜单中单击“新建幻灯片”按钮，将光标移至某幻灯片窗格的缩略图中，单击该幻灯片，按 Enter 键或右击，在弹出的快捷菜单中选择“新建幻灯片”命令，也可新建一张幻灯片。

新建的幻灯片，会自动应用当前幻灯片版式。

2. 幻灯片选择

在演示文稿的编辑过程中，对幻灯片的操作需要先选择它，选择幻灯片的操作如下。

选择单张幻灯片，在幻灯片窗格中单击某张幻灯片，即可选中该幻灯片，同时在幻灯片编辑区显示该幻灯片。

选择多张连续的幻灯片，在幻灯片窗格中单击要选择的第一张幻灯片后，按 Shift 键的同时单击最后一张幻灯片，即可选中此两张幻灯片及其之间的幻灯片。

选择多张不连续的幻灯片，在幻灯片窗格中单击第一张幻灯片后，按 Ctrl 键的同时，依次单击其他张幻灯片，即可选中所需幻灯片。

在幻灯片窗格中，单击任意一张幻灯片后，再按下 Ctrl＋A 组合键可选择全部幻灯片。

3. 幻灯片复制

在幻灯片导航窗格中，右击演示文档中要复制的幻灯片，在弹出的快捷菜单中选择“复制”命令，在导航窗格中选择想要插入的位置后右击，在弹出的快捷菜单中选择“粘贴”命令，即可在选择的幻灯片之后插入一张与复制的幻灯片格式和内容相同的幻灯片。如图 8-9 所示。

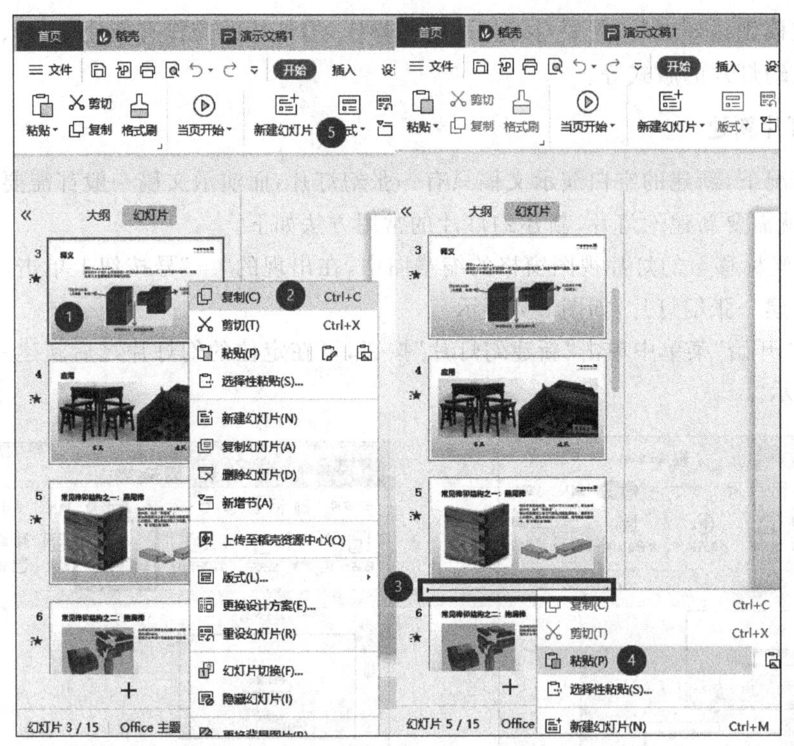

图 8-9 复制幻灯片

当然，在幻灯片窗格中，选择需要复制的幻灯片，按 Ctrl＋C 组合键定位至目标位置，再按 Ctrl＋V 组合键，这种操作可能更简单些。

4. 幻灯片移动

在幻灯片窗格中，选择需要移动的幻灯片，按住鼠标左键，拖动到目标位置，释放鼠标即可。

5. 幻灯片删除

在演示文稿的编辑过程中，特别是利用模板创建的演示文稿，需要将多余的幻灯片删除，方法有以下两种。

(1) 在幻灯片窗格中，选择需要删除的幻灯片，右击，在弹出的快捷菜单中，选择“删除幻灯片”命令，即可删除幻灯片。

(2) 在幻灯片窗格中，选择需要删除的幻灯片，按 Delete/Backspace 键即可删除幻灯片。

6. 幻灯片隐藏

在演示文稿的编辑过程中，如果有幻灯片不需要但是又不想删除，可以隐藏该幻灯片，其方法如下。

在幻灯片窗格中选择需要隐藏的幻灯片，右击，在弹出的快捷菜单中，单击"隐藏幻灯片"按钮，或在"幻灯片放映"选项卡中单击"隐藏幻灯片"按钮，即可隐藏幻灯片。在幻灯片窗格中可看到隐藏的幻灯片淡化显示，且幻灯片编号上显示一条斜向的删除线，如图 8-10 所示。

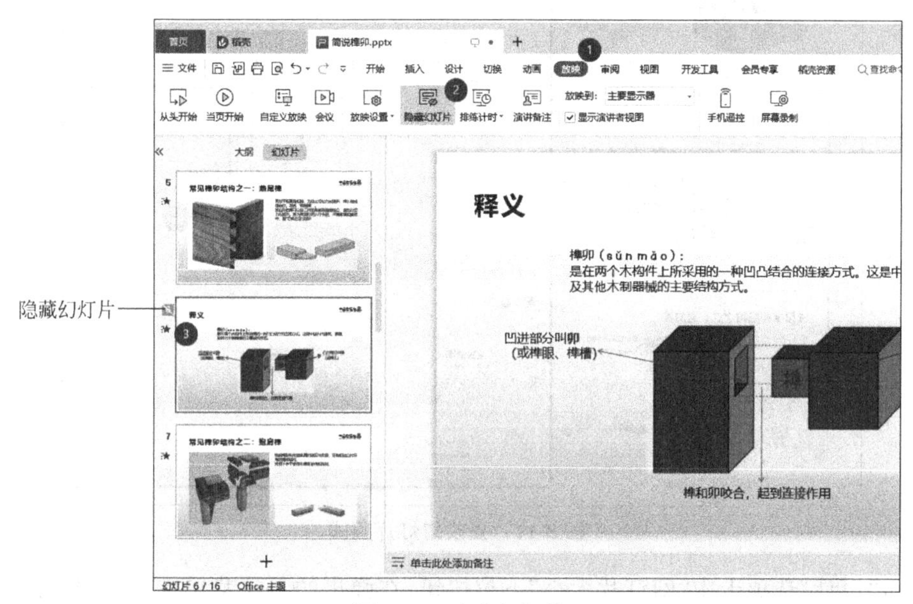

图 8-10 隐藏幻灯片

7. 幻灯片版式更改

幻灯片版式是指幻灯片上显示的所有内容的格式、位置和占位符，用来确定幻灯片页面排版和布局。WPS 演示文稿内置了多种母版版式和推荐排版，用户在编辑幻灯片的时候可以更改幻灯片默认的版式，常见操作是：在幻灯片窗格中，选择需要更改版式的幻灯片，单击"开始"→"版式"按钮，在弹出的窗体中选择需要的版式即可应用该版式，如图 8-11 所示。

也可以在幻灯片窗格中，选择需要更改版式的幻灯片，右击，在弹出的快捷菜单中，选择"版式"命令，可在随后出现的窗格中选择"推荐版式"，可在预览窗格中查看版式，若需要，则单击"应用"按钮即可下载该版式并应用。

学习情境 4：幻灯片设置

演示文稿创建好之后，用户可根据需要对幻灯片的大小、配色、背景等进行设置，也可在幻灯片中进行录入文本等操作。

1. 幻灯片大小更改

WPS 演示文稿中的幻灯片大小有标准（4∶3）、宽屏（16∶9）和自定义 3 种模式。默认的幻灯片大小是宽屏，调整为其他大小的方法如下。

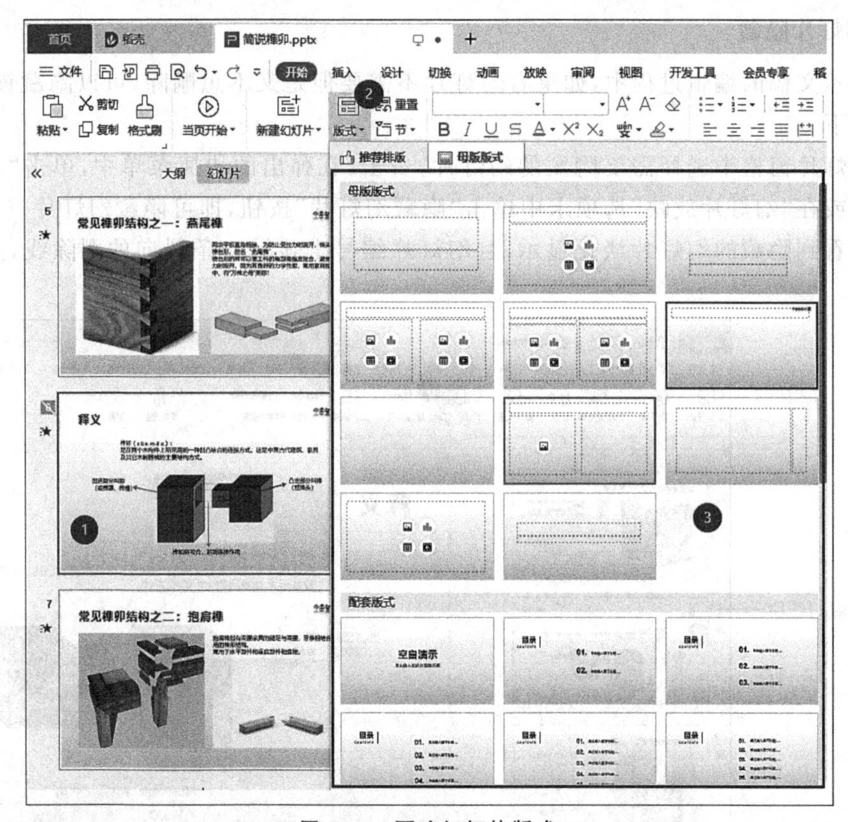

图 8-11 更改幻灯片版式

单击“设计”选项卡中“幻灯片大小”下拉按钮，在弹出的下拉菜单中选择“标准(4∶3)”选项，在弹出的“页面缩放选项”对话框中单击“确保合适”按钮，即可看到演示文稿已经更改为“标准(4∶3)”。

2. 幻灯片配色更改

WPS 演示文稿内置多种配色方案，用户可按颜色、按色系和按风格进行选择应用，操作方法如下。

单击“设计”选项卡中的“配色方案”下拉按钮，在弹出的下拉菜单中选择一种预设配色方案，即可在当前幻灯片中显示预览效果，如图 8-12 所示。单击该配色方案，即可在演示文稿中应用该配色方案。

3. 幻灯片背景设置

WPS 演示文稿幻灯片的背景默认是黑白渐变，可以通过设置幻灯片背景美化幻灯片，操作方法如下。

单击“设计”选项卡中的“背景”按钮，在弹出的下拉菜单中选择“背景”命令，在弹出的窗格中选中“图片和纹理填充”单选按钮，再单击“请选择图片”下拉按钮，选择“在线图片”弹出图片选择框，切换至“办公专区”选项卡，选择需要的图片，单击图片即可查看图片详情，单击“插入图片”按钮，即可将该图片设置为幻灯片的背景。

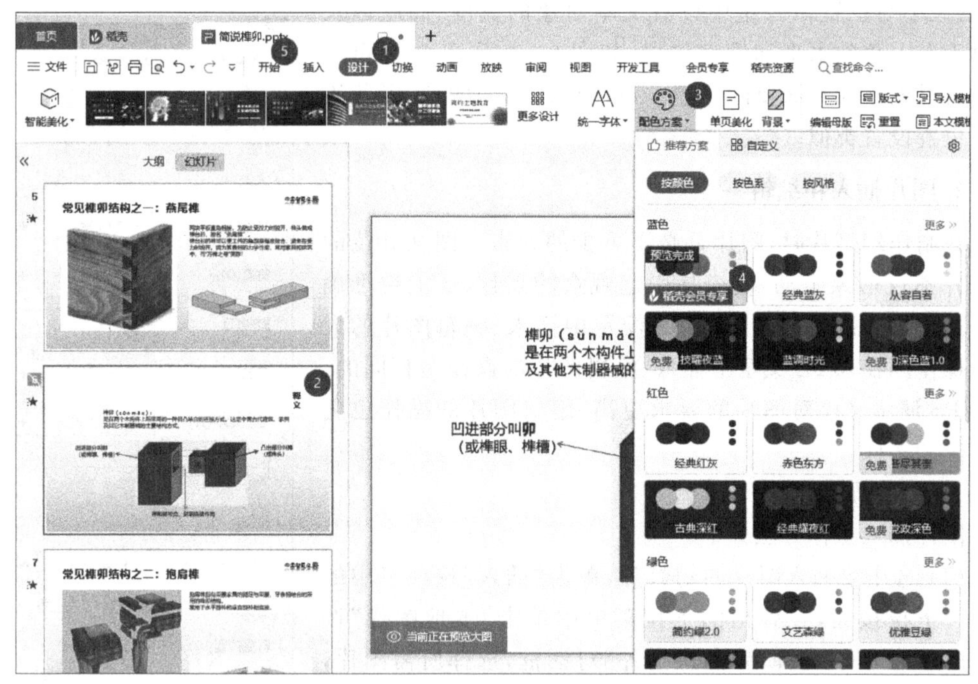

图 8-12　更改配色方案

4. 幻灯片设计方案应用

WPS 演示文稿中内置多种设计方案，若对设计方案不满意，可以使用内置的设计方案快速美化幻灯片，方法如下。

单击“设计”选项卡中的“更多设计”按钮，在弹出的“全文美化”对话框中可根据需要进行搜索或者浏览，从中选择设计方案。

学习情境 5：幻灯片编辑

1. 文本插入和编辑

编辑幻灯片是演示文稿主要的操作步骤，可在幻灯片中录入文本、图形、音频、视频等对象。文本是幻灯片的重要组成部分内容，在幻灯片中录入文本的方法如下。

(1) 在占位符中录入文本，新建演示文稿或者插入新的幻灯片之后，在幻灯片里通常会有两个或者多个虚线边框，即占位符。占位符有文本占位符和项目占位符两种，单击占位符即可录入文本；项目占位符通常包含“插入图片”“插入表格”“插入图表”“插入视频”等项目，单击相应的按钮，可插入相应的对象。

(2) 在幻灯片中除了可在占位符中录入文本外，还可在文本框中录入文本。单击“插入”选项卡中“文本框”按钮，在其下拉菜单中选择“预设文本框”中“横向文本框”或“竖向文本框”选项，在幻灯片空白处绘制文本框之后，即可在文本框中录入文字。

(3) 在幻灯片中录入文本除上述方法外，还可通过插入闭合形状，然后在形状上右击，在弹出的快捷菜单中选择“编辑文字”命令即可录入文本。

选取输入的文本对象后，可以在任务窗格中选择“对象属性”→“形状选项”→“大小与属

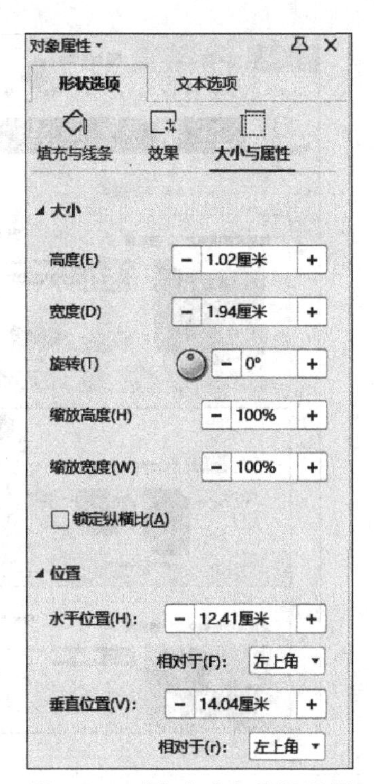

图 8-13 对象大小与位置设置

性”的大小与位置命令组中设置文本对象的宽度、高度以及相对于左上角的水平和垂直位置，如图 8-13 所示，这样可以准确将对象布局到需要的位置。后面要讲到的图片、形状等对象位置设置类似。

2. 图片插入和编辑

在制作幻灯片时，图片是必不可少的元素。图文并茂的幻灯片不仅形象生动，更容易引起观众的兴趣，还能更准确地表达演讲者的思想。在 WPS 演示中插入、编辑图片的大部分操作同在 WPS 文字中插入、编辑图片的操作是相同的，但 WPS 演示文稿对图片的要求更高，编辑图片的操作也更加复杂和多样。

1）图片插入

图片插入操作方法如下。

（1）选中要插入图片的幻灯片，单击“插入”选项卡中的“图片”下拉按钮，在弹出的下拉菜单中单击“本地图片”按钮，如图 8-14 所示，弹出“插入图片”对话框，选择所需图片，单击“打开”按钮，即可将图片插入。

（2）可直接单击幻灯片中项目占位符中“插入图片”按钮，可打开“插入图片”对话框，选择所需图片即可。

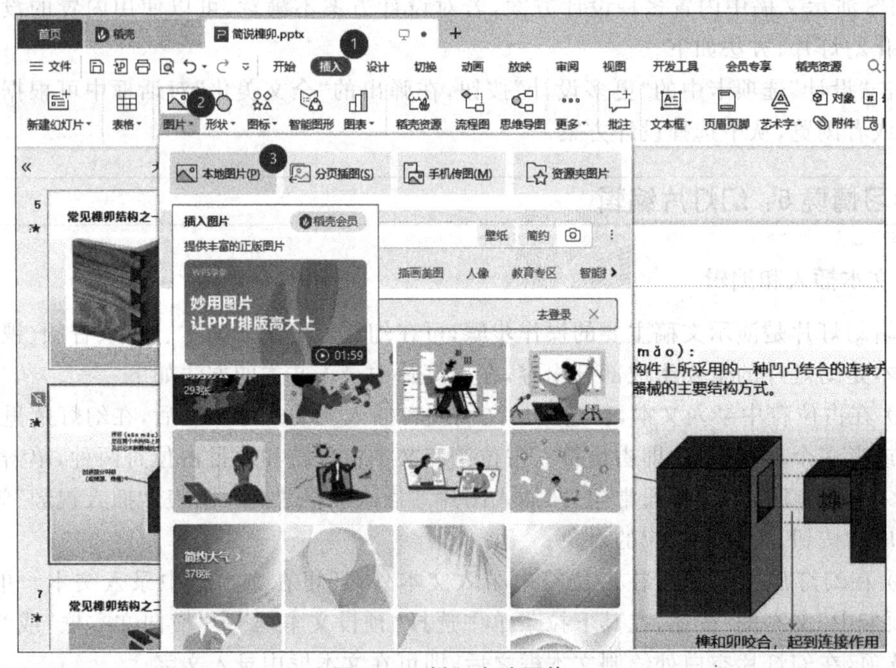

图 8-14 插入本地图片

2）图片裁剪

在幻灯片中插入的图片（素材库\项目 8\裁剪图片素材.jpg）会保持默认的形状，为了让图片更具艺术性，可对图片进行裁剪，图片裁剪方式有形状裁剪、比例裁剪和创意裁剪，操作方法如下。

（1）形状裁剪，选中图片，单击“图片工具”选项卡中的“裁剪”下拉按钮，在弹出的下拉菜单中单击“裁剪”按钮，然后在弹出的下拉菜单中选择“按形状裁剪”选项中的“太阳形”后，如图 8-15 所示，返回图片，按 Enter 键确认裁剪，所选图片即可按照选中的形状进行裁剪，如图 8-16 所示。

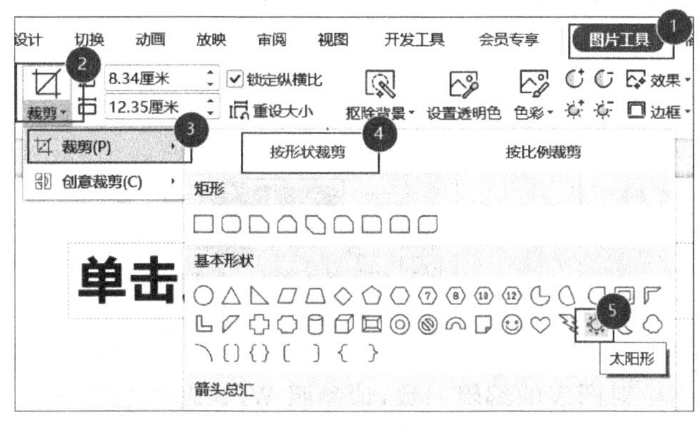

图 8-15　按形状裁剪图形

图 8-16　按“太阳形”裁剪后的图形

（2）比例裁剪，选中图片，单击“图片工具”选项卡中的“裁剪”下拉按钮，在弹出的下拉菜单中选择“裁剪”按钮，然后在弹出的下拉菜单中选择“按比例裁剪”选项中的比例后，即可按照所选比例对图片进行裁剪。

（3）创意裁剪，选中图片，单击“图片工具”选项卡中的“裁剪”下拉按钮，在弹出的下拉菜单中选择“创意裁剪”选项，在弹出的下拉菜单中选择一种创意形状即可。

3. 表格插入和编辑

1）表格插入

在制作幻灯片时，有些信息或数据不能用文字或图片来表示，在信息或数据比较繁多的时候可以用表格将数据分类存放在表格中。插入表格的方法如下。

（1）单击“插入”选项卡中的“表格”按钮，拖动鼠标选择所需行列数，或者在项目占位符中选择“插入表格”命令，在弹出的“插入表格”对话框中输入所需的行列数之后单击“确定”按钮，即可插入所需表格。

（2）单击幻灯片中项目占位符中的“插入表格”按钮，在弹出的“插入表格”对话框中输入所需行列数，单击“确定”按钮即可。

2）表格编辑

在幻灯片中对表格的编辑与在 WPS 文字中对表格的编辑一致，请参照 WPS 文字处理部分内容。

4. 图表插入和编辑

1）图表插入

在制作幻灯片时，有些信息或数据需要用图表来表示，插入图表的方法如下。

（1）单击“插入”选项卡中的“图表”按钮，在弹出的下拉菜单中选择“图表”命令，打开

"图表"对话框,选择所需图表类型,单击"确定"按钮即可应用该图表,如图 8-17 所示。

(2) 单击幻灯片中项目占位符中的"插入图表"按钮,打开"图表"对话框,选择所需图表类型,单击"确定"按钮也可应用该图表。

2) 图表编辑

在幻灯片中插入的图表都是默认的数据,需要对其进行编辑以满足需要,方法如下。

选中图片,激活"图表工具"选项卡,如图 8-18 所示,单击"选择数据"或"编辑数据"按钮打开 WPS 图表,删除默认数据,输入要在图表中显示的数据,单击"关闭"按钮,关闭 WPS 图表即可。

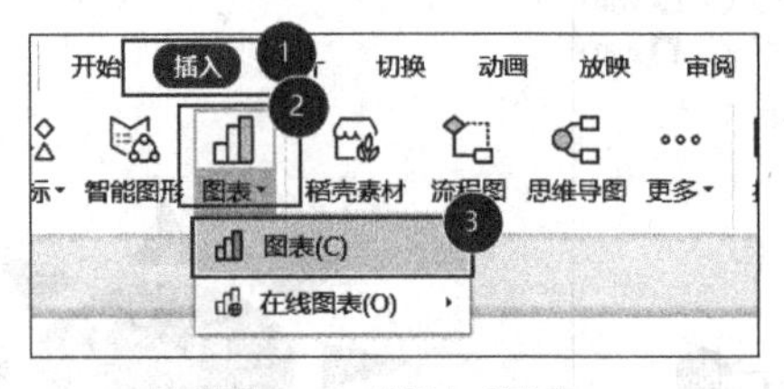

图 8-17 "插入"图表

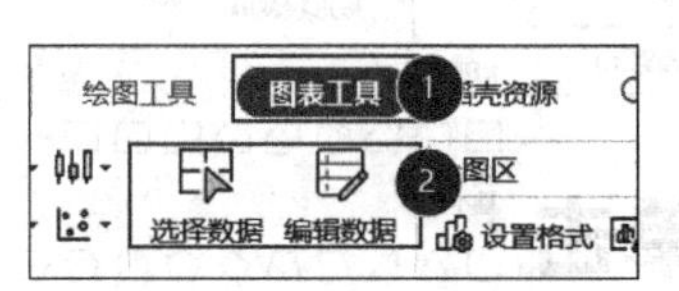

图 8-18 "图表工具"选项卡

对图表的其他编辑与在 WPS 表格中对图表的编辑一致,请参照 WPS 表格处理章节。

5. 音频、视频插入和编辑

1) 音频插入和编辑

为了增强演示文稿的感染力,可在演示文稿中添加音频文件,音频文件添加后,还可以编辑音频,如美化音频、裁剪音频等。在演示文稿中插入音频的方法如下。

单击"插入"选项卡中的"音频"下拉按钮,在弹出的下拉菜单中选择"嵌入音频"命令,打开"插入音频"对话框,选择所需音频文件后,单击"打开"按钮即可将音频插入幻灯片中,并激活"图片工具"和"音频工具"两个选项卡,如图 8-19 所示。可通过"音频工具"选项卡设置音频的音量、开始时间和裁剪音频,以及淡入、淡出效果等。如果想自动循环播放至幻灯片结束,可单击"设为背景音乐"按钮即可。

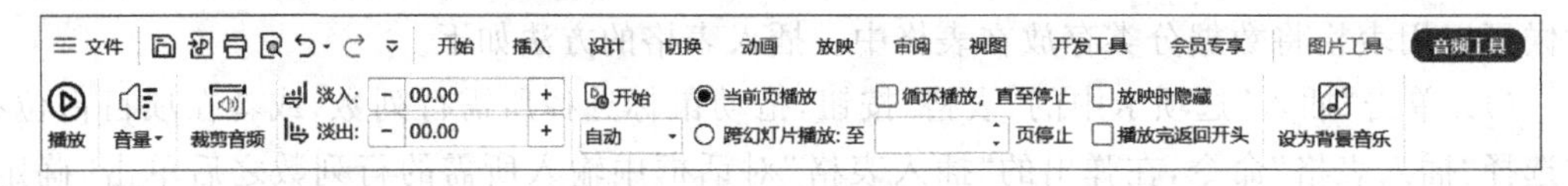

图 8-19 "音频工具"选项卡

2) 视频插入和编辑

在演示文稿中,可以添加视频,用于补充说明演示内容。在演示文稿中添加视频的方法如下。

单击"插入"选项卡中的"视频"下拉按钮,在弹出的下拉菜单中选择"嵌入本地视频"命令,打开"插入视频"对话框,选择所需视频文件后,单击"打开"按钮即可将视频插入幻灯片中,并激活"图片工具"和"视频工具"两个选项卡,如图 8-20 所示。可通过"视频工具"选项卡设置视频的音量、裁剪视频及播放设置等。

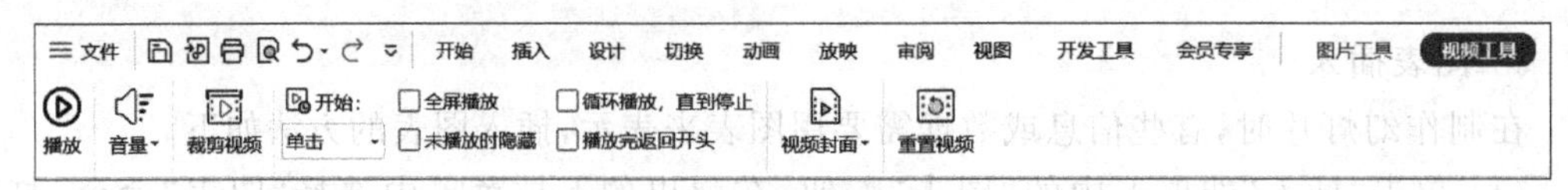

图 8-20 "视频工具"选项卡

6. 形状插入和编辑

在幻灯片中插入形状的具体操作步骤如下。

单击“插入”选项卡中“形状”下拉按钮，在弹出的下拉面板中选择“五边形”命令，如图 8-21 所示。

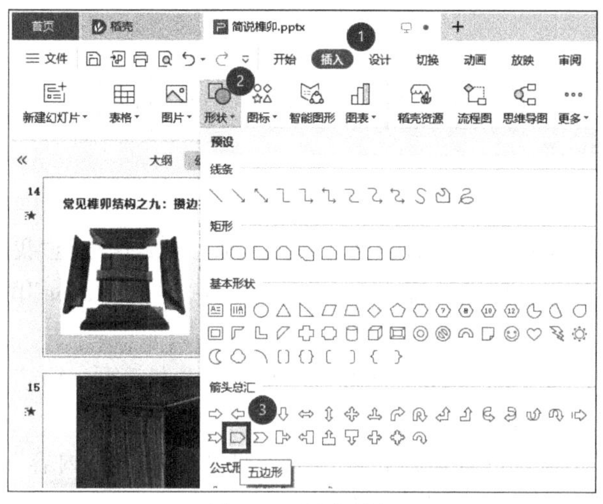

图 8-21 形状插入

当鼠标指针变成“+”号时，按住鼠标左键不放，拖动鼠标即可绘制一个五边形，右击，在弹出的快捷菜单中，选择“编辑文字”命令，输入文字“榫”，并设置字体、字号和背景色即可。

按同样的操作，在幻灯片中插入“燕尾型”形状，其编辑文字为“卯”。

形状常见的操作是组合，即按需要将多个形状组合成一个，方便布局或创造一个新的形状。其操作方法如下。

按下 Ctrl 键时，单击要参与组合的所有形状，释放 Ctrl 键后，单击“绘图工具”选项卡“组合”下拉按钮中“组合”命令，即可将多个形状组合在一起，如图 8-22 所示。

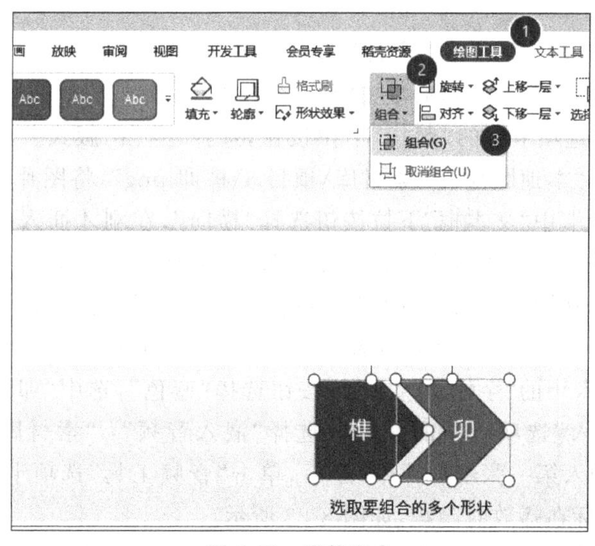

图 8-22 形状组合

幻灯片编辑时，文本对象、图片、形状等均可进行组合，同样的，也可以将已组合的形状取消组合，操作时先选择要取消组合的形状，然后单击“图片工具”选项卡中“组合”下拉按钮中的“取消组合”按钮。

任务实施步骤

1. 操作目标

根据“素材库\项目 8\简说榫卯.txt”中的文字，创建简说榫卯演示文稿，要求包括有文字、图片、音频等内容。

2. 操作要求

(1) 新建一份演示文稿，并以“简说榫卯.pptx”为文件名保存至“我的文档”中。

(2) 第一张标题幻灯片版式设置为空白幻灯片，添加“榫卯.png”图片及“简说榫卯(sǔn mǎo)”两段文字。

(3) 在第一张幻灯片中插入歌曲“素材库\项目 8\背景音乐.mp3”，设置为自动播放，并设置声音图标在放映时隐藏。

(4) 第二张幻灯片版式设置为标题和内容幻灯片，标题为“内容”，内容为“释义应用 9 种常见榫卯结构”三段，插入“箭头”项目符号。

(5) 第三张幻灯片版式设置为仅标题幻灯片，标题为“释义”，内容见“简说榫卯.txt”相关文字。

(6) 第四张幻灯片版式设置为标题和内容幻灯片，标题为“应用”，内容为家具和建筑相关图片和文字。

(7) 第五张～第十三张幻灯片开始按照“简说榫卯.txt”文字顺序介绍 9 种常见的榫卯结构：附结构样图、说明文本和 GIF 格式的动态图片。相应的文字素材“简说榫卯.txt”以及图片均存放于素材库\项目 8 中。

3. 操作步骤

(1) 新建空白演示文稿，单击“文件”选项卡中“保存”按钮，选择保存路径为“我的文档”，录入文件名为“简说榫卯”，最后单击“保存”按钮。

(2) 单击“开始”选项卡中的“版式”下拉按钮，选择“空白”版式。单击“插入”选项卡中“图片”下拉按钮选择“本地图片”：“素材库\项目 8\榫卯.png”，将图片插入至第一张幻灯片中。单击“插入”选项卡中“文本框”下拉按钮选择“横向”，在刚才插入的图片下方输入文字“简说”，单击“开始”选项卡的“字体”下拉按钮选择“微软雅黑”，单击“字号”下拉按钮选择“18”；用同样的方法，在图片下方，“简说”文字右边添加文本“榫卯(sǔn mǎo)”，将它们的字体设置为“华光淡古印”，“榫卯”字号设置为“54”，“(sǔn mǎo)”字号设置为“20”，选中“榫”字，单击“开始”选项卡中的“字体颜色”下拉按钮选择“蓝色”，选中“卯”字，按同样的方法设置为红色。单击“插入”选项卡中的“音频”选择“嵌入音频”：“素材库\项目 8\背景音乐.mp3”，将背景音乐插入第一张幻灯片中，之后，单击“音频工具”选项卡，设置背景音乐自动播放，并设置声音图标在播放时隐藏，如图 8-23 所示。

(3) 新建第二张幻灯片，版式为“标题和内容”，输入标题和内容。

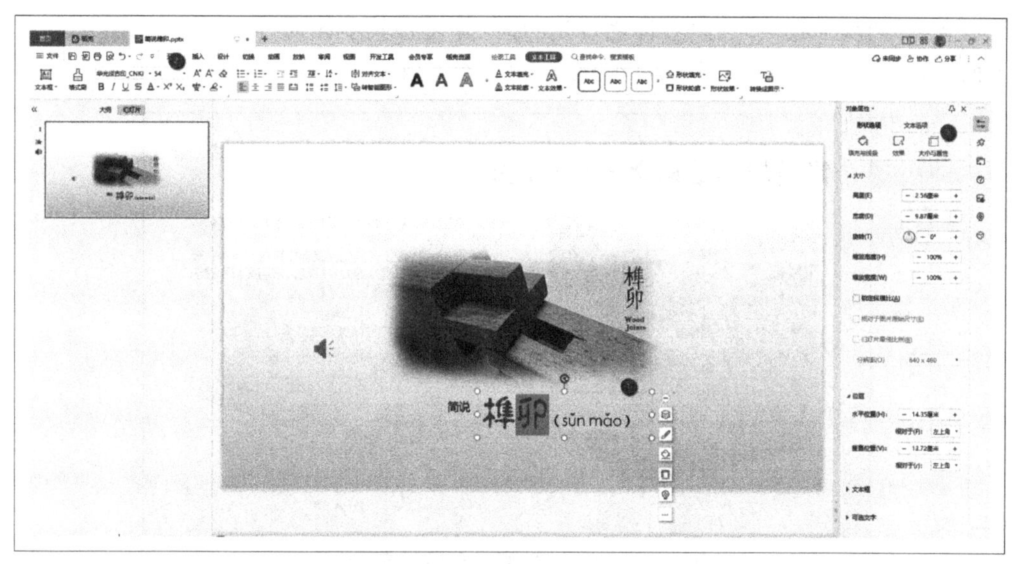

图 8-23 第一张幻灯片版面设计

(4) 新建第三张幻灯片，版式为“仅标题”。标题输入“释义”；单击“插入”选项卡中的“文本框”下拉按钮选择“横向”，输入文字“榫卯……结构方式”。单击“插入”选项卡中的“图片”的下拉按钮选择“本地图片”：“素材库\项目 8\榫卯释义.png”；单击“插入”选项卡中的“形状”的下拉按钮选择“箭头”，单击“插入”选项卡中“文本框”的下拉按钮选择“横向”，输入文字“凸出部分叫榫(或榫头)”，按 Ctrl 键，用鼠标左键单击刚才插入的文字和箭头，释放 Ctrl 键后，在“绘图工具”选项卡中单击“组合”下拉按钮，选中“组合”命令。用同样的方法，添加两个组合，分别对“卯”及“榫卯”作用进行描述，如图 8-24 所示。

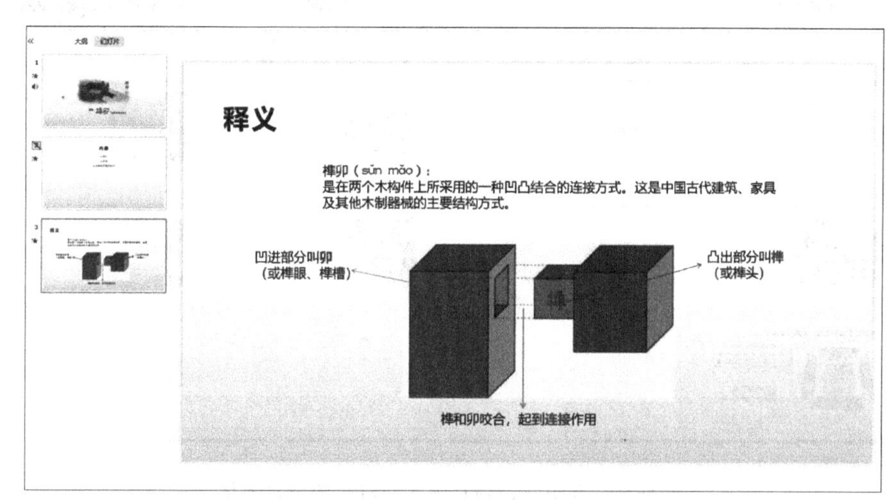

图 8-24 “释义”幻灯片制作效果

(5) 新建第四张幻灯片，版式为“仅标题”。标题输入“应用”，插入“榫卯家具应用.png”和“榫卯建筑应用.png”两张图片和两个文本框，图片和相应的文字组合。

(6) 新建第五张幻灯片，版式为“仅标题”。标题为“常见榫卯结构之一：燕尾榫”。标题下方分左右布局：左边，插入图片“燕尾榫.png”；右边，按上下布局，右上面，插入关于燕尾榫的说明文本"两块平板……有'万榫之母'美称!"并设置其字体为"微软雅黑",字号为"18",右下面,插入 GIF 格式的动图文件"燕尾榫.gif",参考效果如图 8-25 所示。

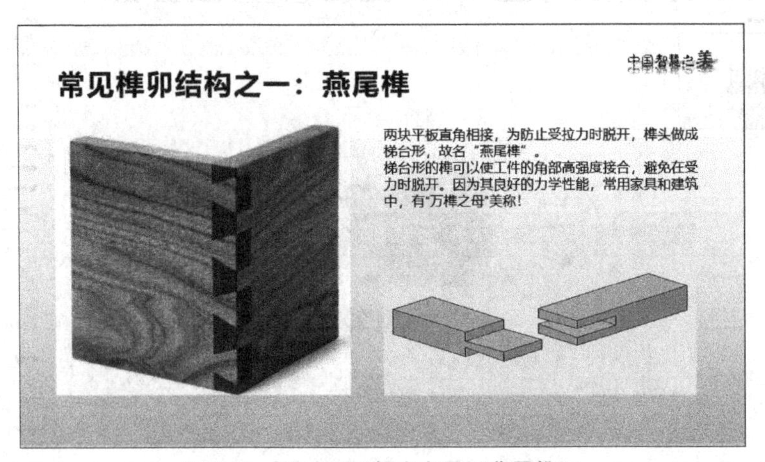

图 8-25 "仅标题"版式布局("燕尾榫")

(7) 参照第(6)步操作,新建第六张～第十三张"仅标题"幻灯片,幻灯片布局与第五张一样,分别实现"抱肩榫、挖烟袋榫、格肩榫、粽角榫、走马销榫、圆柱丁字结合平榫、抄手榫和攒边打槽装板"等 8 种常见榫卯结构的介绍,如图 8-26 所示。

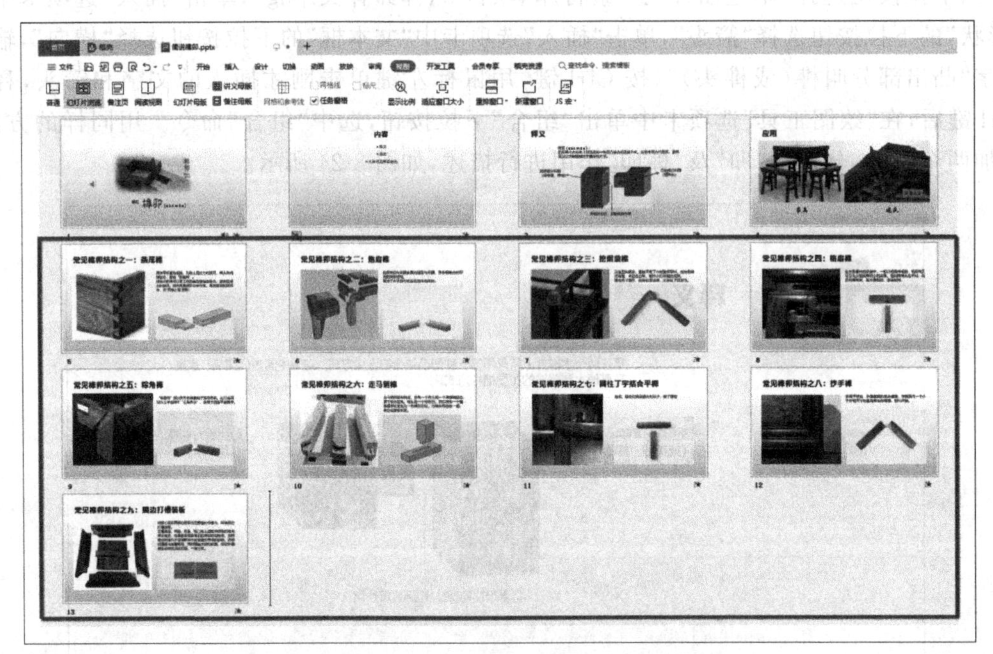

图 8-26 应用"仅标题"版式幻灯片的浏览效果

(8) 新建第十四张幻灯片,版式为"空白"幻灯片。在幻灯片中插入 sample1.png～sample5.png 这 5 张图片,单击幻灯片任意空白区域,按 Ctrl＋A 组合键全选刚才插入的 5 张图片,单击右边任务窗格的"对象属性"按钮,选择"大小与属性"选项卡,在"大小"下拉菜单中将高度和宽度属性分别设置为：19.05 厘米和 28.55 厘米;在"位置"下拉菜单中将水平位置和垂直位置属性分别设置为：3.52 厘米和 0.00 厘米(均相对左上角),如图 8-27 所示。

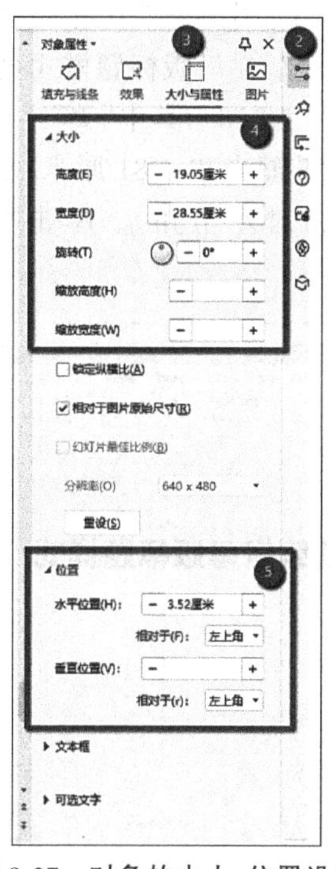

图 8-27 对象的大小、位置设置

(9) 新建第十五张幻灯片,版式为“空白”幻灯片。插入图片“榫卯.png”,将“大小与属性”选项卡的“大小”下拉菜单中的高度和宽度属性均设置为:59%;将“位置”下拉菜单中的水平位置和垂直位置属性分别设置为:4.00 厘米和 2.00 厘米(均相对左上角)。在图片的右边插入“榫卯”两个汉字及其拼音,其中两个汉字字体设置为“华光淡古印”,字号为“32”,拼音“(sǔn mǎo)”字号设置为“10”,“榫”字为“蓝色”,“卯”字为红色。在图片下方插入文本“不使用……丰富的中国智慧!”,字体设置为“微软雅黑”,字号为“18”,如图 8-28 所示。

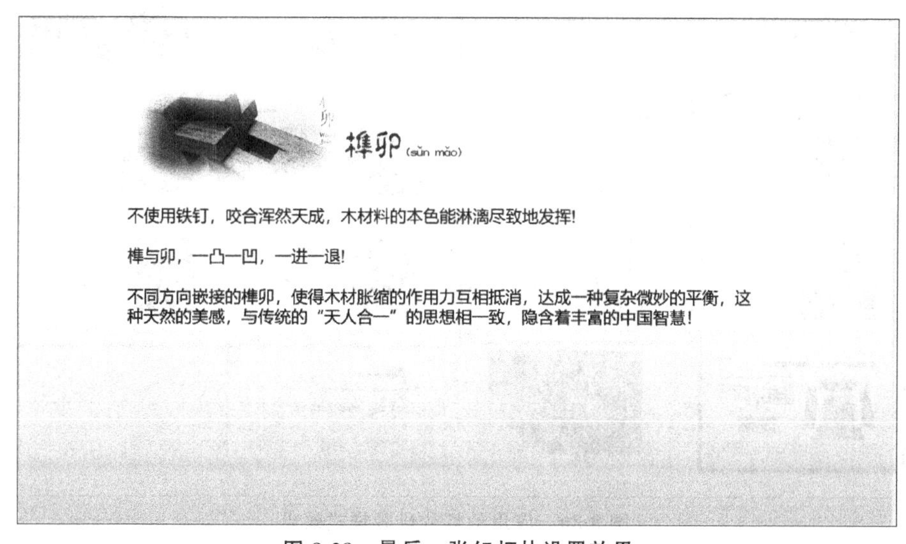

图 8-28 最后一张幻灯片设置效果

(10) 在“视图”选项卡中单击“幻灯片母版”按钮，在“幻灯片母版”左侧浏览视图中选择“仅标题版式：由幻灯片 3-14 张使用”，在母版标题样式页面右上角插入文本框“中国智慧之美”，字体设置为“华光淡古印”，字号为“18”，其中“美”字号为“24”且字体颜色为红色。文本框高度和宽度属性分别设置为：1.28 厘米和 4.81 厘米；水平位置和垂直位置属性分别设置为：28.21 厘米和 0.94 厘米（均相对左上角）。单击“幻灯片母版”的“关闭”按钮，如图 8-29 所示。

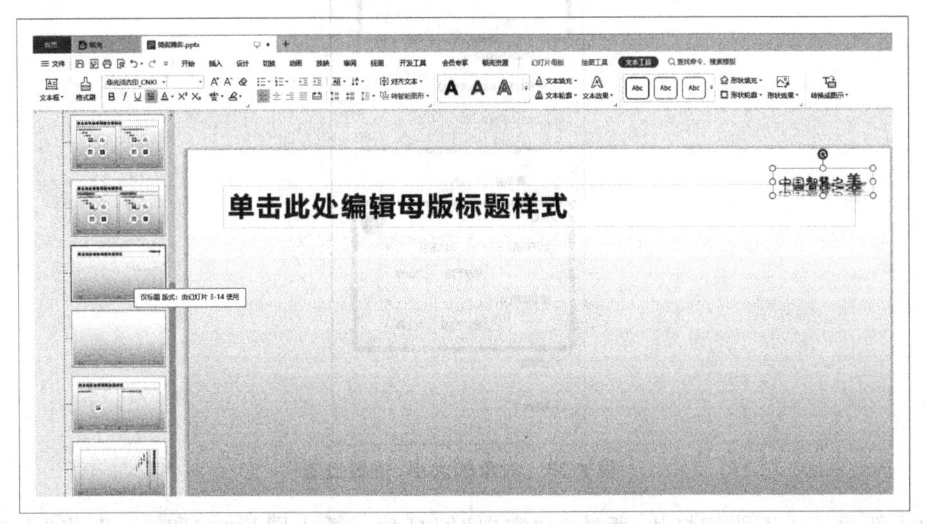

图 8-29　幻灯片母版设置

(11) 切换到幻灯片浏览视图，查看第三张～第十四张幻灯片应用母版效果，如图 8-30 所示。

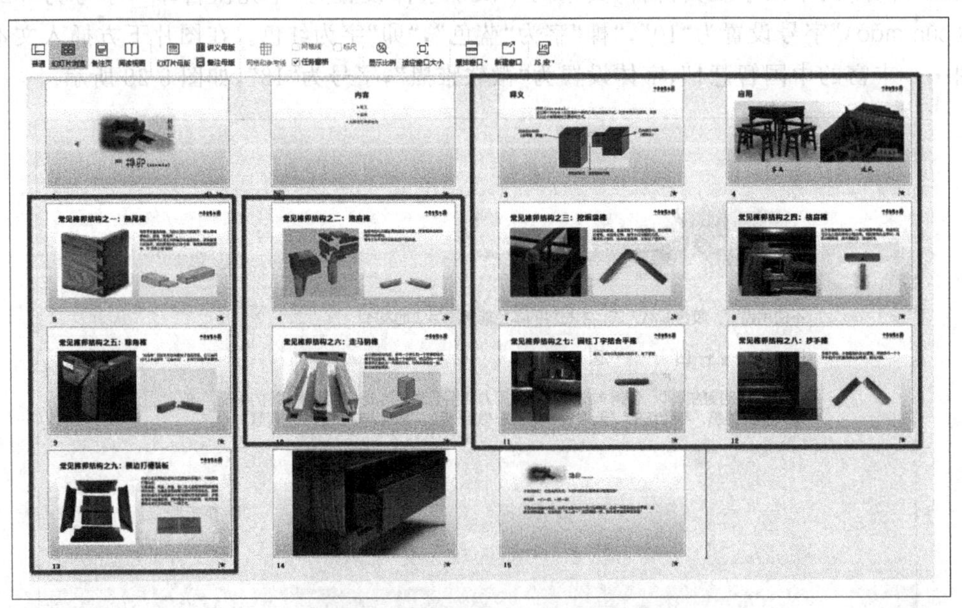

图 8-30　应用幻灯片母版样式效果

(12) 保存演示文稿，文件名为“简说榫卯.pptx”。

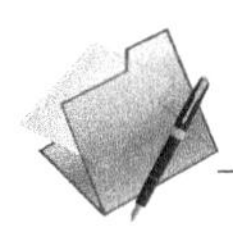

任务2 演示文稿的动画设置

知识目标

(1) 掌握页面切换和对象动画设置的操作步骤。

(2) 掌握幻灯片内对象动画设置的操作。

技能目标

(1) 具备页面切换效果设置的能力。

(2) 具备幻灯片内对象动画设置的能力。

任务导入

网络1班的"简说榫卯"主题演示文稿制作完成,在班级演示时,发现所有对象都静止地出现在屏幕上,缺少动感。为提高演示文稿的欣赏性,班级很多同学希望幻灯片中的部分元素能动起来,班里的宣传委员小诺根据同学们的要求,完成了此项任务。

学习情境1:页面切换动画设置

幻灯片切换是在放映期间从一张幻灯片转移到下一张幻灯片时的动画效果。为幻灯片添加切换效果的步骤如下。

(1) 选择想要应用切换效果的幻灯片。

(2) 选择"切换"选项卡,在切换方式组中单击某一切换方式,即完成当前幻灯片的切换设置;单击"应用到全部"按钮,则演示文稿中的所有幻灯片都应用此切换方式。

(3) 单击"效果选项"下拉按钮,选中想要的选项;也可以通过"速度""声音""自动换片"等设置,实现更丰富的页面切换效果。

在"任务窗格"中的"动画窗格"中也可以对切换动画做细节上的修改。

学习情境2:对象动画设置

WPS演示可以为文本、图片、表格、智能图形、形状和其他对象等定义动画效果,使幻灯片充满动感。幻灯片中对象的动画效果分为:进入动画、强调动画、退出动画和动作路径4种。

对象从屏幕外进入视图称为进入动画;使对象从视图中消失称为退出动画;对象在幻灯片放映过程中在屏幕上自动缩小、放大或更改颜色等称为强调动画;对象沿设定好的路径在幻灯片中移动等称为动作路径。

可以为单个对象添加多个动画效果,使其能有序地进入、强调、退出,让文稿演示更有条理,形成与观众的良好互动。

对象更多的动画效果设置也可在“任务窗格”中的“动画窗格”中进行，如图 8-31 所示。

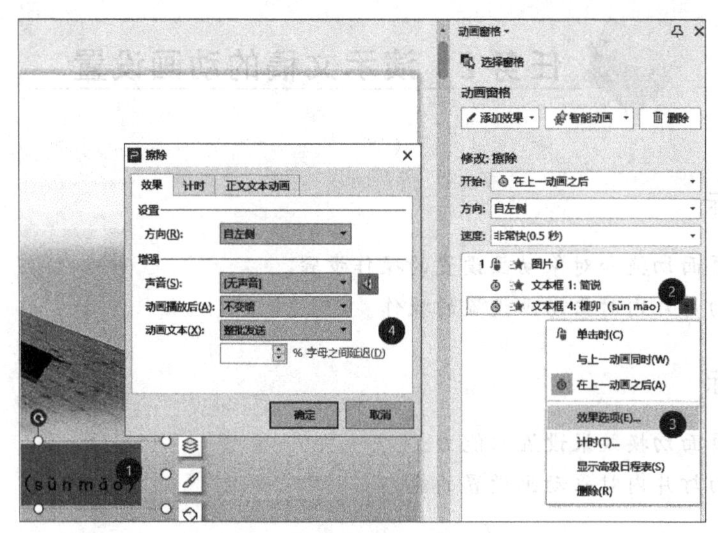

图 8-31 对象更多动画效果设置

任务实施步骤

1. 操作目标

打开“素材库\项目 8\简说榫卯 AD.pptx”演示文稿，设置页面切换及幻灯片中相关对象的动画。

2. 操作要求

所有的幻灯片切换效果设置为向右“擦除”，单击时换片。

第五张～第十四张幻灯片左边的图片、右上部分的文本及右下部分的图片也均设置为中速“擦除”进入，单击鼠标左键时切换对象。

最后一张幻灯片的文本在页面切换后，自左侧非常快地按段落“擦除”进入。

3. 操作步骤

(1) 打开“素材库\项目 8\简说榫卯 AD.pptx”演示文稿，在“视图”选项卡中选择“普通”视图，选中第一张幻灯片。

(2) 单击“切换”选项卡，然后在工具栏展开的切换效果库中选择“擦除”效果，单击“效果选项”下拉按钮，选取“向右”命令，勾选“单击鼠标时换片”复选框，单击“应用到全部”按钮，如图 8-32 所示。

(3) 选中第五张幻灯片，单击幻灯片左边的图片，在“动画”选项卡工具栏展开的“动画效果”库中选择“擦除”进入效果；单击“动画属性”下拉按钮选择“自左侧”命令；在“任务窗格”中的“动画窗格”中设置速度为“中速(2 秒)”，如图 8-33 所示。按相同的操作，将幻灯片右上部分的文本及右下部分的图片设置相同动画效果保存文件。

(4) 重复第(3)步的操作，可完成第六张～第十四张幻灯片的操作。

(5) 选中最后一张幻灯片，单击幻灯片上的文本，在“动画”选项卡工具栏展开的“动画效果”库中选择“擦除”进入效果；单击“动画属性”下拉按钮，选择“自左侧”选项；单击“文本

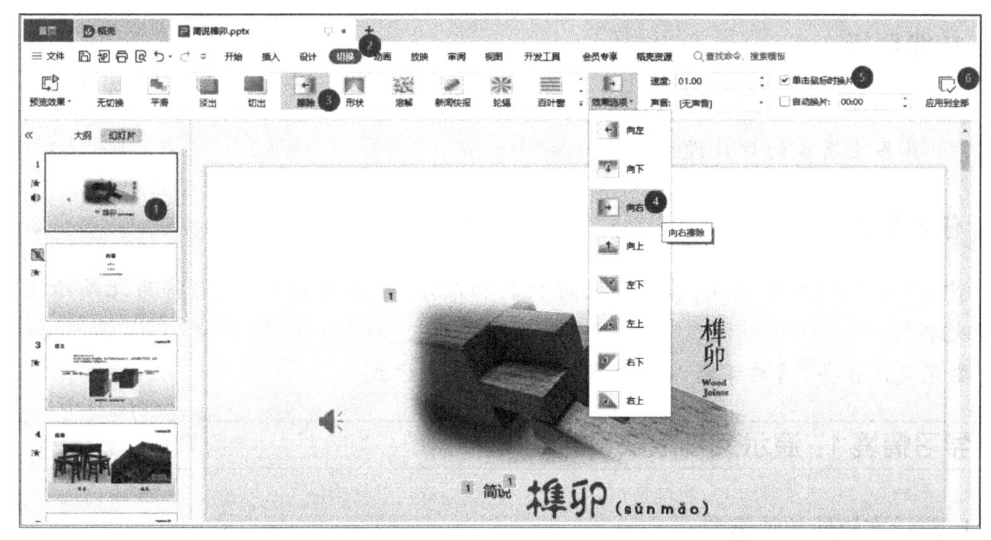

图 8-32 页面切换设置

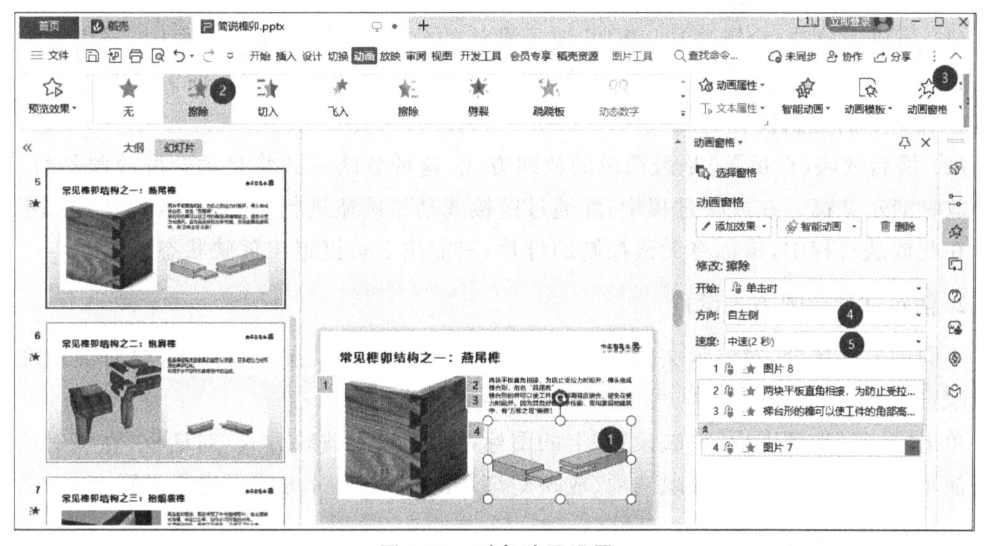

图 8-33 对象动画设置

属性"下拉按钮，选择"按段落播放"选项；在"任务窗格"中的"动画窗格"中设置速度为"慢速(3 秒)"。单击"文件"→"保存"按钮保存文件。

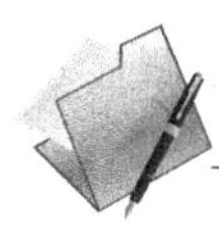

任务 3 演示文稿的放映和输出

知识目标

(1) 掌握演示文稿的放映方式。

(2) 了解 WPS 演示文稿交互式动画的设计方法。

技能目标

(1) 具备演示文稿放映方式设计的能力。

(2) 具备交互式幻灯片设计能力。

任务导入

演示文稿已经制作完成,最后要进行放映和演示,在本任务中,我们将为此演示文稿设置放映方式。

要完成此任务,需要掌握演示文稿的放映和输出方式。

学习情境 1:演示文稿放映设置

1. 演示文稿的放映类型

演示文稿的放映类型主要包括演讲者放映(全屏幕)和展台放映(全屏幕)。

(1) 演讲者放映(全屏幕)是 WPS 演示默认的放映类型,在放映过程中,演讲者能够控制幻灯片的放映速度、暂停、录制旁白等,按 Esc 键可退出全屏放映。演讲者对幻灯片的放映过程有完全的控制权。

(2) 展台放映(全屏幕)是最简单的放映方式,这种放映方式将自动全屏放映幻灯片,且循环放映演示文稿。在放映过程中,除通过链接或动作按钮进行切换外,其他功能都不能使用。在此放映过程中,鼠标将无法控制幻灯片,只能按 Esc 键退出放映状态。

2. 演示文稿放映方式设置

不同的放映场合,对演示文稿的放映要求有所不同,所以在放映前,需要对演示文稿进行放映设置,方法如下。

单击“放映”选项卡中“放映设置”上的图标,弹出“设置放映方式”对话框,在该对话框中可对演示文稿的放映类型、放映选项、放映幻灯片的数量、换片方式等进行设置。

3. 自定义演示文稿的放映

针对不同的场合或不同的观众,演讲者可以有针对性地选择演示文稿的放映内容和顺序,操作步骤如下。

(1) 单击“放映”选项卡中“自定义放映”弹出“自定义放映”对话框,如果创建过自定义放映,则窗口中显示自定义放映列表;否则,窗口中显示为空白。

(2) 单击“新建”按钮弹出“定义自定义放映”对话框,对话框左侧显示当前演示文稿中的幻灯片列表,右侧显示添加到自定义放映的幻灯片列表。

(3) 在“幻灯片放映名称”文本框中录入名称,选择左侧的幻灯片列表框中要加入自定义放映的幻灯片,可借助 Shift 键或 Ctrl 键选择连续或不连续的多张幻灯片。后单击“添加”按钮,右侧列表框中将显示添加的幻灯片。还可通过对话框右侧的向上或向下的箭头调节幻灯片的放映顺序,如图 8-34 所示。最后单击“确定”按钮,退出“自定义放映”对话框后再单击“自定义放映”对话框中的“放映”按钮,即可自定义放映。

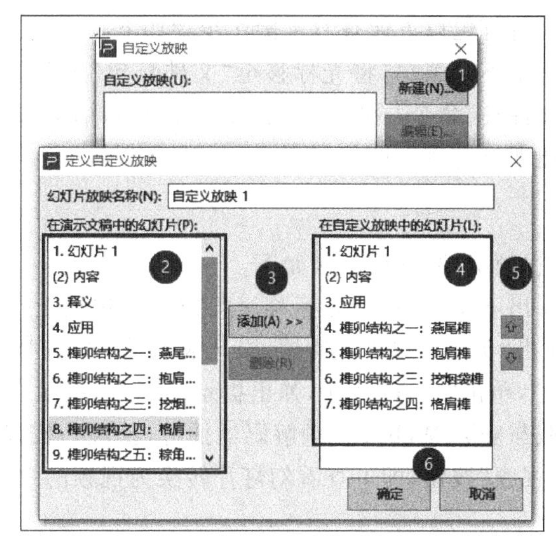

图 8-34　添加要展示的幻灯片

4. 排练计时添加

对于某些需要自动放映的演示文稿，用户在设置动画效果后，可设置排练计时，所谓排练计时，就是在正式放映前用手动方式进行换片，演示文稿能够自动把手动换片的时间记录下来，如果应用这个时间，便可以依据这个时间自动进行放映，无须人为控制。

针对不同的场合或不同的观众，演讲者可以有针对性地选择演示文稿的放映内容和顺序，操作步骤如下。

（1）单击“放映”选项卡中“排练计时”下拉按钮，选择“排练全部”命令。将会全屏放映第一张幻灯片并在左上角显示“预演”工具栏，如图 8-35 所示。

图 8-35　排练计时

（2）换片至幻灯片末尾时或按下 Esc 键，弹出信息提示框，单击“是”按钮即可保存排练时间。下次播放时即按照记录的时间自动播放幻灯片。

（3）保存排练计时后，演示文稿将退出排练计时状态，以幻灯片浏览视图模式显示，可看到各幻灯片播放时间。

5. 演示文稿放映

对演示文稿进行放映设置后，即可开始放映幻灯片。WPS 演示文稿提供了从头开始和从当前幻灯片开始两种放映方式，方法如下。

（1）从头放映，打开需放映的演示文稿，单击“放映”选项卡中“从头开始”按钮或者按 F5 键，即可从头开始放映幻灯片。

（2）从当前页幻灯片开始放映，打开需放映的演示文稿，单击“放映”选项卡中“当页开始”按钮或者按 Shift+F5 组合键，即可从当前幻灯片开始放映。

学习情境 2：演示文稿输出

1. 演示文稿打包

如果要查看演示文稿的计算机上没有安装 WPS Office 或者缺少演示文稿中使用的某

些字体,可将演示文稿进行打包以方便查看。操作步骤如下。

单击"文件"按钮,弹出下拉菜单,将光标移至"文件打包"菜单上,在弹出的子菜单中选择"将演示文稿打包成文件夹"命令。弹出"演示文件打包"对话框,录入文件夹名称,选择保存位置,单击"确定"按钮即可完成文件打包。

2. 视频输出

将演示文稿保存为视频文件,操作步骤如下。

单击"文件"按钮,弹出下拉菜单,将光标移至"另存为"选项上,在弹出的子菜单中单击"输出为视频"命令。弹出"另存文件"对话框,录入文件名称,选择保存位置,文件类型为"WebM 视频(*.webm)",单击"保存"按钮,弹出提示对话框,提示正在输出视频(若第一次输出为视频,会提示下载与安装 WebM 视频解码器插件(扩展),按提示安装即可)。视频输出完成后,可单击"打开视频"按钮,即可查看幻灯片转换为视频的效果。

3. PDF 文件输出

将演示文稿保存为 PDF 文件后,则无须再用 WPS 打开和查看了,可用 PDF 阅读软件打开,便于文稿的阅读和传播。方法如下。

单击"文件"下拉按钮,在弹出的下拉菜单中单击"输出为 PDF"命令,弹出"输出为 PDF"对话框,选择保存位置后,单击"开始输出"按钮,即可完成演示文稿转换为 PDF 文件。

任务实施步骤

1. 操作目标

将"素材库\项目 8\简说榫卯 AD.pptx"按要求进行设置后,打包演示文稿。

2. 操作要求

(1) 设置演示文稿放映方式为"循环放映,按 Esc 键终止"。

(2) 将演示文稿从头至尾进行排练计时,时间不限,保存排练时间。

(3) 将演示文稿以文件夹名"演示包"进行打包,不压缩文件夹。

3. 操作步骤

(1) 打开"简说榫卯.pptx",单击"放映"选项卡中"放映设置"上方图标弹出"设置放映方式"对话框,在该对话框中勾选"循环放映,按 Esc 键终止"复选框后,单击"确定"按钮即可。

(2) 单击"放映"选项卡中"排练计时"下拉按钮,选择"排练全部"命令,之后手动切换幻灯片至末尾后在弹出的信息提示框中单击"是"按钮即可保存排练时间。

(3) 单击"文件"按钮,弹出下拉菜单,将光标移至"文件打包"菜单上,在弹出的子菜单中选择"将演示文稿打包成文件夹"命令。弹出"演示文件打包"对话框,输入文件夹名称"演示包",选择保存位置后,单击"确定"按钮即可完成文件打包。

学习效果自测

一、单选题

1. WPS 演示主要功能是(　　)。

A. 画画　　B. 绘制表格　　C. 制作幻灯片　　D. 文字处理

2. 需要设置(　　)，这样幻灯片在放映时能自动播放。

A. 动画效果　　B. 切换效果　　C. 排练计时　　D. 动作按钮

3. 按(　　)键可以从头播放幻灯片。

A. F5　　B. Alt+F5　　C. Shift+F6　　D. F12

4. WPS演示文稿中，以下不属于对象动画效果的是(　　)。

A. 切换　　B. 退出　　C. 强调　　D. 路径

5. WPS演示文档的视图不包括(　　)。

A. 普通视图　　B. 放映视图　　C. 母版视图　　D. 动画视图

6. 有关演示文稿描述正确的是(　　)。

A. 主题就是模板，模板就是主题

B. 动作按钮和超链接都可以实现幻灯片的跳转

C. 切换是指页面上不同对象的动画效果

D. 演示文稿导出后播放，设备仍需安装WPS演示文稿软件

7. 要给所有幻灯片应用当前幻灯片的背景，应在"任务窗格"→"填充面板"中单击(　　)按钮。

A. 重置背景　　B. 全部应用　　C. 应用　　D. 预览

8. 要对幻灯片放映有完整的控制权，应使用(　　)。

A. 自动放映　　B. 展台浏览

C. 观众自行浏览　　D. 演讲者放映

9. 动画窗格中，描述错误的是(　　)。

A. 不能计时　　B. 可以调整各对象的播放顺序

C. 可以设计触发器事件　　D. 可添加其他动画效果

10. 在WPS演示文稿中，新建的幻灯片中显示的虚线框是(　　)。

A. 占位符　　B. 文本框　　C. 图片边界　　D. 表格边界

11. WPS演示文稿中，在(　　)选项卡下可以设置音频。

A. 图片工具　　B. 视频工具　　C. 音频工具　　D. 插入

12. 下列对幻灯片中视频的设置描述不正确的是(　　)。

A. 不可以全屏播放　　B. 可以裁剪视频

C. 可以设置视频封面　　D. 可以循环播放

13. 制作演示文稿时，可预设幻灯片分辨率，以下设置中放映速度最快的是(　　)。

A. 800×600　　B. 1024×768　　C. 1920×1080　　D. 1440×900

14. 若只想放映演示文稿中的一部分幻灯片，下列做法不正确的是(　　)。

A. 直接按F5键放映　　B. 设置放映范围

C. 自定义放映　　D. 将不要放映的幻灯片隐藏起来

二、填空题

1. 可对幻灯片进行移动、复制、删除，但不能编辑幻灯片中内容的视图是________。

2. 通过________，演示文稿可以在没有安装PowerPoint或WPS演示软件的计算机上

放映。

3. 幻灯片中多个元素要进行组合，须按________键对各个元素进行选取。

4. 在文稿普通视图的导航窗格中，包括________和________两个选项卡。

5. 按________键可以终止当前幻灯片的放映。

6. 可采用________功能预先录制幻灯片的放映时间。

7. 按________快捷键可以撤销上一次的操作。

8. 若要在每张(或指定版式的)幻灯片的相同位置添加一个 logo 图片，最方便的操作是在________视图中进行设置。

三、操作题

注：本题来源于 2022 年全国计算机等级考试一级模拟真题。

打开“素材库\项目 8\yswg.pptx”，按要求完成演示文稿相关操作。

(1) 设置幻灯片的大小为“全屏显示(16∶9)”；为整个演示文稿应用“丝状”主题，背景样式为“样式 6”。

(2) 在第一张幻灯片前面插入一张新幻灯片，版式为“空白”，设置这张幻灯片的背景为“水滴”的纹理填充；插入样式为“填充—白色，轮廓—着色 2，清晰阴影—着色 2”的艺术字，文字为“海参”，文字大小为 96 磅，并设置为“水平居中”和“垂直居中”。

(3) 将第二张幻灯片的版式改为“两栏内容”，将图片文件 pptl.jpg 插入右侧栏中，图片样式为“圆形对角，白色”，图片动画设置为“进入/浮入”，左侧文本框内的文字动画设置为“进入/飞入”。

(4) 在第三张幻灯片的下侧栏中插入一个 SmartArt 图形，结构如图 8-36 所示，图中的所有文字从文件“素材.TXT”中获取。

图 8-36 SmartArt 结构图

(5) 在第四张幻灯片前面中插入一张新幻灯片，版式为“标题和内容”，在标题处输入文字“常见食用海参”，在文本框中按顺序输入第五张～第八张幻灯片的标题，并且添加相应幻灯片的超链接。

(6) 将第八张幻灯片的版式改为“两栏内容”，将图片文件 ppt2.jpg 插入右侧栏中，图片样式为“棱台形椭圆，黑色”，图片动画设置为“进入/浮入”，左侧文本框内的文字动画设置为“进入/飞入”。

(7) 设置全体幻灯片切换方式为“百叶窗”，并且每张幻灯片的切换时间是 5s；放映方式设置为“观众自行浏览(窗口)”。

项目 9

WPS 综合应用

项目简介

WPS 办公软件的综合应用技术主要是让学生学会运用 WPS 解决在实际工作中遇到的问题，真正培养他们解决实际问题的能力。通过学习本课程，使学生能够掌握办公自动化技术的基本概念以及办公集成软件的高级应用技术，进而理解计算思维在本专业领域的典型应用，为后续专业课程提供必要的基础。

本项目的主要内容为：如何在 WPS 文档中插入、编辑 WPS 电子表格和 WPS 演示文稿，如何在 WPS 电子表格中插入、编辑 WPS 文档和 WPS 演示文稿，如何在 WPS 演示文稿中插入、编辑 WPS 文档、WPS 电子表格。

知识培养目标

(1) 掌握文档内容的新建、编辑，熟练操作对字体、字号的设置。

(2) 掌握在文档中插入表格、演示文稿的各种方法。

能力培养目标

(1) 熟练运用 WPS 软件进行排版。

(2) 熟练运用文档、表格、演示文稿综合应用的能力。

(3) 培养学生处理复杂事务的能力。

课程思政园地

课程思政元素的挖掘及培养如表 9-1 所示。

表 9-1　课程思政元素的挖掘及其培养目标关联表

知　识　点	知识点诠释	思　政　元　素	培养目标及实现方法
WPS 综合应用	掌握文档的编辑中插入表格和演示文稿的方法、在表格的编辑中插入文档和演示文稿的方法、在演示文稿中插入文档和数据表格的方法	熟悉运用 WPS 的综合操作，了解信息系统的底层逻辑，提高发现问题、解决问题的能力，培养学生的创新管理能力	通过实际案例的真实应用、掌握 WPS 的综合应用能力，增强学生的审美意识、组织能力和团队协作精神

任务1　文档的综合应用

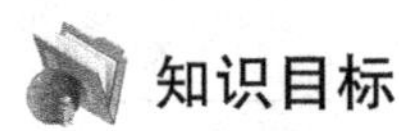

知识目标

(1) 了解文档的建立和日常编辑方法。
(2) 了解文档中插入表格的方法。
(3) 了解文档中插入演示文稿的方法。

技能目标

(1) 掌握在文档中插入表格的操作方法。
(2) 掌握在文档中插入演示文稿的操作方法。

任务导入

通过前面的学习,我们掌握了 WPS 文档、WPS 电子表格和 WPS 演示文稿的编辑与处理方法。在这里我们以制定某学院人才培养方案为例,介绍如何在 WPS 文档中插入和编辑 WPS 电子表格和 WPS 演示文稿。

学习情景 1:在文档中插入表格

在文档"汉语言文学专业人才培养方案.wps"中插入表格。

在完成上述文档编辑后,为了能够更加直观地突显方案实施计划,我们应该运用表格这个直观的表现方式来进行展示。

操作步骤如下。

(1) 打开"汉语言文学专业人才培养方案.wps"文档,如图 9-1 所示。

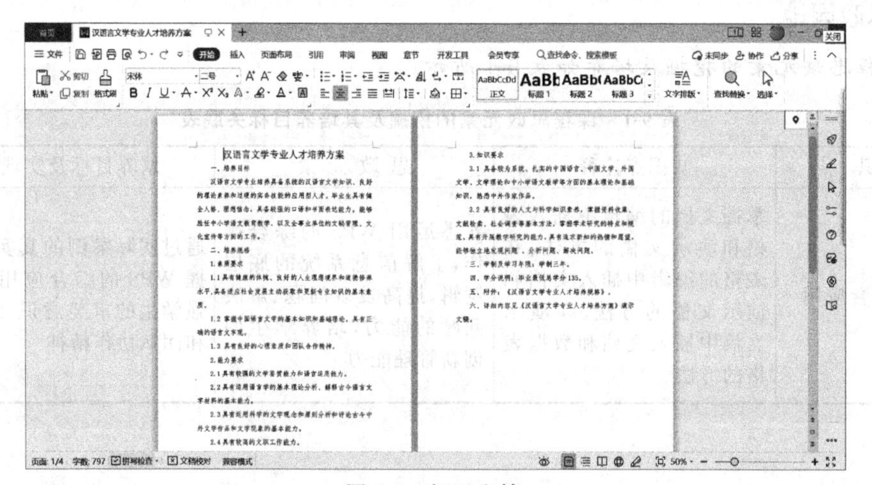

图 9-1　打开文档

（2）在文档“五、附件：《汉语言文学专业人才培养规格》。”“六、详细内容见《汉语言文学专业人才培养方案》演示文稿。”中间插入空行，如图 9-2 所示。

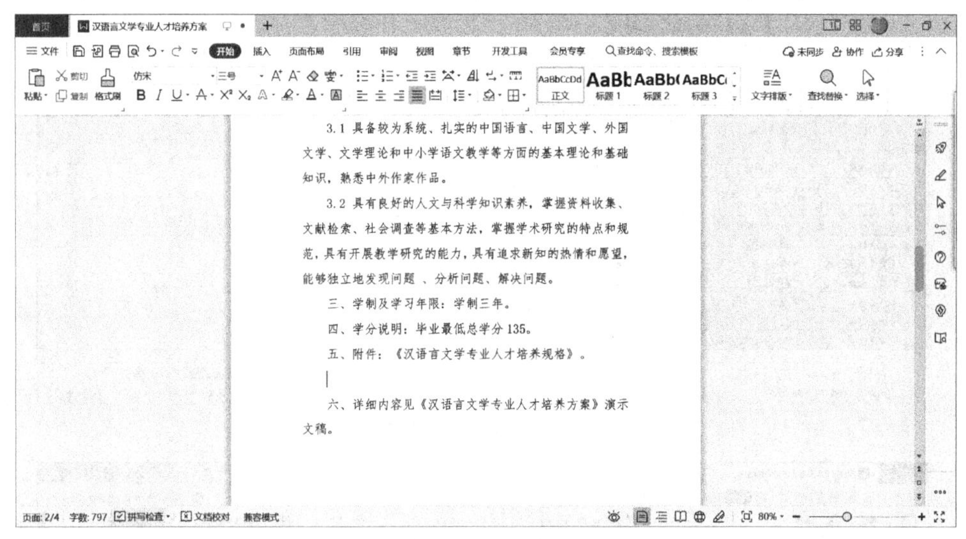

图 9-2 插入空行

（3）打开“汉语言文学专业人才培养规格.et”表格，如图 9-3 所示。

汉语言文学专业人才培养规格

课程类别	课程名称	培养规格								
		素质要求			能力要求				知识要求	
		1.1	1.2	1.3	2.1	2.2	2.3	2.4	3.1	3.2
技能必修课	计算机基础			√				√		√
技能必修课	大学英语Ⅰ			√			√		√	
实习与实践	军事训练	√	√	√			√			√
通识必修课	思想道德修养与法律基础	√	√						√	
专业必修课	创意写作	√	√		√	√		√	√	
专业选修课	写作基础		√		√	√		√	√	√
专业必修课	现代汉语Ⅰ	√			√	√	√	√	√	
专业必修课	中国现代文学史Ⅰ	√			√	√	√	√	√	
专业选修课	人门学科入门	√			√		√			√
专业选修课	文化研究与当代文艺赏析	√			√		√			√

图 9-3 打开表格

（4）选中表格区域，右击选择“复制”选项（或者按 Ctrl+C 组合键），如图 9-4 和图 9-5 所示。

（5）在“汉语言文学专业人才培养方案.wps”文档中，右击，在弹出的快捷菜单中，选择“粘贴”选项，如图 9-6 和图 9-7 所示。

（6）单击表格左上角，选择表格，右击，在弹出的快捷菜单中，选择“表格属性”选项，打开“表格属性”对话框，单击“表格”选项卡，选择“居中”对齐方式，单击“确定”按钮，如图 9-8～图 9-10 所示。

汉语言文学专业人才培养规格

课程类别	课程名称	培养规格								
		素质要求			能力要求				知识要求	
		1.1	1.2	1.3	2.1	2.2	2.3	2.4	3.1	3.2
技能必修课	计算机基础			√				√		√
技能必修课	大学英语Ⅰ			√			√		√	
实习与实践	军事训练	√	√	√			√			√
通识必修课	思想道德修养与法律基础	√	√						√	
专业必修课	创意写作	√	√		√	√		√	√	
专业选修课	写作基础		√		√	√		√	√	√
专业必修课	现代汉语Ⅰ	√			√	√	√	√	√	
专业必修课	中国现代文学史Ⅰ	√			√	√	√	√	√	
专业选修课	人门学科入门	√			√		√			√
专业选修课	文化研究与当代文艺赏析	√			√		√			√

图 9-4 选中表格区域

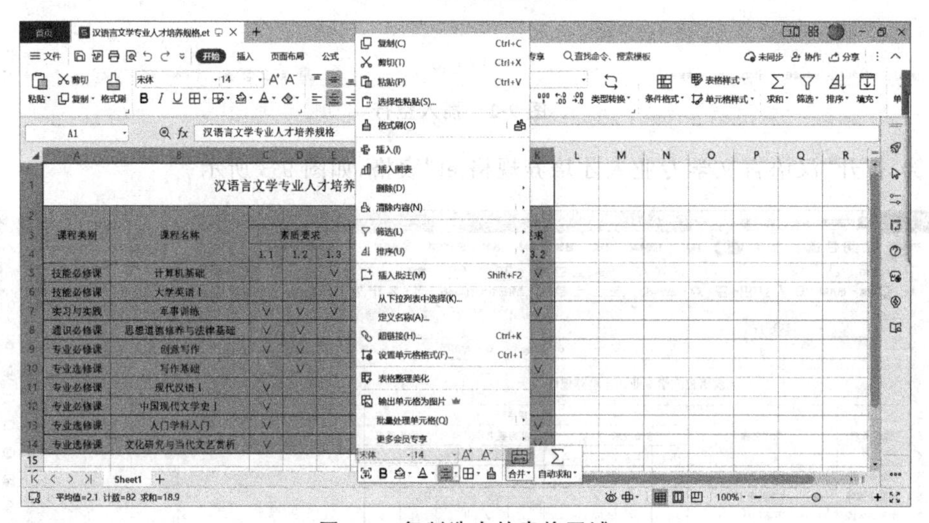

图 9-5 复制选中的表格区域

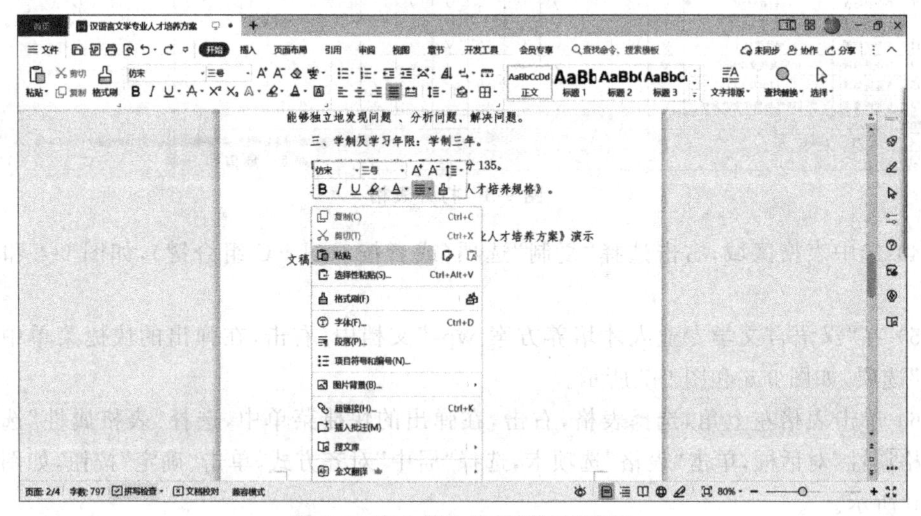

图 9-6 在文档中选择“粘贴”选项

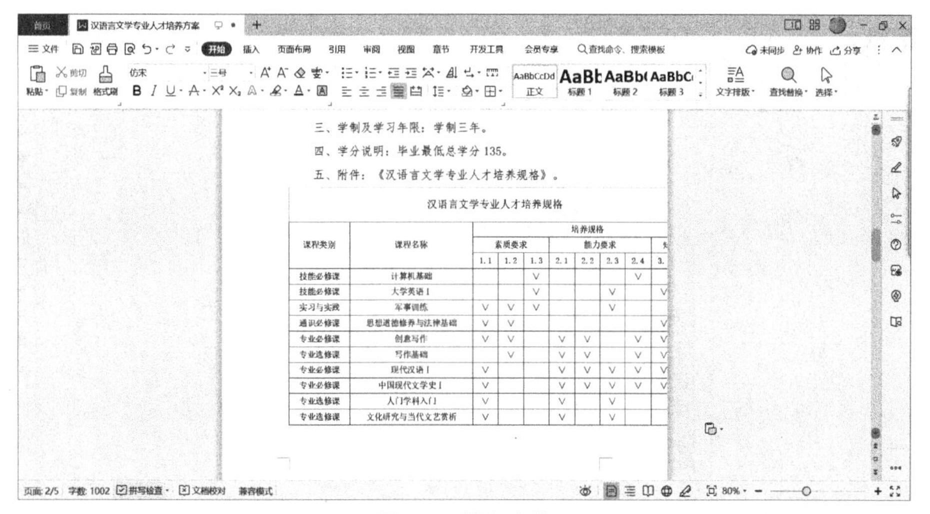

图 9-7　插入表格

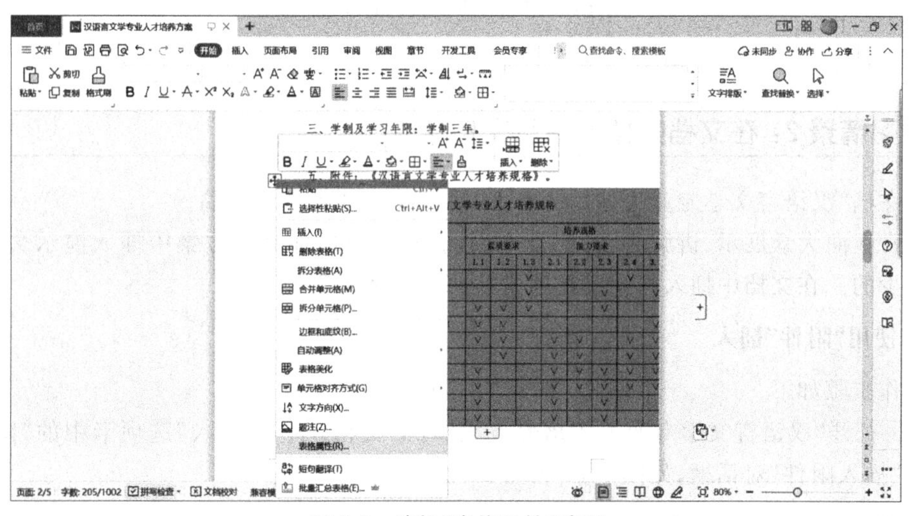

图 9-8　选择“表格属性”选项

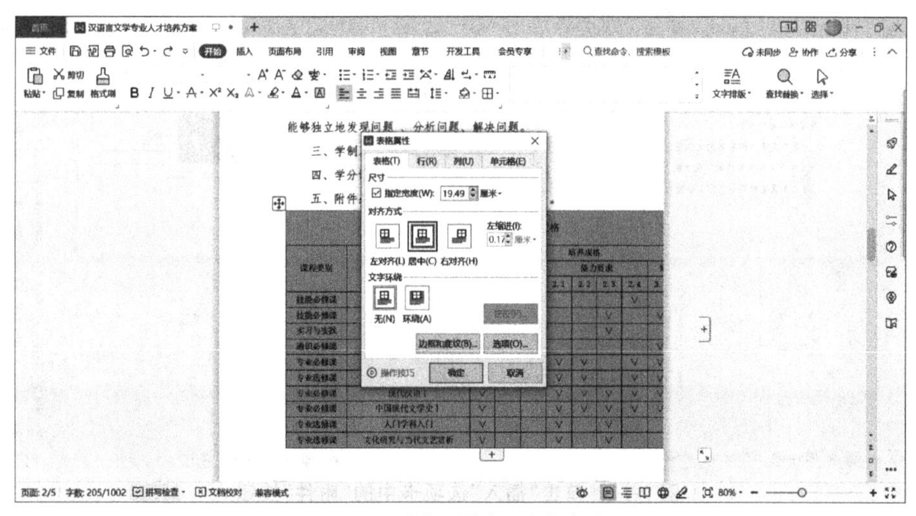

图 9-9　选择“居中”对齐方式

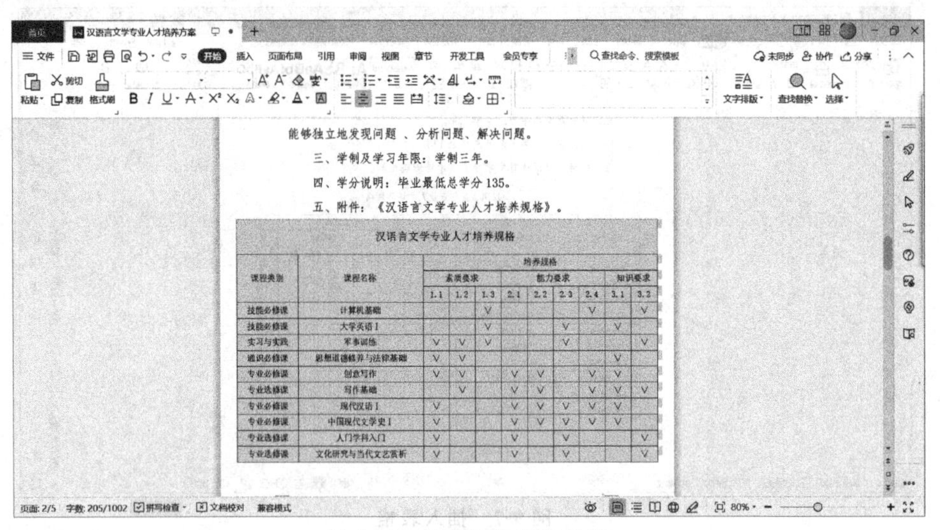

图 9-10　设置后的表格效果

(7) 单击“保存”按钮，操作完成。

学习情景 2：在文档中插入演示文稿

在文档“汉语言文学专业人才培养方案.wps”文末插入演示文稿。

通常在向大众展示、讲解时，我们会应用到演示文稿，那么在方案中插入演示文稿也是必不可少的。在文档中插入演示文稿通常有两种方法来实现。

1. 使用“附件”插入

操作步骤如下。

(1) 打开“汉语言文学专业人才培养方案.wps”文档，单击“插入”选项卡中的“附件”按钮打开“插入附件”对话框，如图 9-11 和图 9-12 所示。

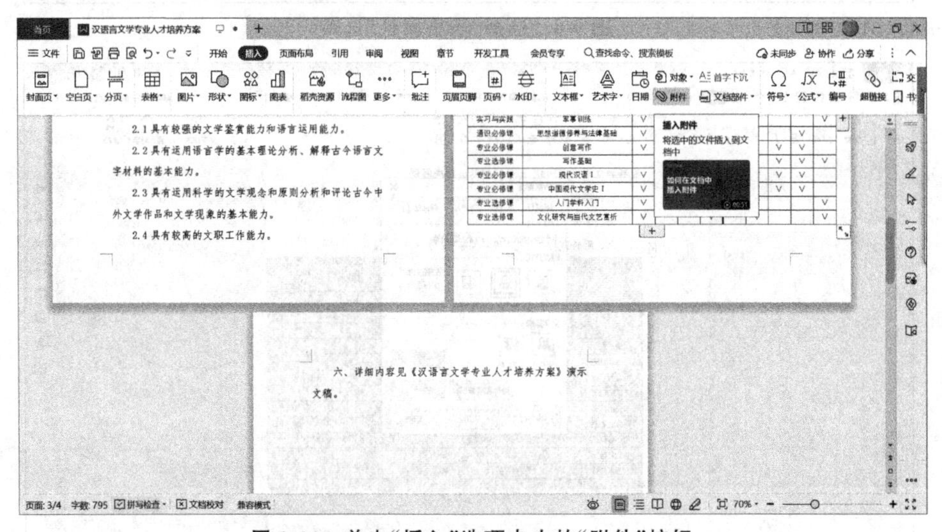

图 9-11　单击“插入”选项卡中的“附件”按钮

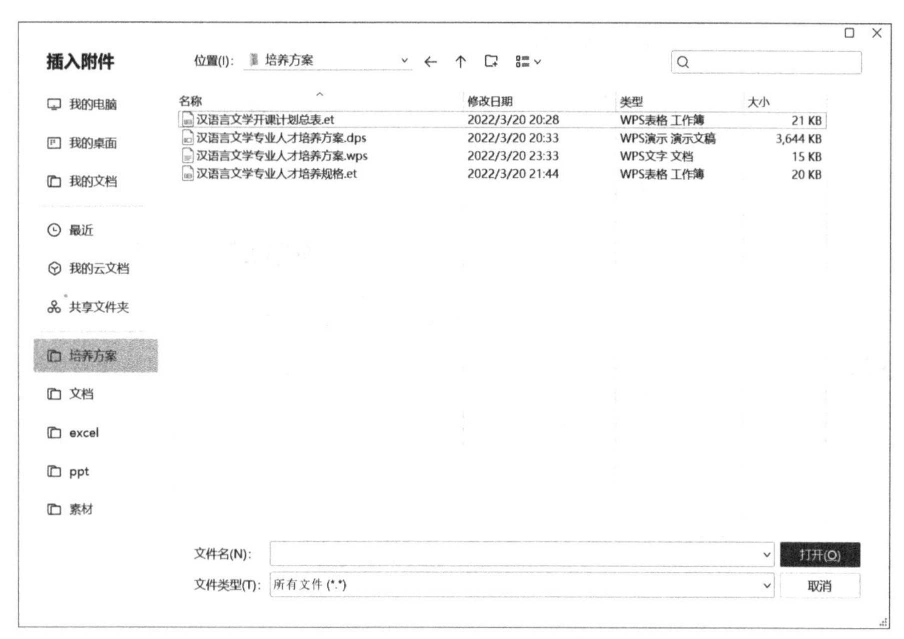

图 9-12 “插入附件”对话框

(2) “插入附件”对话框中单击要插入的“汉语言文学专业人才培养方案.dps”演示文稿，然后单击“打开” 按钮，选择附件插入方式，单击“确定”按钮后演示文稿插入文档中，如图 9-13～图 9-15 所示。

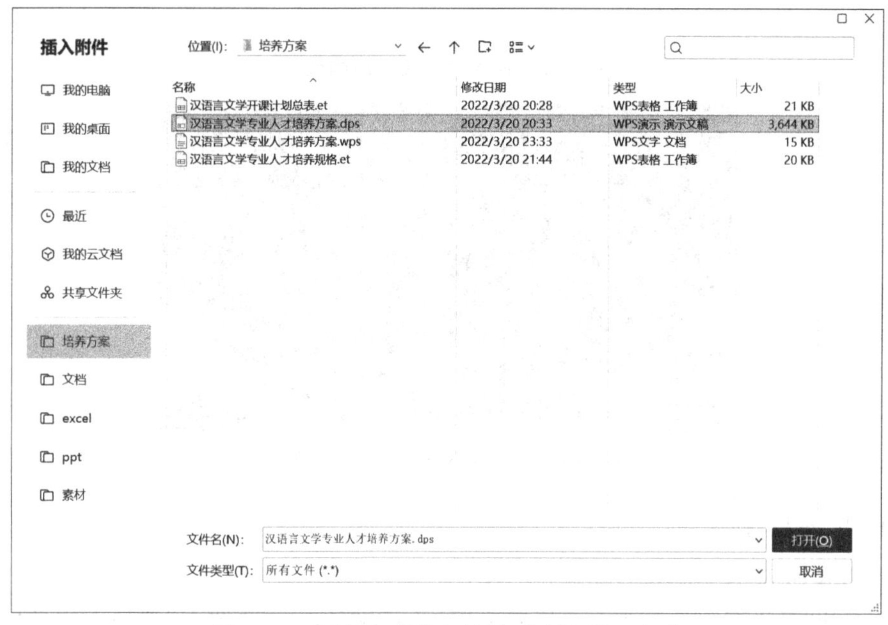

图 9-13 在“插入附件”对话框中插入演示文稿

(3) 双击“汉语言文学专业人才培养方案.dps”演示文稿，播放演示文稿，如图 9-16 所示。

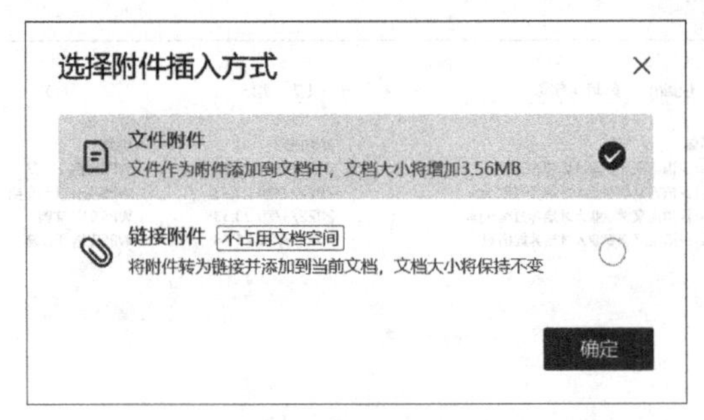

图 9-14 "选择附件插入方式"对话框

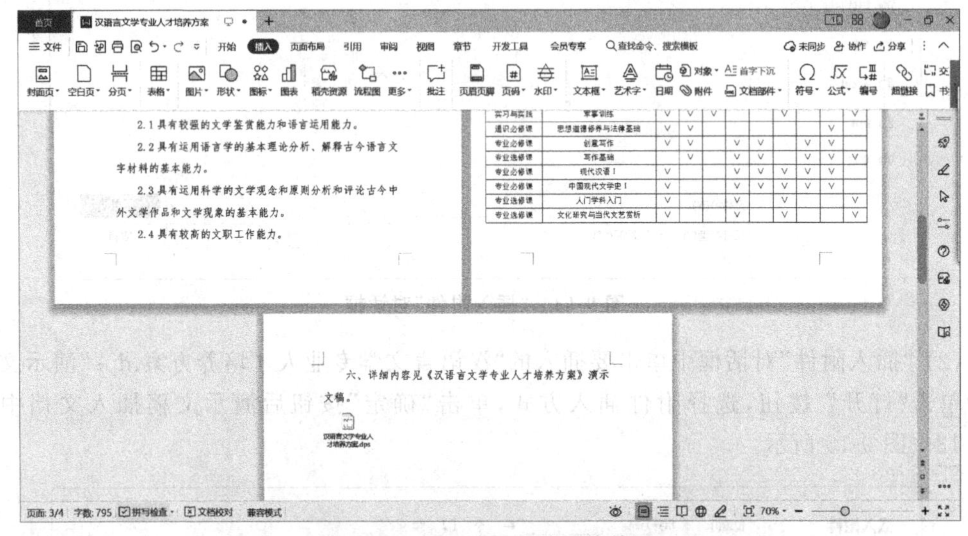

图 9-15 插入演示文稿后的效果

图 9-16 打开插入演示文稿图示效果

2. 使用"对象"插入

操作步骤如下。

(1) 打开"汉语言文学专业人才培养方案.wps"文档，单击"插入"选项卡中的"对象"按钮(见图 9-17)，打开"插入对象"对话框，如图 9-18 所示。

(2) 在"插入对象"对话框中选中"由文件创建"，单击"浏览"按钮，选择"汉语言文学专业人才培养方案.dpt"演示文稿，单击"打开"按钮，如图 9-19～图 9-22 所示。

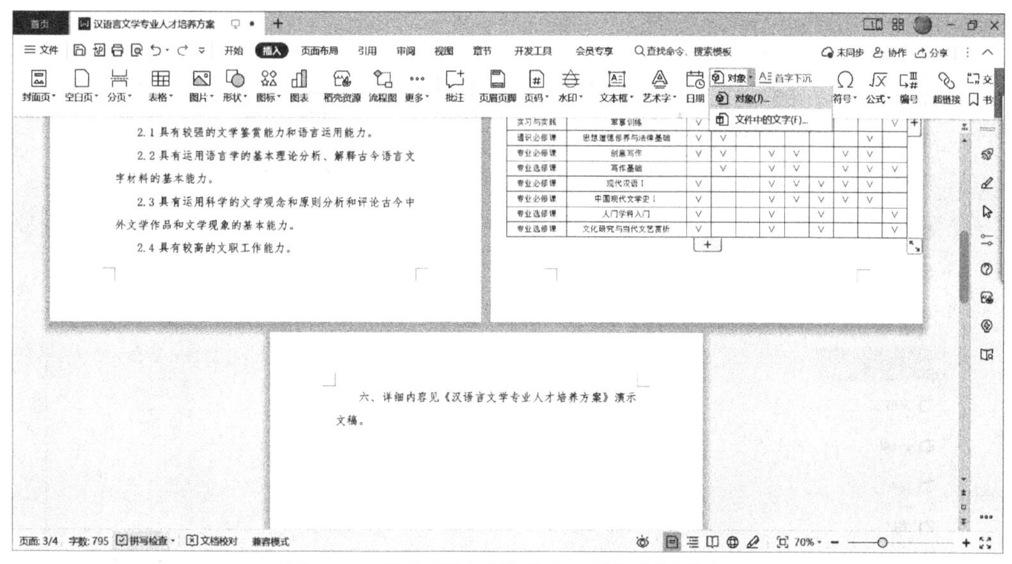

图 9-17 单击“插入”选项卡中的“对象”按钮

图 9-18 “插入对象”对话框(1)

图 9-19 “插入对象”对话框(2)

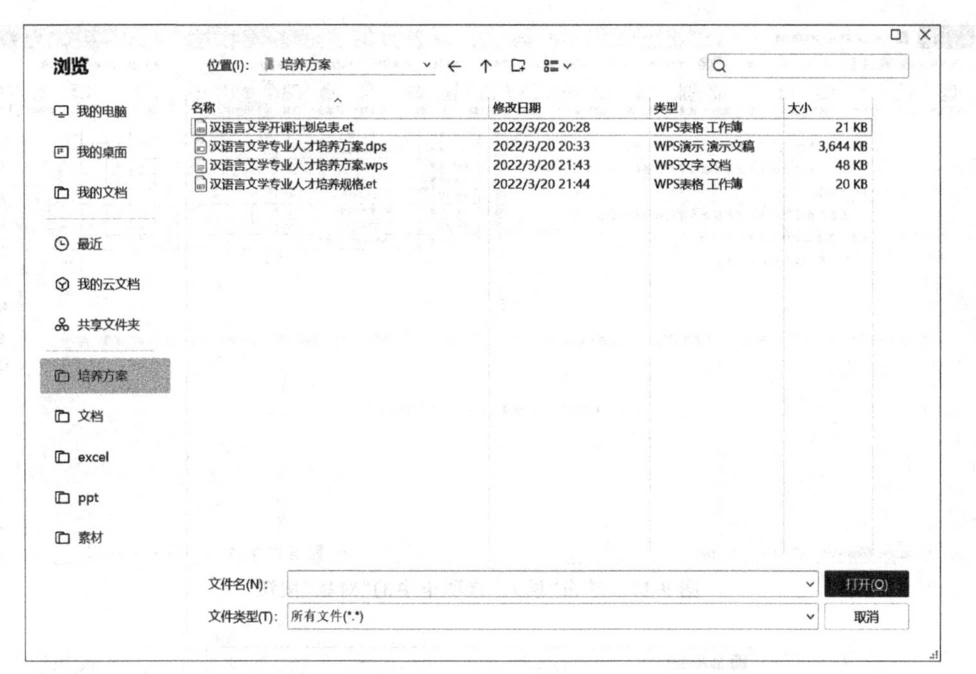

图 9-20 “浏览”对话框(1)

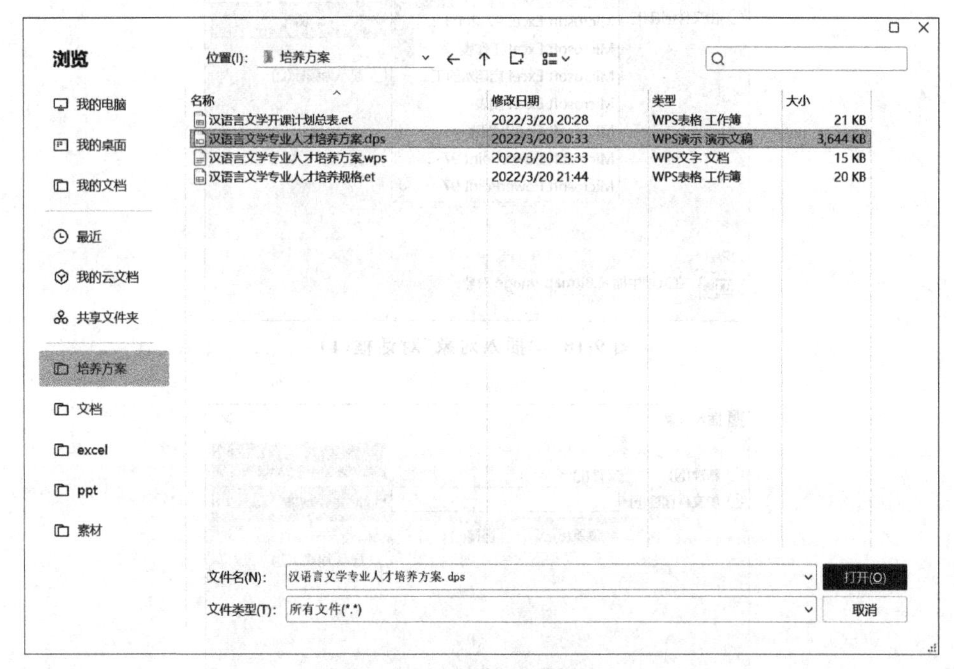

图 9-21 “浏览”对话框(2)

(3) 在“插入对象”对话框中勾选“链接”复选框和“显示为图标”复选框后，单击“确定”按钮，插入的“汉语言文学专业人才培养方案.dpt”演示文稿，如图 9-23 和图 9-24 所示。

(4) 双击插入的“汉语言文学专业人才培养方案.dpt”演示文稿，即可在文档中播放演示文稿。

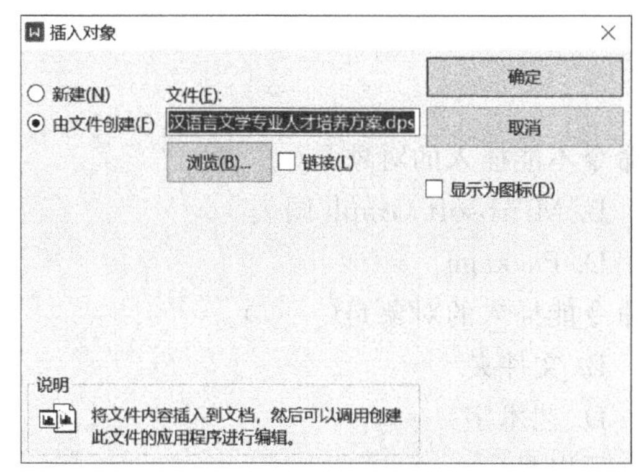

图 9-22 选中“由文件创建”单选按钮

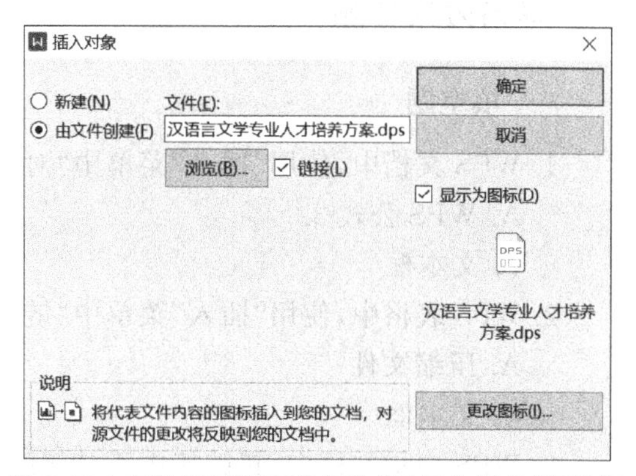

图 9-23 勾选“链接”复选框和“显示为图标”复选框

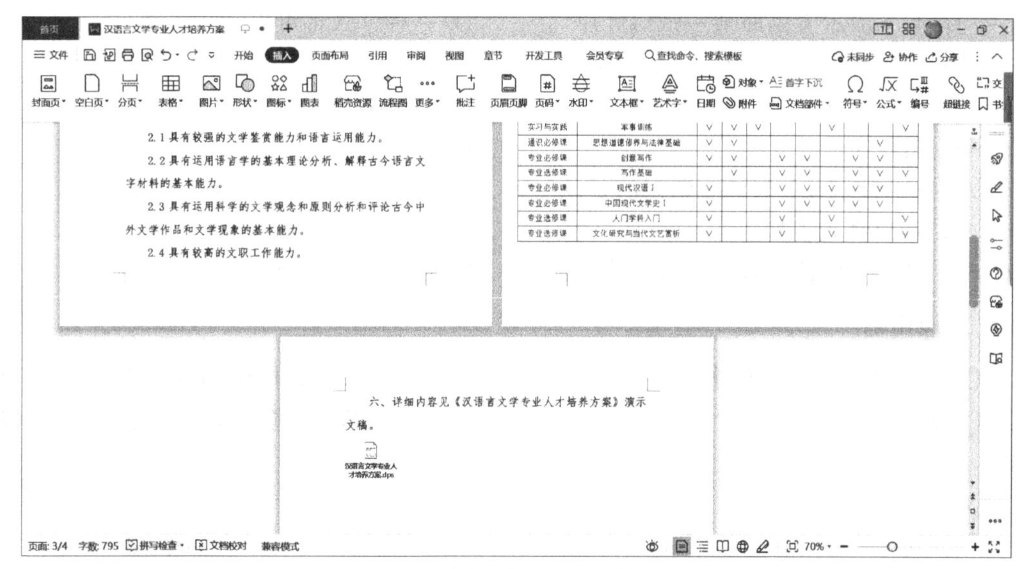

图 9-24 插入演示文稿后的效果

拓展阅读 电子表格与演示文稿的综合应用

电子表格与演示文稿的综合应用内容详见二维码。

电子表格的综合应用

演示文稿的综合应用

学习效果自测

一、填空题

1. WPS 文档中，使用“插入”菜单中“对象”命令不能插入的对象是(　　)。

   A. WPS 公式 3.0　　B. Microsoft Graph 图表

   C. 文本框　　D. Package

2. WPS 表格中，使用“插入”菜单中“链接”命令能插入的对象是(　　)。

   A. 压缩文件　　B. 文件夹

   C. 文本框　　D. 艺术字

3. WPS 演示文稿中，超链接中所链接的目标可以是(　　)。

   A. 其他幻灯片文件　　B. 电子邮件地址

   C. 同一演示文稿的某一张幻灯片　　D. 三种方式都可以

4. WPS 演示文稿中，插入对象不可以是(　　)。

   A. 操作系统　　B. 图像文件

   C. 图片文件　　D. 图表

5. WPS 文档中，下列说法错误的是(　　)。

   A. 可以插入表格　　B. 可以插入录制的声音

   C. 可以生成扩展名为.et 的文件　　D. 可以插入演示文稿

二、应用题

用 WPS 系统制作一篇求职信的电子文档。要求在 WPS 文档中插入 WPS 电子表格和 WPS 演示文稿。WPS 电子表格展现本人的学习成绩，WPS 演示文稿展现本人的兴趣爱好。

项目 10

数字媒体技术

项目简介

数字媒体技术从无到有、从简单到复杂、从局限性到各领域广泛应用，正在深度改变着这个世界。数字媒体技术是融合了数字信息处理技术、计算机技术、数字通信和网络技术等多种技术的交叉学科和技术领域。我们将从数字媒体及数字媒体技术的基本概念视角入手，分析数字媒体具有的显著特征，探讨数字媒体技术的应用及其发展前景，对常见的数字音频、图像、视频等媒体处理技术进行基础分析，以期抛砖引玉、引发大家对数字媒体等相关专业知识和技术前景的深度思考。

知识培养目标

(1) 了解媒体的特性及概念。

(2) 了解数字媒体的特性及概念。

(3) 了解数字媒体技术的应用领域。

(4) 掌握音频的数字化过程。

(5) 掌握图像处理技术基本属性及颜色模型。

(6) 掌握数字视频基础知识。

能力培养目标

(1) 具备掌握数字媒体信息的基本处理方法的能力。

(2) 具备数字媒体的应用能力。

课程思政园地

课程思政元素的挖掘及培养如表 10-1 所示。

表 10-1　课程思政元素的挖掘及其培养目标关联表

知识点	知识点诠释	思政元素	培养目标及实现方法
媒体	媒介的概念，媒体的含义，媒体的分类	人类文明向来与媒体的发展有着密不可分的关系。没有媒体的更新与进步，就没有人类文明的繁荣与传承	激发和强化学生对新知识、新技术的学习兴趣和积极性。 鼓励学生学好数字多媒体技术，为计算机技术的发展做出贡献

续表

知　识　点	知识点诠释	思 政 元 素	培养目标及实现方法
数字媒体技术的应用领域	依靠迅速发展的数字化技术，数字媒体技术已经渗透在社会生产的各个领域，广泛应用于信息、通信、影视、广告、教育等方面	知法懂法：关注数字媒体技术在各领域的应用研究，并在今后的工作中增强学生法律意识	以数字影视广告中的应用为例，应注重数字媒体技术对数字影视的应用研究，以求推动数字化生存的发展。 贯穿讲解《中华人民共和国广告法》中经常涉及的法律案例，培养学生具备文明守法的意识
数字图像处理技术	运用 Photoshop 软件制作位图的过程中，多次调整设置图像分辨率、尺寸、颜色模型等指标，以期达到最好的图像真实效果	精益求精工匠精神：通过对作品及制作方式的多次讨论和修改，逐步培养学生的工匠精神	除了教师对学生作品给予多维度的修改意见，学生对自己的作品还要反复调整，精益求精，不断加强自己的操作能力，制作出更优秀的作品。通过高标准要求练习之后，看见自己制作的作品，学生的精神是享受的，是积极向上的
数字视频处理技术	数字媒体技术在数字影视的制作过程中相当于一个低廉高效的工具，它的低廉体现在节省了大量人力以及实质性的物力；它的高效既表现在计算机处理信息上面显示出的超人的速度，又表现在能解决很多实际拍摄所难以解决的问题	爱国情怀：弘扬中国传统文化与智慧，逐渐培养学生的中国文化自信以及学生的民族自豪感。 创新精神：让学生了解我国目前技术现状，有助于其树立信心，投身到科研领域的深造和研究中来	通过基本知识点常规讲解外，还要穿插多个应用各种数字媒体的技术帮助影视作品进行二次创作。 例如：在悬崖岸边拍摄令人心惊胆战的坠崖镜头，或者是必须拍摄一些旧时代的有代表性的场景等情况，其中有的危险性非常高，不应该提倡演员去表演，有的场景现实生活中已经不存在。然而，这些问题都可以通过数字媒体技术帮助影视作品进行二次创作

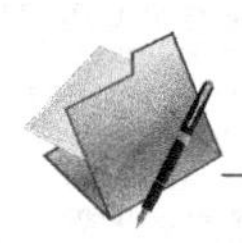

任务 1　了解媒体及其特性

知识目标

(1) 了解媒介的概念。
(2) 了解媒体的概念。
(3) 了解媒体的分类。
(4) 了解媒体的应用技术。

技能目标

(1) 了解媒体、数字媒体技术的含义。
(2) 能从日常生活和学习中感受各种媒体及其作用。

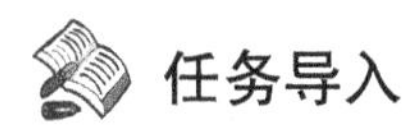

任务导入

我们发出的声音是如何传到别人的耳朵里的？我们在手机上编辑的信息又是如何传送到别人的手机里的呢？下面我们一起来了解一下吧。

学习情境 1：了解媒体的概念

1. 媒介、媒体的含义

古语云“天上无云不下雨，地上无媒不成婚”。可见很早以前，“媒”主要是在男女婚嫁中起传情达意的中介作用。

其实，除了用身体和口语进行的直接传播以外，一般而言，在采用某种方式来进行的信息传播活动中，从信息源到受信者之间承载并传递信息的载体和工具，就是传播媒体。

“媒体”又被称为“媒介”“传媒”或“传播媒介”，英文为 medium。传播学范畴的媒介有两种含义：一种指的是具备承载信息传递功能的物质，如电视、广播、报纸等，被称为“大众媒介（mass media）”，而互联网等借助新兴的电子通信技术的媒介被称为“电子媒介”；另一种指的是从事信息采集、加工制作和传播的社会组织，即传媒机构，如电视台、报社等。

2. “媒体”定义在“融合”中重塑

2014 年被很多人称为中国的移动互联网元年。2015 年国务院总理李克强在政府工作报告中提出“互联网＋”的概念，这是一个被重新定义的时代。

时代需要重新定义媒体，融合给媒体提供了这样的可能性。融合分为三个不同层次：第一个是“打通”，打通媒体内部的内容生产，打通媒体内部的运营管理，最关键的是打通媒体与用户的连接。第二个是“整合”，不仅整合媒体内容的资源，更重要的是整合行业资源。第三个是“提升”，融合的最终目的是媒体与用户深度融合，以及媒体行业与其他产业深度融合。

学习情境 2：了解媒体的分类

媒体的分类有很多种，为了更好地说明它们之间不同的特性，特将其分为三大类：视觉媒体、听觉媒体和视听两用媒体。各种媒体都有自己的特点，彼此互相取长补短，但很少互相代替。

1. 视觉媒体

最悠久的是印刷媒体，也是传播最迅速和最广泛的，以报纸、杂志为主。

（1）报纸媒体：长期居于广告媒体的首位，而后一度跌落。

（2）杂志媒体：有效时间长，印刷精美，广告编排紧凑整齐，篇幅无限制，此外可以保存。

（3）户外媒体：包括销售现场、霓虹灯、车厢、包装、路牌、灯箱、气球等。能增强对企业的印象，老少易懂；设计独特新颖；地点广泛。其缺点是受所在现场的限制。

2. 听觉媒体

（1）广播媒体：技术上突破，采取“市场导向”式的商业化经营方式，及时把所有地点的变动播出。最突出的一点是音色优美,再现“原音”。传播速度最快、最广、设备简单。文化程度低的地区,效果特佳。播出和收听不受时间、空间限制。还可通过电话直播,直接与观众交流。

(2) 录音带媒体:特点是详细说明商品;不受时间限制,可以保存;音乐与广告间隔播出,广告有音乐性。

(3) 电话媒体:向消费者直接诉求或提供某些服务,如天气等消息、音乐、鸟叫。以特定人物为对象,减少浪费;有亲切感,不受空间限制,制作简单;对预期消费者做反复诉求,并及时了解反映;对象范围和人数可掌握。

3. 视听两用媒体

(1) 电视媒体:最受欢迎最家庭化的媒体。形声兼备,深入家庭;高度娱乐性;强制性广告效力;受众平均购买力高;声像并茂,情理兼备,吸引力强。

(2) 电影院媒体:早期为广告幻灯,后来为广告影片。同时同地一次性掌握多数观众;注意力集中;强迫诉求,强制性说服力。便于选择最佳电影院;广告费用低。

(3) 表演性媒体:实地操作表演。

(4) 网络媒体:与传统媒体相比,具有以下优点。第一,多种传播符号组合,表现形式丰富;第二,信息丰富,资源共享;第三,网上信息可随时更新,时效性强;第四,实现信息双向传播,建立传授平等的新型传播模式;第五,信息选取由“推”到“拉”,便于搜索查询;第六,网上信息以超链接的方式发布,信息之间关联性高;第七,通信方式迅捷便利。但是,网络媒体仍有自己的一些缺点。第一,网上传播目前法律规范尚不完善,导致色情、暴力等不当信息的泛滥,利用网络散布谣言,危害个体或公众的正当利益的事件还时有发生;第二,网上知识产权的保护也是一个亟待解决的问题;第三,由于网络传播中,受众占主动,所以需要受众的主动选择,网络媒体才有市场。

4. 数字媒体技术

数字媒体是通过计算机存储、处理和传播信息的媒体,简而言之就是以数字化形式(0或1)传送信息的媒体。

数字媒体本质上是处理、存储、传递信息的新兴媒体。数字化技术手段和数字化信息共同构成数字媒体的全部。

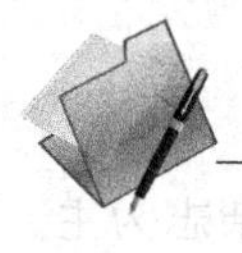

任务2 了解数字媒体及其特性

知识目标

(1) 了解数字媒体的概念。

(2) 了解数字媒体的特性。

(3) 了解数字媒体的分类。

(4) 了解数字媒体的优点。

技能目标

(1) 了解数字媒体的常见元素及特征。

(2) 能从实践中分析数字媒体的含义及特征。

任务导入

你知道了媒体是怎么回事吗？那么，在数字化时代，数字媒体又是怎么回事呢？它有哪些特点呢？

学习情境 1：了解数字媒体的概念及特性

1. 数字媒体的概念

数字媒体的发展不再是互联网和 IT 行业的事情，已成为全产业未来发展的驱动力和不可或缺的能量。数字媒体的发展通过影响消费者行为深刻地影响着各个领域的发展，比如消费业、制造业等都受到来自数字媒体的强烈冲击。

1) 数字媒体内容产业

随着科学技术和网络技术的不断发展，数字媒体技术得到了广泛运用，在电影、电视、动漫、音乐等行业中已成为数字媒体艺术。在数字化时代已经到来的今天，数字媒体艺术的发展影响着人们生活的方方面面。

数字媒体艺术产业被认为是 21 世纪知识经济的黄金产业之一，近年来，世界各国特别是发达国家纷纷掀起数字艺术热潮，数字产业迅速发展。

在我国，经过近几年努力，现在已形成影像、动画、网络、互动多媒体、数字设计等为主体形式，以数字化媒介为载体的产业链。数字媒体艺术产业已成为北京、上海、江苏、浙江和东南沿海城市新的经济增长点和支柱产业。

2) 数字媒体技术的概念

在"多媒体技术"一词被广泛应用的今天，另一个词"数字媒体技术"也悄然进入人们的视野。早期计算机系统采用模拟方式表示声音和图像信息，这种方式使用连续量的信号来表示媒体信息，存在明显的缺点：第一，易出故障，常产生噪声和信号丢失；第二，模拟信息不适合数字计算机加工处理。

数字化技术的实现使这些问题迎刃而解。用数字化方式，对声音、文字、图形、图像视频等媒体进行处理，去掉信号数据的冗余性，满足了用户对媒体信息海量存储、情事处理的要求。

2. 数字媒体的特性

数字媒体艺术的表现形式有很多种，比如数字电视、数字图像、数字动画、数字游戏、数字电影等。数字媒体艺术的载体是计算机和互联网技术，通过利用计算机数字平台艺术的创作会更加得心应手。

数字媒体除了具备一般媒体的共同特性之外，还有自己独有的个别特性。数字化多媒体技术的主要特征包括如下。

(1) 集成性。多媒体技术是结合文字、图形、图像、声音、视频、动画等各种媒体的一种应用,并且是建立在数字化处理的基础上。

(2) 交互性。交互性是数字化多媒体技术的主要特征,且数字化多媒体系统的最终用户界面必须是人机交互式,这也正是它和传统媒体最大的不同。通过交互可使用户按照自己的意愿来进行主动选择和控制,更可借助这种交互式的沟通来帮助用户进行思考,以达到增进知识及解决问题的目的。而传统媒体只能单向地、被动地传播信息。

(3) 数字化。数字化多媒体技术必须由计算机控制,必须能够以数字化的形式存储、记录、变换、传递和再现。

学习情境 2: 了解数字媒体的分类

(1) 按时间属性划分,数字媒体可分为静止媒体和连续媒体。静止媒体指内容不会随着时间而变化的数字媒体,比如文本和图片。连续媒体是指内容随着时间而变化的数字媒体,比如音频、视频、虚拟图像等。

(2) 按来源属性划分,数字媒体可分为自然媒体和合成媒体。自然媒体指客观世界存在的事物、声音等,经过专门的设备进行数字化和编码处理之后得到的数字媒体。比如通过数码相机拍摄的照片、数字摄像机拍的影像、MP3 数字音乐、数字电影电视等。合成媒体指以计算机为工具,采用特定符号、语言或算法表示的,由计算机生成的文本、音乐、语音、图像和动画等。比如通过 3D 制作软件制作出来的动画角色。

(3) 按组成元素划分,数字媒体可分为单一媒体和多媒体。顾名思义,单一媒体就是指单一信息载体组成的载体;多媒体则是指多种信息载体的表现形式和传递方式。

(4) 一般情况"数字媒体"指的是"多媒体",是由数字技术支持的信息传输载体,其表现形式更复杂,更具视觉冲击力,更具有互动特性。

学习情境 3: 了解数字媒体的优点

1. 数字媒体与传统媒体比较

以数字媒体、网络技术与文化产业相融合而产生的数字媒体产业,正在世界各地高速成长。数字媒体是非结构化的内容,包括视频、音频和图像,它们不是被存储在传统的数据库中,而是拥有自己固有的价值。

2. 传统媒体技术的含义

传统媒体主要有声音、图像还包括电视、收音机等,有时间和空间的局限性,而数字媒体则集声、图、动画于一体,更主要的是一定程度上解决了时间和空间的局限性。但是数字媒体并不能取代传统媒体。

3. 传统媒体面临的现状与挑战

随着互联网、手机、移动电视、楼宇电视等新兴数字媒体的迅速崛起,报刊、广播电视等传统媒体面临着与日俱增的严峻挑战，受众和广告收入不断流失，覆盖面、渗透率、影响力和投资额呈下滑趋势。

4. 数字媒体技术的优点

与模拟媒体相比，数字媒体具有许多优点。

(1) 由于数字媒体采用二进制数记录信息，而不是利用物理量记录信息。因此在信息的存储，传递和再现过程中不会失真。

(2) 可以采用数字压缩技术对数字信息进行压缩和解压缩，从而减少信息的存储容量和传输时间。

(3) 数字媒体可以方便地借助相应软件进行复制、创新性编辑等。

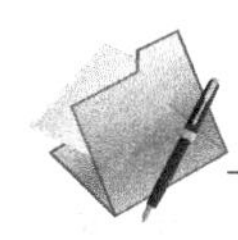

任务3 了解数字媒体技术的应用领域

知识目标

(1) 了解数字媒体技术的概念。

(2) 了解数字媒体技术的应用领域。

(3) 了解数字媒体技术的发展趋势。

技能目标

让学生关注数字媒体技术对人们的学习、工作、生活以及社会发展的影响。

任务导入

现在的工作、学习和生活都离不开数字媒体技术和设备了。下面让我们来具体了解一下数字媒体技术的应用领域和发展趋势。

学习情境1：了解数字媒体技术的应用领域

1. 在影视广告制作领域中的应用

影视广告的剪辑、制作与数字媒体技术的应用密不可分，比如数码技术的应用使得影视广告后期制作更加高效。高清技术的应用使影视广告的视觉效果更佳。

2. 在大众娱乐领域中的应用

数字媒体技术在大众娱乐领域中的应用使得人们能够实现远程沟通，微信、QQ等成为人们生活所需。

3. 在电子商务领域中的应用

数字媒体技术通过开发网上电子商城，实现网上交易。通过网络电子广告、电子商务网站，能将商品信息迅速传递给顾客。电子商务是21世纪极具发展潜力的领域，将其与数字媒体技术相结合，在很大程度地改变了人们的生活和工作习惯。

4. 在教育培训领域中的应用

可以开发远程教育系统、网络多媒体资源、制作数字电视节目等。

一方面，将数字媒体技术应用于现代教学中，促使着教材多媒体化、资源全球化、教学个性化、学习自主化、活动合作化、管理自动化、环境虚拟化；另一方面，改变着传统教学模式，打破了传统教学中一对一的教学方式，增强了教学环节的互动性和趣味性。

5. 在电子出版领域中的应用

电子出版是数字媒体和信息高速公路应用的产物。开发多媒体教材，出版网上电子杂志、电子书籍等。实现编辑、制作、处理输出数字化，通过网上书店，实现发行的数字化。

6. 在虚拟现实领域中的应用

虚拟现实(virtual reality，VR)综合了计算机图形学、人机交互技术、传感技术、人工智能等领域的成果，用以生成一个具有逼真的三维视觉、听觉、触觉及嗅觉的模拟现实环境。沉浸、交互和构想是虚拟现实的基本特征。其在娱乐、医疗、工程和建筑、教育和培训、军事模拟、科学和金融可视化等方面获得了应用，有很大发展空间。

学习情境 2：了解数字媒体技术发展趋势

目前数字媒体等信息产业在我国发展十分迅速，再加上国家“863 计划”的大力支持，我国的数字媒体技术研发取得了重大进展。数字技术在多媒体行业的应用，在社会生活中占据着越来越重要的作用。我们必当正确处理信息产业带来的挑战和机遇，加强技术的研发，促进 TV、IT 产业的分工与结合、推动数字媒体产业发展。

数字媒体内容产业将内容制作技术以及平台、音视频内容搜索技术、数字版权保护技术、数字媒体人机交互与终端技术、数字媒体资源管理平台与服务、数字媒体产品交易平台与服务等 6 个方向定义为发展重点。其中，前 4 个属于技术与平台类，后 2 个属于技术与服务类。

(1) 内容制作技术以及平台：应以高质量和高效率制作为导向，研究开发国际先进的数字媒体内容制作软件或功能插件。

(2) 音视频内容搜索技术：海量数字内容检索技术使数字内容能够得到有效的制作、管理与充分的利用。

(3) 数字版权保护技术：为保障数字媒体产业的持续、健康发展，必须采取一套有效的数字版权保护机制。这是数字媒体服务产业发展的核心问题之一。

(4) 数字媒体人机交互与终端技术：如何将数字媒体用最好的体验手段展现给用户，是数字媒体产业最后能否得到市场接受的重要环节。

(5) 数字媒体资源管理平台与服务：对纷繁复杂的海量数字内容素材、音视频作品及最终产品，需要建立基于内容描述的资源集成、存储、管理、数字保护、高效的多媒体内容检索与信息复用机制等服务。

(6) 数字媒体产品交易平台与服务：在统一的数字媒体运营与监管标准与规范制约下，通过贯穿数字媒体产品制作、传播与消费全过程的版权受控形成自主创新的数字媒体交易与服务体系。

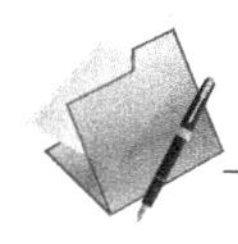

任务4 了解常见的数字媒体处理技术

知识目标

(1) 了解数字音频的概念。
(2) 了解数字音频的文件格式。
(3) 了解数字音频的重要参数。
(4) 了解数字图像的格式和基本参数。
(5) 了解数字视频的基本参数和常见格式。

技能目标

让学生具备在日常生活和学习中应用数字媒体技术等信息技术解决实际问题的能力。

任务导入

现在我们在手机上经常刷到的各种各样的小视频，就是用手机拍摄后通过一定的技术处理得到的，下面我们一起来了解一下相关的基础知识。

学习情境1：理解数字声音处理技术

1. 数字音频概念

用数字化手段对声音进行录制、存取、编辑、压缩或播放，是信息时代的一种全新的声音处理手段。

2. 常见数字音频文件格式

(1) WAV：波形音频格式，由微软公司开发。

(2) MP3：一种音频文件格式压缩，MP3的压缩率可以使文件大小变为原来1/10，同时保持可接受的音质。

(3) MIDI(musical instrument digital interface)数字化接口：一种使计算机与音乐设备交流和同步的协议。

3. 数字音频的优点

数字录音作品几乎不会为信号加入噪声或失真，而且存储方便、存储成本低廉。

4. 音频的数字化过程

(1) 声卡：处理声音信号的关键设备，是计算机与外围设备进行信号交换的媒介，也是计算机处理音频信号的主要硬件工具。

(2) 声卡功能：对于音频信号来说，声卡是将外部输入的模拟信号转换为数字信号(称

“模/数”转换),利用计算机的 CPU 或声卡自身的 DSP 芯片进行处理,然后将数字信号转换为模拟信号(称“数/模”转换),将信号输出到外部的设备中进行存储或重放。

(3) 音频数字化的重要参数如下。

① 比特深度(bit depth),单位为 bit。

比特率是指将模拟声音信号转换成数字声音信号后,单位时间内的二进制数据量,表示单位时间(1s)内传送的比特数的速度。比特率越大的音质就越好。

② 采样率(sampling rate),单位为 Hz。

采样率或采样频率是音频数字化时对模拟信号测量时的速率。例如:一个 48kHz 的采样率就是每秒有 48000 个采样。常见采样率为 44kHz、48kHz、96kHz 等。采样率越高,被记录下来的信息越多,录音的频率响应越宽广。

③ 时钟(clock)。

每一台数字音频设备都有它的时钟或内部振荡器用于采样的定时设定。时钟相当于一个乐队的指挥,在采样率下有一系列的脉冲信号,当数字音频从一台设备转移到另一台设备上时,就依靠这个脉冲信号进行同步。

学习情境 2:理解数字图像处理技术

1. 数字图像处理概述

1) 数字图像的计算机表示方法

位图图像(bitmap),也称为点阵图像或栅格图像,是由称为像素(图片元素)的单个点组成的。这些点可以进行不同的排列和染色以构成图样。当放大位图时,可以看见赖以构成整个图像的无数单个方块。

矢量图是根据几何特性来绘制图形,矢量可以是一个点或一条线,矢量图只能靠软件生成,文件占用内在空间较小,因为这种类型的图像文件包含独立的分离图像,可以自由无限制重新组合。它的特点是放大后图像不会失真,和分辨率无关。

2) 位图与矢量图的区别

(1) 直观的区别:位图显示的效果非常真实,但放大之后就不精细了。矢量图效果由线块组成,像手绘出来的效果,它的图案可以很精细,笔画很精细,每个拐角都可以很精细,但它是一个不真实的效果,更像一种美术效果。

(2) 本质的区别:位图由像素组成放大后失真,矢量图不以像素为单位,由线条组成放大后无影响,如图 10-1 所示。

图 10-1 放大后位图与矢量图的区别

(3) 文件格式的不同:位图格式是 JPG、BMP、TIFF;矢量图格式是 CDR、AI、EPS、PS、PDF。

注意:一般矢量图格式里可以兼容位图格式。

(4) 文档容量的区别：位图是幅画越大(像素越多)文件容量越大;矢量图是图形越复杂(曲线节点越多)容量越大。

注意：这一特点也是我们设计制作过程中选择软件的依据，如果制作幅较大，内容只有几个图形和文字时，就要选择矢量软件进行制作，这样效率更高。

3) 矢量图软件与位图软件

Photoshop、ACDSee、美图秀秀是位图软件。CorelDRAW、AI、ID、FIT 都是矢量图软件。

4) 像素与分辨率

(1) 像素是指组成位图图像的最基本元素。每一个像素都有自己的位置，并记载着图像的颜色信息。一个图像包含的像素越多，颜色信息越丰富，图像的效果就越好，但文件也越大。

(2) 分辨率是指单位长度内包含的像素点的数量，它的单位通常为像素/英寸(ppi)，例如，72ppi 表示每英寸包含 72 个像素点。分辨率决定了位图细节的精细程度，通常情况下，分辨率越高，包含的像素越多，图像也就越清晰。

像素和分辨率是两个密不可分的重要概念，它们的组合方式决定了图像的数据量。

2. 图像颜色模型

(1) RGB 颜色模型：也称为加色法混色模型，是我们使用最多、最熟悉的颜色模型，它以 RGB 三色光互相叠加来实现混色的方法，因而是面向诸如彩色显示器或打印机之类的硬件设备的常见的颜色模型。

该模型基于笛卡儿坐标系统，三个轴分别对应 R(红色)、G(绿色)、B(蓝色)。为图像中每一个像素的 RGB 分量分配一个 0～255 范围内的强度值。RGB 图像只使用三种颜色，就可以使它们按照不同的比例混合，在屏幕上重现 16 777 216 种颜色。

每种 RGB 成分都可使用从 0(黑色)到 255(白色)的值。例如，亮红色使用 R 值 255、G 值 0 和 B 值 0。当所有三种成分值相等时，产生灰色阴影，当所有成分的值均为 255 时，结果是纯白色；当该值为 0 时，结果是纯黑色。

(2) CMYK 颜色模型：印刷工业的实际印刷中，一般采用青(C)、品红(M)、黄(Y)、黑(BK)四色印刷，在印刷的中间调至暗调增加黑版。当红绿蓝三原色被混合时，会产生白色，但是当混合蓝绿色、紫红色和黄色三原色时会产生黑色。既然实际用的墨水并不会产生纯正的颜色，黑色是包括在分开的颜色，而这种模型称为 CMYK。

CMYK 具有多值性，也就是说对同一种具有相同绝对色度的颜色，在相同的印刷过程前提下，可以用分 CMYK 数字组合来表示和印刷出来。

在印刷过程中，必然要经过一个分色的过程，所谓分色就是将计算机中使用的 RGB 颜色转换成印刷使用的 CMYK 颜色。

(3) HSB 颜色模型：基于人类对颜色的感觉，HSB 模型描述颜色的三个基本特征。

色度是从物体反射或透过物体传播的颜色。在 0°～360°的标准色轮上，色度是按位置度量的。在通常的使用中，色度是由颜色名称标识的，比如红、橙或绿色。

饱和度也称彩度，是指颜色的强度或纯度。饱和度表示色度中灰成分所占的比例，用从 0(灰色)到 100%(完全饱和)的百分比来度量。在标准色轮上，从中心向边缘饱和度是递增的。白、黑和其他灰色色彩都没有饱和度的。在最大饱和度时，每一色调都具有最纯的色光。

亮度是颜色的相对明暗程度，通常用从 0%（黑）到 100%（白）的百分比来度量。为 0 时即为黑色。最大亮度是色彩最鲜明的状态。

学习情境 3：理解数字视频处理技术

1. 数字视频的基本概念

视频分为模拟视频和数字视频两种类型，这两种类型的视频很多概念都是相通的，只是技术表现形式不同。数字视频是基于数字技术发展起来，将模拟视频信号进行模数变换（滤波、采样、量化）成 0、1 的数字视频信号，这样就可以进行视频的压缩，并可以保存在固态存储器、硬盘或光盘等存储介质上。

2. 模拟信号与数字信号

模拟信号与数字信号波形举例，如图 10-2 与图 10-3 所示。

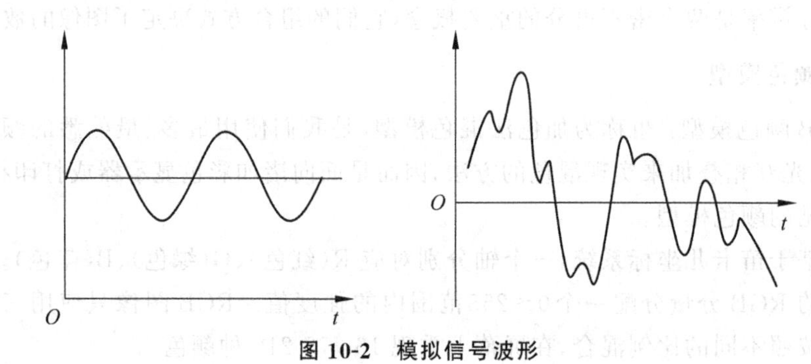

图 10-2 模拟信号波形

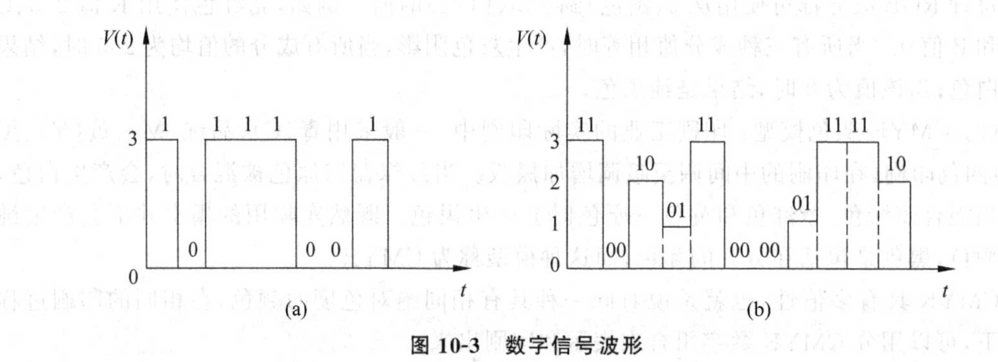

图 10-3 数字信号波形

3. 帧和场

一个视频信号可以通过对于一系列帧（渐进采样）或一个序列的隔行扫描的场（隔行扫描采样）来被进行采样。在一个隔行扫描采样的视频序列里，一帧的一半的数据是在每个时间采样间隔进行采样的。

一个场由奇数个或偶数个扫描线组成，而一个隔行扫描的视频序列包括一系列的视频帧。这种采样方式的优点在于与有相同帧数的同样码率的渐进序列相比，可以在 1s 传输 2 倍多的场，这样就可以形成更加平滑的运动。比如，一个 PAL 视频序列由 50 帧/s 的码率组成，在回放过程中，运动可以比同为 25 帧/s 的用渐进视频序列形成的运动显得更加平滑。

4. 标清与高清

所谓标清、高清，是指视频宽高大小(分辨率)与像素数。标清数字视频(标准清晰度电视视频)采用的宽×高尺寸为720×576(PLA制)，高清数字视频(高清晰度电视视频)采用的宽×高尺寸为1920×1080像素。隔行扫描与逐行扫描：高清720P是一种在逐行扫描下达到1280×720的分辨率的显示格式；而高清1080i是一种在隔行扫描下分辨率为1920×1080的显示格式；而高清1080p则是在逐行扫描下分辨率为1920×1080的显示格式。其中i(interlace)代表隔行扫描，p(progressive)代表逐行扫描。

5. 数字媒体压缩标准

将视频、音频数据流进行压缩。有很多压缩编码标准相继推出。静态图像压缩：静态图像压缩标准JPEG，也称帧内压缩。动态图像只采用帧内压缩：M-JPEG，是将动态图像每一帧都采用JPEG标准压缩。在压缩比不高时，有较好的复现图像质量(如DV AVI)，但占用存储空间大；在压缩比高的情况下，复现图像质量差。国际电工委员会于1988年联合成立，制定了MPEG-1、MPEG-2和MPEG-4三种压缩标准。

6. 视频文件常见格式

对数字视频进行压缩的方法有很多，常见的是AVI和MPEG格式。

AVI格式：微软公司Windows环境设计的数字视频文件格式。优点是兼容性好、调用方便、图像质量好，缺点是占用存储空间大。AVI格式一般是轻度压缩的高质量视频，也有无压缩的更高质量视频。

MPEG格式：MPEG-1标准的压缩算法被广泛应用于VCD与一些供网络下载的视频片段的制作上。它可以把一部100min长的非数字视频的电影压缩成1GB左右的数字视频。这种视频格式的文件扩展名包括：.mpeg、.m1v、.mpe、.mpg及VCD光盘中的.dat文件等。MPEG-2标准的压缩算法应用在DVD制作上，但所生成的文件较大。相对于MPEG-1算法生成的文件要大4～8倍。这种视频格式的文件扩展名包括：.mpeg、.m2v、.mpe、.mpg及DVD光盘中的.vob文件等。MPEG-4是一种新的压缩算法，所生成文件的大小约为MPEG-1算法生成的文件的1/4。在网络在线播放的文件很多都是使用此种算法的。MPEG-4由于是网络流媒体格式，所以其画幅大小一般比720×576小，一般画幅大小有：320×240、360×288、512×384、640×480等几种。MPEG-4视频格式的帧率也经常会有多种数值，为保证画面有较好的流畅性，帧率一般不会低于15帧/s，但帧率低有利于更有效获得低码率的数据流。这种视频格式的文件扩展名包括：.asf、.mp4、.wmv。

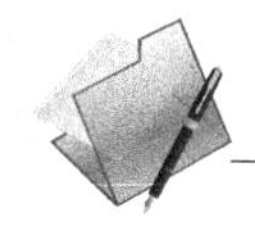

任务5 数字媒体应用实例

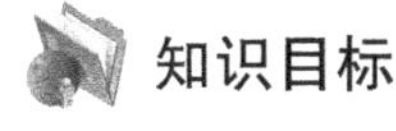

知识目标

通过实例加深学生对数字媒体音频、视频技术应用的理解。

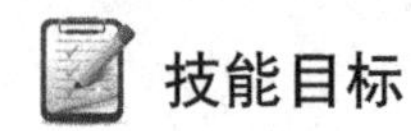

技能目标

培养学生交互设计理念,能够鉴赏一定数量数字媒体商业设计案例,会分析案例中所使用的工具,加强学生多媒体工具应用能力。

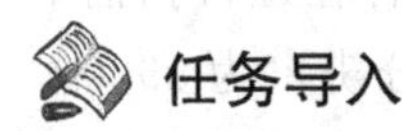

任务导入

下面列举两个数字媒体技术在影片后期制作中的具体实例,使用的软件是 After Effects。After Effects 的源文件是无法在电视、电影、广告、播放器等中播放使用的,因此我们需要根据实际情况,选择不同的模式进行输出。

学习情境 1：实例 1 输出 AVI 视频文件

(1) 在 After Effects 中打开一个文件,如图 10-4 所示。

图 10-4 打开文件

(2) 选择"时间线"窗口,单击菜单栏中的"图像合成"→"添加到渲染队列"按钮,或按 Ctrl+M 组合键,打开"渲染队列"窗口,如图 10-5 所示。

(3) 在"渲染队列"窗口中,单击"渲染设置"后面的文字,在弹出的窗口中,设置"质量"为"最高",单击"确定"按钮保存设置。

(4) 单击"输出模块"后面的文字,在弹出的窗口中设置"格式"为 AVI。如果包含音频,则可以勾选"音频输出"复选框,并设置为"48.000kHz",最后单击"确定"按钮,如图 10-6 所示。

(5) 单击"输出到"后面的文字,设置输出文件的路径和名称。然后单击"渲染"按钮进行渲染。

(6) 等待渲染结束后,可以看到渲染路径下出现了一个 AVI 格式的视频文件。

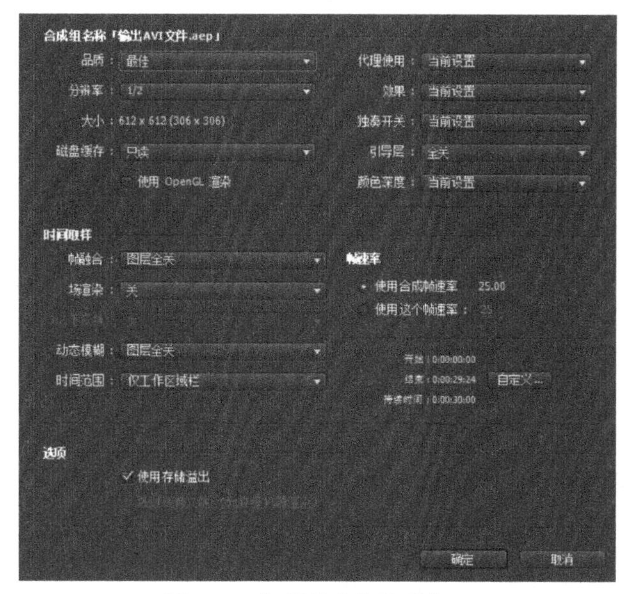

图 10-5　打开的渲染队列窗口

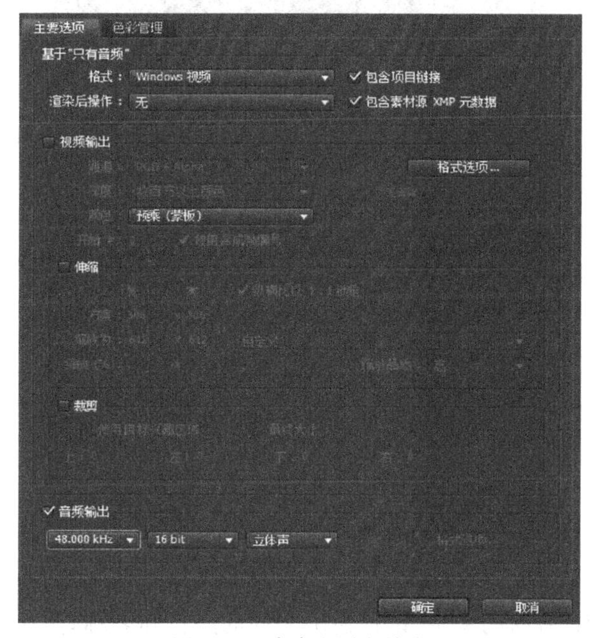

图 10-6　渲染设置和输出

学习情境 2：实例 2 输出 JPEG 图片

(1) 打开一个 aep 文件。

(2) 选择"时间线"窗口，依次单击菜单栏中的"图像合成"→"另存单帧为"→"文件"按钮，或按 Ctrl+Alt+S 组合键，打开"渲染队列"窗口，如图 10-7 所示。

(3) 在"渲染队列"窗口中，单击"渲染设置"后面的文字，在弹出的窗口中，设置"质量"

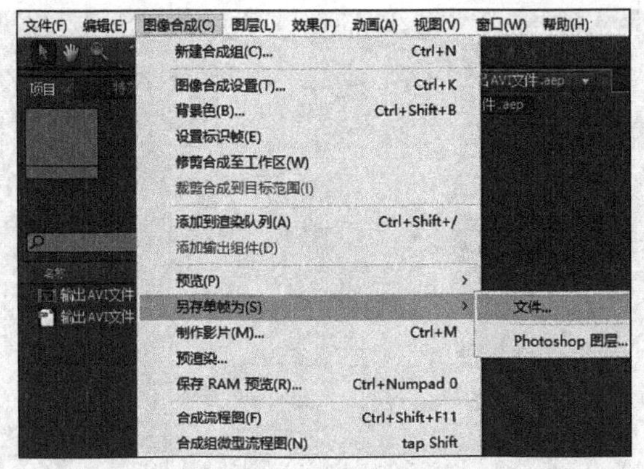

图 10-7 打开渲染队列窗口

为“最高”，单击“确定”按钮保存设置。

(4) 单击“输出模块”后面的文字，在弹出的窗口中设置“格式”为“JPGE 序列”，最后单击“确定”按钮，如图 10-8 所示。

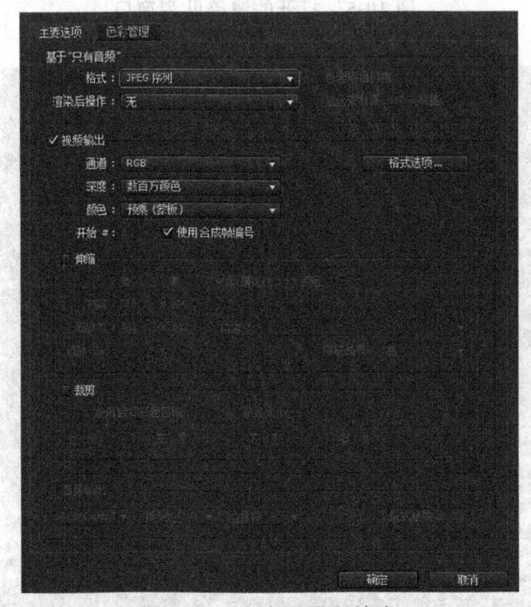

图 10-8 渲染设置和输出

(5) 单击“输出到”后面的文字，设置输出文件的路径和名称，然后单击“渲染”按钮进行渲染。

(6) 等待渲染结束后，可以看到渲染路径下出现了一个 JPEG 格式文件。

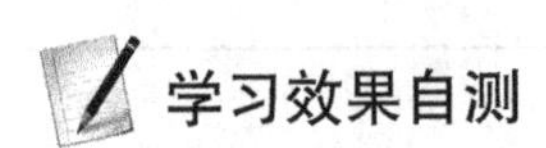

学习效果自测

一、填空题

1. 媒体的含义是________的意思，同时媒体又是________的载体。

2. 数字媒体是指最终以________形式记录、处理、传播、获取的媒体，包括数字化的

________、________、________、________、________和________等。

3. 数字媒体的特性包括：________、________、________。

4. 声卡是将外部输入的模拟信号转换为数字信号称________转换，利用计算机的 CPU 或声卡自身的 DSP 芯片进行处理，然后将数字信号转换为模拟信号称________转换。

5. 常用的位图图像处理软件有________；常用的矢量图图像处理软件有________。

二、选择题

1. 下列文件格式中，Windows Media Player 不能播放的是(　　)。

A. AVI　　B. WAV　　C. RM　　D. WMV

2. 下列文件存储格式中，属于视频文件格式的是(　　)。

A. RMVB　　B. SWF　　C. PDF　　D. WAV

3. 我国的电视制式与欧洲各个国家同为 PAL 制，其帧频为(　　)。

A. 10f/s　　B. 15f/s　　C. 25f/s　　D. 30f/s

4. 下列关于矢量图与位图的说法，正确的是(　　)。

A. 矢量图放大后会失真

B. 位图的基本元素是图元

C. 矢量图是使用直线和曲线来描述的图形

D. 位图的存储容量小

5. (　　)是指将某种颜色表示为数字形式的模型。

A. 色彩空间　　B. 色彩模式　　C. 色彩要素　　D. 量化位数

6.(　　)的全称为可移植网络图形格式文件。

A. JPG　　B. GIF　　C. PNG　　D. BMP

7. 在数字音频信息获取与处理过程中，(　　)顺序是正确的。

A. A/D 变换、采样、压缩、存储、解压缩、D/A 变换

B. 采样、压缩、A/D 变换、存储、解压缩、D/A 变换

C. 采样、A/D 变换、压缩、存储、解压缩、D/A 变换

D. 采样、D/A 变换、压缩、存储、解压缩、A/D 变换

8. 在 Photoshop 中，用(　　)可以选择光标周围颜色相同或相近的区域，在实际图像处理中，一般用来选择成片的颜色区域。

A. 选框工具　　B. 套索工具　　C. 快速选择工具　　D. 魔棒工具

三、简答题

1. 数字媒体技术的应用领域有哪些方面？

2. 位图与矢量图的区别是什么？

3. CMYK 颜色模型是什么？

4. 常见的数字视频压缩方法有哪些？

5. 什么是模拟信号、数字信号？

项目 11
信息安全技术

项目简介

随着信息技术的飞速发展，特别是大数据的精准分析，信息安全问题也日益突出，信息安全问题已成为社会关注的热点问题之一。了解什么是信息安全；破坏信息安全的常用技术有哪些；如何防范网络攻击带来的信息危害，保障信息安全，这些是本项目的主要内容。

知识培养目标

(1) 了解信息安全的基本知识。
(2) 掌握几种网络信息安全威胁有关知识。
(3) 掌握网络攻击的知识。
(4) 了解防火墙技术相关知识。
(6) 掌握数据加密的原理与分类。
(7) 掌握数字证书的基本原理。

能力培养目标

(1) 具备掌握常见威胁信息安全手段的能力。
(2) 具备掌握网络攻击技术的能力。
(3) 具备掌握防火墙技术的能力。
(4) 具备掌握加密与解密技术的能力。
(5) 具备掌握数字证书应用的能力。

课程思政园地

课程思政元素的挖掘及培养如表 11-1 所示。

表 11-1 课程思政元素的挖掘及培养目标关联表

知识点	知识点诠释	思政元素	培养目标及实现方法
网络安全威胁	黑客利用一些技术给我们网络安全带来威胁，确定几种网络威胁	做出以下一些类比。 漏洞：某些企业管理、经营制度存在不完善的地方，被别有用心的人利用而吃亏； 钓鱼攻击：生活中骗子设下的圈套，以小利诱惑占便宜的人上钩； 恶意代码：现实一些带有负能量的人，对社会充满恶意及恶意的评论，要远离，免费让使用的东西也尽量不使用	教育学生遵纪守法，不做违反法律的事情，不钻法律的空子，有正能量，不贪小便宜

续表

知识点	知识点诠释	思政元素	培养目标及实现方法
网络攻击	网络攻击是黑客的一种主动攻击，这种攻击手段多样，往往会给单位与个人带来极大的损失，有效的防范可以避免攻击带来的损失	网络攻击一般由黑客发起，黑客也是相对的，维护国家利益与主权的黑客成为国家安全的卫士，是正面积极的；相反通过网络技术窃取别人资源，破坏网络安全的黑客则是负面的人，是被国家严厉打击的犯罪分子	教育学生有强烈的爱国主义情怀，把维护国家与集体、人民的利益始终放在首位，在思想上与行动上保持先进性，将来成为国家的栋梁之材
防火墙技术	网络防火墙是一种隔离技术，可以有效地对内外网进行安全防护，对于黑客的网络攻击进行有效防御	在教学与日常生活中，有必要在脑海里设置一道防火墙，将一切不良的信息和负能量的信息过滤掉	培养学生具有防火墙的防御能力及防范意识，弘扬正能量，抵御一切不良信息的侵蚀与腐化
数据加密与解密	数据加密技术是保障信息安全的一种有效手段，通过数据加密可以有效地在网络上进行身份认证与信息交换，为电子商务等技术的发展提供强有力的保障	在日常学习与生活中，同学们之间的交往要以诚相待，弘扬中华民族的传统美德，但是也要防范别有用心的人盗取你的物品与现金，提醒大家将身边的手机、银行卡设置密码，保障有效安全；同时讲解密码设置的技巧	培养学生信息防范意识，保护国家信息安全的同时也保护好个人财产与信息安全；培养学生利用新技术工具的能力，增强科技是第一生产力的理念

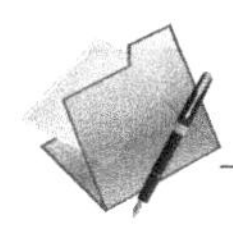

任务1 认识信息与信息安全

知识目标

(1) 了解信息的概念。

(2) 了解信息安全的概念。

(3) 了解信息安全的发展历程。

技能目标

(1) 具备识别信息的能力。

(2) 具备信息安全的防范能力。

任务导入

我们平常发送的文字、图片、声音和视频等都是信息，那么如何能安全地发送出去，这就涉及信息安全的问题了。

学习情境1：了解信息与信息安全

1. 信息

我们在日常生活中接触到各种事物，同时也对事物有一定的认识，形成了一些固有的概念信息，那么什么是信息呢？美国数学家、工程师克劳德·香农(Claude Shannon)在1948年就给出了一个简洁定义：信息是对某件事可供选择的多少的量度。比如你不知道某个人的具体生日，但你可以明确这个人的生日肯定在一年365天中的一天，那这个人的生日就有365种可能性。

目前，信息就是通过施加于数据上的某些约定而赋予这些数据的特定定义，可以包括书本、邮件、信号、交易数据等。

经过加工处理过的数据才是信息，信息经过加工处理后，能指导实践，信息转变成为知识；知识如果再次加工，得出新的意义，则又转变成信息，知识与信息是可以相互转换的。

2. 信息安全

信息安全，听起来"高大上"，感觉有点高深莫测，但我们在实际生活中一点也不陌生。在信息化的今天，我们接触到的信息安全实例比比皆是。比如智能手机上的指纹锁，办理身份证时录入的指纹，号称"黑科技"的虹膜识别技术，手机银行在线付款时生成的动态验证码，计算机上的防火墙等。

信息安全是通过计算机技术、网络技术、密钥技术等安全技术和各种管理措施，研究信息获取、存储、传输和处理中的机密性、完整性、可用性不被破坏。主要研究内容有密码学原理、设备安全、网络安全、信息系统安全、内容和行为安全等方面的理论与技术。

学习情境2：了解信息安全的发展历程

信息安全的发展历程大约经历了以下三个阶段。

1. 通信保密阶段

20世纪90年代以前，通信技术还不发达，面对电话、电报、传真等信息交换中存在问题，人们强调的是信息的保密性。在这个阶段，一般做法就是将数据零散地存储在不同的地点，此时的信息安全仅是限于保证信息的物理安全；还有通过密码技术解决通信安全的保密安全问题，主要目的是保障传递的信息安全，防止信源、信宿以外的对象查看信息。

2. 信息安全阶段

20世纪90年代以后，随着互联网技术的高速发展，计算机及相关的网络技术进入实用化与规模化阶段，伴随着计算机病毒层出不穷地出现与传播，非法盗版软件的现象也相当普遍。网络技术的广泛应用，使得计算机病毒、蠕虫和"木马"等恶意代码通过网络传播，造成了更大范围的危害。于是，防治计算机病毒等恶意代码，阻止非法拷贝软件，保障网络安全成为社会对信息安全的迫切需要。所以除通信保密之外，计算机操作系统安全、分布式系统安全和网络系统安全的重要性日渐凸显出来。为了解决这些信息安全问题，出现了计算机安全、软件保护等信息安全新内容和新技术，同时出现了防火墙、入侵检测、漏洞扫描及

VPN网络安全技术。信息安全的焦点从传统的保密性、完整性和可用性衍生为诸如可控性、不可否认性等其他的原则和目标。具体如图11-1所示。

图 11-1 信息安全问题焦点转变

(1) 保密性(confidentiality)是指信息只能为授权者使用而不泄露给未经授权者的特性。

(2) 完整性(integrity)是指保证信息在存储和传输过程中未经授权不能被改变的特性。

(3) 可用性(availability)是指保证信息和信息系统随时为授权者提供服务的有效特性。

(4) 可控性(controllability)是指授权实体可以控制信息系统和信息使用的特性。

(5) 不可否认性(non-repudiation)是指任何实体均无法否认其实施过的信息行为的特性,也称为抗抵赖性。

3. 信息保障阶段

目前,人类已全面进入信息化时代。在信息化时代,信息科学技术和产业空前繁荣,社会的信息化程度大大提高。电子商务、电子政务、云计算、物联网、大数据处理等大型应用信息系统相继出现并被广泛应用,这些都对信息安全提出了更新更高的要求。信息安全不再局限于对信息的静态保护而需要对整个信息和信息系统进行保护和防御。

1996年美国国防部提出了信息保障的概念,即信息保障主要包括保护(protect)、检测(detect)、反应(react)、恢复(restore)四个方面,其目的是动态地、全方位地保护信息系统。信息保障是对信息和信息系统的安全属性及功能、效率进行保障的动态行为过程。

进入信息保障阶段后,人、技术和管理被称为信息保障三大要素。

人是信息保障的基础,信息系统是人建立的,同时也是为人服务的,受人的行为影响。因此,信息保障依靠专业知识强、安全意识高的专业人员。

技术是信息保障的核心,任何信息系统都势必存在一些安全隐患。因此,必须正视威胁和攻击,依靠先进的信息安全技术,综合分析安全风险,实施适当的安全防护措施,达到保护信息系统的目的。

管理是信息保障的关键,没有完善的信息安全管理规章制度及法律法规,就无法保障信息安全。每个信息安全专业人员都应该遵守相关制度及法律法规,在许可的范围内合理地使用信息系统,这样才能保证信息系统的安全。

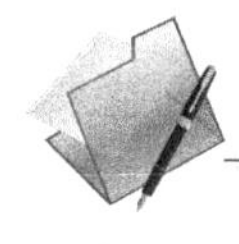

任务2 常见的信息安全威胁

知识目标

(1) 了解信息安全威胁的情况。

(2) 了解网络安全的概况。

(3) 了解网络安全威胁的情况。

(4) 了解数据传输与终端安全威胁的概况。

技能目标

(1) 具备信息安全威胁的识别能力。

(2) 具备应对网络安全威胁的防范能力。

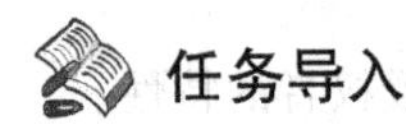

任务导入

知道了什么是信息安全后，我们还要知道信息安全威胁的情况，具备识别威胁信息安全的能力，保护好自己的个人信息。

学习情境1：初识信息安全威胁

信息安全威胁现状如下。

信息安全威胁主要分为数据泄露、勒索软件、网络攻击三类。

1. 数据泄露

在2021年数据泄露呈现爆炸式增长，短短12个月内泄露的记录比过去15年的总和还多。例如，5.33亿Facebook用户数据被泄露，7亿用户数据被出售；某银行疑似泄露数据1679万条；“3·15”晚会上曝光人脸信息滥用等乱象。预计未来，数据泄露还将继续增加，危害也会更大，各国政府和企业将付出更多的代价来进行恢复，损失的成本不仅限于事件响应成本、数据备份成本、系统升级成本，还包括声誉损失成本、法律风险成本等隐性成本，其损失甚至数倍、数十倍于显性损失。

2. 勒索软件

近几年，勒索软件攻击态势愈发严重，不仅数量有了较大增长，赎金、企业修复成本等也翻倍增长，以至于勒索软件成为当今社会最普遍的安全威胁之一。据Cybersecurity Ventures研究表明，2021年全球勒索软件的损失成本已达到200亿美元，比2015年高出57倍。例如，计算机制造商宏碁遭遇REvil勒索软件攻击，开出赎金5000万美元；美国最大成品油管道运营商被勒索，被迫关闭其美国东部沿海各州供油的关键燃油网络；全球最大图片服务公司Shutterfly遭勒索，被索求数百万美元的赎金；爱尔兰卫生部门遭勒索软件攻击，攻击者索要2000万美元赎金；近十年来，勒索软件的威胁显著增长。

3. 网络攻击

网络技术的高速发展，使得人类社会高度互联，恶意网络攻击也越来越多。特别是安全漏洞攻击，据国家信息安全漏洞共享平台(CNVD)统计，2020年共收录安全漏洞20 704个，继续呈上升趋势，同比增长27.9%。例如，Apache Log4j漏洞攻击，数亿台设备受到影响；美国电信运营商T-Mobile再遭网络攻击；宏碁在印度的售后服务系统遭受安全漏洞攻击；宜家持续受到被定义为回复链电子邮件攻击的网络攻击。

目前由于内网Web应用的保护严重不足，攻击者利用安全漏洞的攻击行为将变本加厉，特别是借助自动化的工具，可以在短时间内以更高效、隐蔽的方式对 Web 进行漏洞扫描和探测，使得企业面临更为严重的安全风险和损失。

面对来势汹汹的信息安全威胁，我们需要做好信息防护规划，形成长效健全的防御机制，不断提升网络信息安全的防范等级，才能抵御复杂的和不断演化的网络安全威胁。

学习情境 2：了解网络安全威胁

1. 网络安全概述

目前网络安全不容乐观，仅在 2021 年，世界各地网络安全事件层出不穷，有组织、有目的的网络攻击形势愈加明显，网络安全风险持续增加。比如 2021 年 5 月 7 日，美国最大成品油管道运营商 Colonial Pipeline 遭到网络攻击，此次攻击事件导致美国东部沿海城市 45%燃料供应的输送油气管道系统被迫下线，极大地影响了美国东海岸燃油等能源供应，为此美国政府宣布进入国家紧急状态，最终 Colonial Pipeline 支付了将近 500 万美元的赎金以恢复被攻击的系统。这次攻击成为美国能源系统有史以来遭遇的最严重的网络袭击。

网络安全从两个维度进行理解。广义的网络安全是指网络系统的硬件、软件及其系统中的信息受到保护，主要包括系统连续、可靠、正常地运行，网络服务不中断，系统中的信息不因偶然的或恶意的行为而遭到破坏、更改或泄露。狭义的网络安全在具体的应用范畴中有具体的解释，从网络软硬件系统层面出发，指信息处理和传输的安全，包括硬件系统的安全与可靠运行、操作系统和应用软件的安全、数据库系统的安全、电磁信息泄露的防护等，侧重于网络传输的安全。

2. 2021 年网络安全典型案例

(1) 黑客攻击美国佛罗里达水务公司，供水系统险遭“投毒”。

一名黑客侵入了佛罗里达州奥德马尔的一家水处理厂，通过篡改可远程控制的计算机数据，将该厂水中的氢氧化钠含量调高到了极其危险的水平，让整个城市的人都差点中毒。

(2) 美国保险巨头被勒索 4000 万美元赎金，破赎金最高纪录。

美国最大的保险公司之一 CNA Financial 被勒索软件攻击，在试图恢复文件无果之后，他们开始与攻击者谈判，黑客要求的赎金高达 6000 万美元。最后，CNA Financial 在事件发生两周后支付了 4000 万美元赎金，以重新获得对其网络的控制权。

(3) 微软称其抵挡了有史以来最大的 DDoS 攻击，带宽负载高达 2.4Tbps。

这次攻击针对欧洲的一个 Azure 客户，比微软在 2020 年记录的最高攻击带宽量高出 140%。它也超过了之前最大针对亚马逊网络服务攻击的 2.3Tbps 的峰值流量。

3. 网络安全与信息安全的区别

网络环境下的信息安全体系是保证信息安全的关键，包括计算机安全操作系统、各种安全协议、安全机制(数字签名、消息认证、数据加密等)，直至安全系统，如 UniNAC、DLP 等，只要存在安全漏洞便可以威胁全局安全。信息安全是指信息系统(包括硬件、软件、数据、人、物理环境及其基础设施)受到保护，不受偶然的或者恶意的原因而遭到破坏、更改、泄露，系统连续、可靠、正常地运行，信息服务不中断，最终实现业务连续性。

网络安全更注重在网络层面，比如通过部署防火墙、入侵检测等硬件设备来实现链路层面的安全防护；而信息安全的层面要比网络安全的覆盖面大得多，信息安全是从数据的角度来实现安全防护，通常采用的手段包括：防火墙、入侵检测、审计、渗透测试、风险评估等，安全防护不仅仅是在网络层面，更加关注应用层面，可以说信息安全更贴近于用户的实际需求及想法。

网络安全与信息安全具有内在的联系。网络中的信息必然涉及网络安全。在当前，网络信息安全不仅包括传统认知中的网上信息（线上虚拟世界）的安全，而且包括网下信息（线下物理世界）的安全。

4. 网络安全威胁的防御

防火墙：通过在大中型企业、数据中心等网络的内网出口处部署防火墙，可以防范各种常见的 DDoS 攻击，而且还可以对传统单包攻击进行有效的防范。

Anti-DDoS 设备：Anti-DDoS 解决方案，面向运营商、企业、数据中心、门户网站、在线游戏、在线视频、DNS 域名服务等提供专业 DDoS 攻击防护。

身份认证技术：用来确定用户或者设备身份的合法性，典型的手段有用户名口令、身份识别、PKI 证书和生物认证。

访问控制技术：根据身份对提出资源访问的请求加以权限控制。

安全审计技术：通过对员工或用户的网络行为审计，确认行为的合规性，确保管理的安全。

入侵检测技术：对网络活动进行实时监测的专用系统，作为对防火墙及其有益的补充，IDS（入侵检测系统）能够帮助网络系统快速发现攻击的发生。

系统容灾技术：数据存储、备份和容灾技术的充分结合，构成一体化的数据容灾备份存储系统。

检测监控技术：对信息网络中的流量或应用内容进行 2～7 层的检测并适度监管和控制，避免网络流量的滥用、垃圾信息和有害信息的传播。

学习情境 3：应用安全威胁

1. 应用安全概述

随着越来越多的企事业单位与各种机构热衷于应用程序的开发，并且纷纷将生产和托管放在首位，便出现了新的漏洞和威胁。有的公司为了缩短发布时间、改善用户体验和提高资源利用率，有可能会影响应用程序使用之前的安全协议。

应用程序安全很重要，因为现在的应用程序通常可通过各种网络使用并连接到云，从而增加了安全威胁和漏洞，现在不仅要确保网络级别的安全，还要确保应用程序本身的安全。与过去相比，黑客如今更多地通过攻击来追踪应用程序。所以应用程序安全测试可以揭示应用程序级别的弱点，有助于防止这些攻击。

例如，蠕虫病毒攻击微博网站事件。国内某微博网站曾遭遇到一次蠕虫攻击侵袭，在不到 1h 的时间，超过 3 万用户受到该蠕虫的攻击。蠕虫病毒攻击过程如图 11-2 所示。

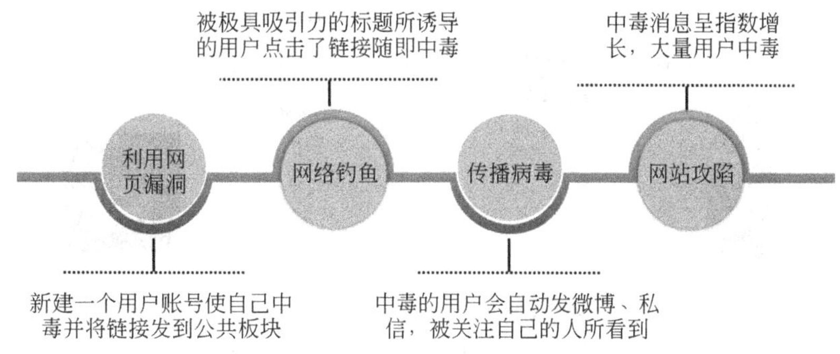

图 11-2 蠕虫病毒攻击过程

2. 常见应用安全威胁

1）漏洞带来的威胁

漏洞是在硬件、软件、协议的具体实现或系统安全策略上存在的缺陷，可以使攻击者能够在未授权的情况下访问或破坏系统。

如果不及时对系统漏洞进行修复，将会带来以下攻击。

(1) 注入攻击：任何 Web 应用程序中最常见的漏洞之一，它能导致数据被盗、数据丢失、数据完整性丢失甚至系统沦丧。注入攻击的类型有：操作系统(OS)命令注入、跨站点脚本(如 JavaScript 注入)、SQL 注入、日志注入以及表达式语言注入等。

(2) 跨站脚本攻击：攻击者利用 Web 程序对用户输入过滤不足的缺陷，将恶意代码注入用户浏览器的显示页面上执行，从而窃取用户的敏感信息、伪造身份的一种恶意攻击。

(3) 恶意代码传播：恶意代码是一种程序，它通过把代码在不被察觉的情况下镶嵌到另一段程序中，从而达到破坏被感染计算机数据、运行具有入侵性或破坏性的程序、破坏被感染计算机数据的安全性和完整性的目的。这种恶意破坏可以通过互联网传播到其他用户的机器上。

(4) 数据泄露：当数据未经授权访问、修改或删除时，就会发生数据泄露。

2）钓鱼攻击

"钓鱼"是一种网络欺诈行为，指不法分子利用各种手段，仿冒真实网站的 URL 地址以及页面内容，或利用真实网站服务器程序上的漏洞在站点的某些网页中插入危险的 HTML 代码，以此来骗取用户银行或信用卡账号、密码等私人资料。

3）恶意代码

恶意代码是指故意编制或设置的、对网络或系统会产生威胁或潜在威胁的计算机代码。最常见的恶意代码有病毒、"木马"、蠕虫、后门等。

恶意代码又称恶意软件，是指在未明确提示用户或未经用户许可的情况下，在用户计算机或其他终端上安装运行，侵犯用户合法权益的软件。这些软件也可称为广告软件、间谍软件、恶意共享软件，如图 11-3 所示。

3. 应用安全威胁的防御

(1) 定期修复漏洞：漏洞扫描、安装补丁。

漏洞扫描：基于漏洞数据库，通过扫描等手段对指定的远程或者本地计算机系统的安

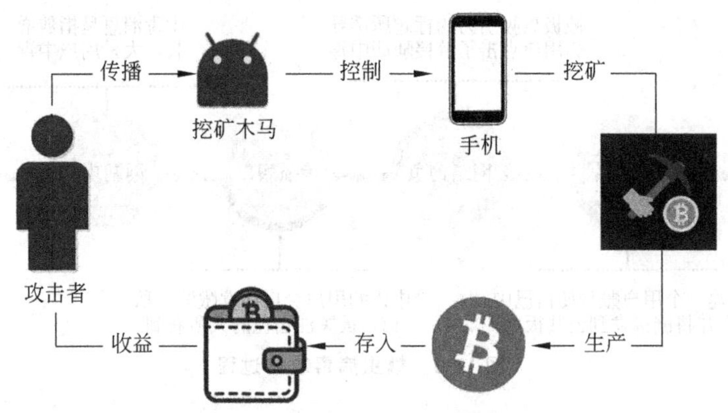

图 11-3 恶意代码盗用客户资金

全脆弱性进行检测，发现可利用漏洞的一种安全检测(渗透攻击)行为。

安装补丁：由于人为在编写软件过程中留下的缺陷，这种缺陷称为 bug，为了修复这些缺陷，通常编写一个小程序完善它，小程序称为补丁，安装这种小程序就称为安装补丁。

(2) 提高安全意识：主要对可疑网站及一些链接保持警觉。比如在手机操作不要随便打开陌生人发的链接，防止中病毒或"木马"。

(3) 专业设备的防护：通过防火墙、WAF、杀毒软件。

① 防火墙：一种获取安全性方法的形象说法，它是一种计算机硬件和软件的结合，使 Internet 与 Intranet 之间建立起一个安全网关(security gateway)，从而保护内部网免受非法用户的侵入。

② WAF：Web Application Firewall 的简称。国际上公认 Web 应用防火墙是通过执行一系列针对 HTTP/HTTPS 的安全策略来专门为 Web 应用提供保护的一款产品。

③ 杀毒软件：也称反病毒软件或防毒软件，是用于消除计算机病毒、"特洛伊木马"和恶意软件的一类软件。

学习情境 4：认识数据传输与终端安全威胁

1. 用户通信遭受监听

泛指用户在打电话、发信息、写邮件等交流过程中私密信息被别人获知与偷听。美国国家安全局(NSA)在云端监听谷歌(包括 Gmail)和雅虎用户的加密通信。主要方法就是 NSA 利用谷歌前端服务器做加解密的特点，绕过该设备，直接监听后端明文数据。用户通信监听如图 11-4 所示。

2. 通信过程中的威胁

通信过程中存在的威胁主要有在传输过程中中间人攻击、数据传输未采用加密或加密程度不够、客户身份信息的泄露等。

1) 中间人攻击

中间人攻击(man-in-the-middleattack，MITM 攻击)是一种"间接"的入侵攻击，这种攻击模式是通过各种技术手段将入侵者控制的一台计算机虚拟放置在网络连接中的两台通信

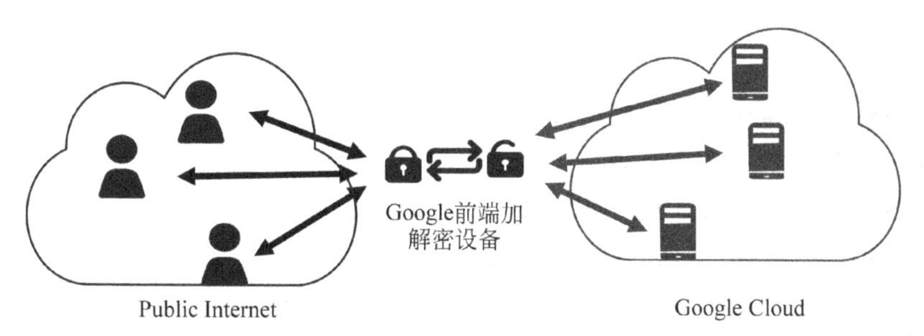

图 11-4 用户通信监听

计算机之间，这台计算机就称为“中间人”。中间人攻击的后果是信息篡改与信息窃取。如图 11-5 所示。

图 11-5 中间人攻击

2）信息未加密或加密强度不够

信息未加密固然安全性会有问题，但即便数据已加密，若加密强度不够，信息也有可能会被盗取和破解。

防范措施：信息存储要加密、信息传输要加密、加密采用强加密。

3）身份认证攻击

攻击者通过一定手段获知身份认证信息，进而通过该身份信息盗取敏感信息或者达到某些非法目的的过程，是整个攻击事件中常见的攻击环节。

防范措施：安装正版杀毒软件、采用高强度密码、降低多密码间关联性。

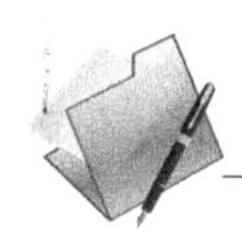

任务 3 网络攻击的手段

知识目标

（1）了解网络攻击的概念。

（2）理解网络攻击的类型。

（3）掌握网络攻击的步骤。

（4）熟悉网络攻击的技术。

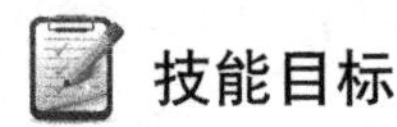

技能目标

(1) 具备识别黑客攻击手段的能力。

(2) 具备防范黑客攻击的能力。

(3) 具备识别与防范网络攻击的能力。

(4) 具备识别与防范“木马”攻击的能力。

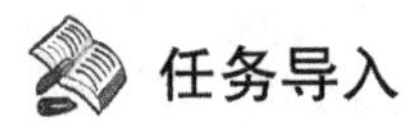

任务导入

我们都听说过网络攻击,但它究竟是什么样的情况?有哪些类型和手段?我们又如何防范呢?

学习情境1:初识网络攻击的概念

1. 黑客

黑客由英文单词“hacker”音译,是指那些精力充沛、热衷于计算机难题的程序员。现在所谓的“黑客”指的是那些怀有不良企图,强行闯入别人系统或恶意干扰他人的网络,做出有损他人权益的事情的人,也称为“入侵者”。

如今,黑客在互联网上成为一个独立的群体,他们年龄主要在18～30岁,好多是在校的学生,他们对计算机有着强烈的求知欲望,好奇心强、精力旺盛,这使他们成为黑客的主要原因。黑客目前可以分为白帽、红帽、黑帽等。白帽黑客是指专门研究或者从事网络、计算机技术防御的人。黑帽黑客是指未经授权就访问别人计算机安全系统的人员。红帽黑客是一群爱国主义者,也旨在阻止黑帽黑客。

网络攻击是指黑客针对计算机信息系统、基础设施、计算机网络或个人计算机设备在没有得到授权的情况下窃取或访问任何一计算机数据的进攻动作,主要目的在于破坏、揭露、修改,从而使计算机、软件或服务失去功能。

2. 黑客网络攻击的手段

(1) 邮件攻击:黑客针对企业发起攻击的主要形式,黑客会窃取登录密码,冒充管理员,欺骗网内其他用户,利用企业升级防火墙的机会趁机植入非法软件,更常见的是黑客冒充企业高管或财务,发送要求转账的邮件。

(2) DDoS攻击:黑客进入磁盘操作系统,发起DDoS攻击(分布式拒绝服务攻击),中断某一网络资源,使其暂时无法使用。

(3) 系统漏洞攻击:一般系统都有各种各样的安全漏洞(bugs),这些漏洞在补丁未被开发出来之前一般很难防御黑客的破坏;还有一些漏洞是由于系统管理员配置引起的错误,这都会给黑客带来可乘之机,成为攻击目标。

(4) 种植病毒:病毒程序具有潜伏性,会对个人信息安全造成长期影响。病毒并不会主动攻击个人设备,往往是潜藏在网页、软件中,当用户进行单击、安装等操作后被植入,只要设备联网,病毒程序就会自动将搜集来的信息上报给黑客。

(5) 网络监听:主机的一种工作模式,主机可以接收到本网段在同一条物理通道上传输的所有信息，而不管这些信息的发送方和接受方是谁。此时如果两台主机进行通信的信息没有加密，只要使用某些网络监听工具就可以轻而易举地截取包括口令和账号在内的信息资料。

(6) 网页篡改：网上用户可以利用浏览器进行各种各样的 Web 站点的访问，然而一般的用户恐怕不会想到有这种问题存在——正在访问的网页已经被黑客篡改过，网页上的信息是虚假的。这是黑客将用户要浏览的网页的 URL 改写为指向黑客自己的服务器，当用户浏览目标网页的时候，实际上是向黑客服务器发出请求，那么黑客就可以达到欺骗的目的了。

学习情境 2：了解网络攻击的类型

网络信息系统面临的威胁来自多方面，并且会随着时间的变化而变化，从宏观上看，这些威胁可分为人为威胁和自然威胁。

自然威胁主要是各种自然灾害、恶劣的环境、电磁干扰、网络设备的老化等。这些威胁没有明确目的，但会对网络通信系统造成危害，威胁通信安全。

人为威胁是对网络信息系统的人为攻击，比如黑客通过寻找系统漏洞，以非授权方式达到破坏、欺骗和窃取数据信息等目的。两者相比，人为威胁难以防备。

目前，网络攻击主要按照攻击目的与方法(手段)进行分类。

1. 按照攻击目的分类

1）主动攻击

主动攻击会导致某些数据流的篡改和虚假数据流的产生。这类攻击可分为篡改、伪造消息数据和拒绝服务。

篡改信息是指一个合法消息的某些部分被改变、删除，消息被延迟或改变顺序，通常会产生一个未授权的效果。

伪造指的是某个实体(人或系统)发出含有其他实体身份信息的数据信息，假扮成其他实体，从而以欺骗方式获取一些合法用户的权利和特权。

拒绝服务是指会导致通信设备无法正常使用或管理而被无条件地终止。

2）被动攻击

被动攻击中攻击者不对数据信息做任何修改，通过截取和窃听，在未经用户同意和认可的情况下攻击者获得了信息或相关数据。通常包括窃听、流量分析、破解弱加密的数据流等攻击方式。

2. 按照入侵者的攻击方法(手段)分类

(1) 拒绝服务攻击：最容易实施的攻击行为，它企图通过使目标计算机崩溃或把它压垮来阻止其提供服务。

(2) 利用型攻击：一类试图直接对主机进行控制的攻击，主要包括口令猜测，“特洛伊木马”，缓冲区溢出等。

(3) 信息收集型攻击：这类攻击并不对目标本身造成危害，而是被用来为进一步入侵提供有用的信息。

(4) 假消息攻击：用于攻击目标配置不正确的消息，主要包括 DNS 高速缓存污染、伪造电子邮件等。

(5) 病毒攻击：使目标主机感染病毒从而造成系统损坏、数据丢失、拒绝服务、信息泄密、性能下降等现象的攻击。

(6) 社会工程学攻击：利用人性的弱点、社会心理学等知识来获得目标系统敏感信息的行为。

学习情境3：掌握网络攻击的步骤

1. 攻击的准备阶段

黑客在实施攻击前要进行“踩点”，与劫匪抢劫相类似，在犯罪前会使用公开的和可利用的信息来调查攻击目标，通过信息收集，攻击者可获得目标系统的外围资料，如个人爱好。攻击者将收集来的信息资料进行整理分析后，大概能初步了解一个机构网络的安全态势和存在问题，进而制定出一个攻击方案。

2. 攻击的实施阶段

黑客首要的问题就是要隐藏自己，避免被人发现。想入侵一台主机，必须要有该主机的账号与密码，所以黑客要想尽办法盗取账户文件并进行破解，以获取用户的账号与密码，然后再以合法的身份登录到被攻击的主机上，利用漏洞或者其他方法获得控制权并窃取网络资源的特权。

3. 攻击的善后阶段

黑客利用系统漏洞进入目标主机系统并获得控制权后，一定会完成以下两件事情：一是清除记录，二是留下后门。他们会更改系统设置、在系统中植入“木马”或远程操纵程式，以便日后再次进入系统；预先编译好后门程式，只要想办法修改时间和权限就能使用，以致新文件的大小和原件一样。三个阶段如下图11-6所示。

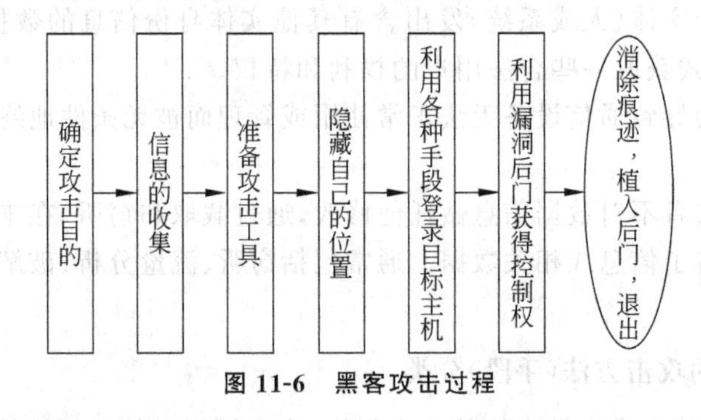

图11-6 黑客攻击过程

学习情境4：熟悉网络攻击的技术

1. 安全漏洞

这里的漏洞是指计算机系统具有的某种可能被入侵者恶意利用的属性，在计算机安全领域，安全漏洞通常又称作脆弱性。

简单地说，计算机漏洞是系统的一组特性，恶意的主体能够利用这组特性，通过已授权的手段和方式获取对资源的未授权访问，或者对系统造成损害。

现在 Internet 上仍然在使用的 TCP/IP 在最初设计时并没有考虑安全方面的需求。由于 Internet 的开放性和其协议的原始设计，攻击者无须与被攻击者有物理上的接触，便可以成功地对目标实施攻击，且不会被检测到或追踪到。

从技术角度来看，漏洞的来源主要有：软件或协议设计时的瑕疵、软件或协议实现中的弱点、软件本身的瑕疵、系统和网络的错误配置等。

漏洞一般存在于操作系统、应用程序以及脚本中，所以容易让入侵者能够执行特殊的操作，从而获取不该获得的权利，可以控制系统并获得机密资料，导致公司与个人遭受损失。

2. 网络扫描

网络扫描就是对计算机系统或者其他网络设备进行与安全相关的检测，以找出目标系统所开放的端口信息、服务类型以及安全隐患和可能被黑客利用的漏洞。它是一种系统检测、有效防御的工具。如果被黑客掌握这便成为一种入侵的工具。

网络扫描的基本原理是通过网络向目标系统发送一些特征信息，然后根据反馈情况，获得有关信息。网络扫描通常采用两种策略：第一种是被动式策略，就是基于主机之上，对系统中不合适的设置、脆弱的口令以及其他与安全规则相抵触的对象进行检查；第二种是主动式策略，就是基于网络，通过执行一些脚本程序模拟对系统进行攻击的行为并记录系统的反应，从而发现其中的漏洞。

预防攻击者的端口扫描并不容易，主要因为每个网站的服务端口都是公开的，所以无法判断是否有人为在进行扫描，根据端口扫描的原理，扫描器一般都只是查看端口是否开通，然后在端口列表中显示相应的服务。

防范扫描可行的方法如下。

(1) 关闭掉所有闲置的和有潜在威胁的端口。

(2) 通过防火墙或其他安全系统检查各端口，如有端口存在扫描症状，立即屏蔽该端口。

(3) 利用“陷阱”技术在一些端口引诱黑客扫描“陷阱”端口。

常用的网络扫描工具有以下几种。

(1) Nmap(network mapper，网络映射器)是一款开放源代码的网络探测和安全审核的工具。它可以在大多数版本的 UNIX 系统中运行，并且已经被移植到了 Windows 系统中。它主要在命令行方式下使用，可以快速地扫描大型网络，也可以扫描单个主机。

(2) Nessus 是一种用来自动检测和发现已知安全问题的强大扫描工具，运行于 Solaris、Linux 等系统，源代码开放并且可自由地修改后再发布，可扩展性强，当一个新的漏洞被公布后很快就可以获取其新的插件对网络进行安全性检查。

(3) X-Scan 是国内最著名的综合扫描器之一，完全免费，是不需要安装的绿色软件，其界面支持中文和英文两种语言，使用方式有图形界面和命令行方式两种，支持 Windows 操作系统。此扫描器由国内网络安全组织开发完成的，支持多线程并发扫描，能够及时生成扫描报告。

3. 网络监听

1) 网络监听的含义与特点

网络监听也被称为网络嗅探(sniffer)。它工作在网络的底层，能够把网络传输的全部数据记录下来,黑客一般都是利用该技术来截取用户口令的。它是一种被动式网络攻击,可能帮助入侵者获得信息,包括用户名、账号、敏感数据、IP地址等。

网络监听一般在网络接口处截获计算机之间通信的数据流,它是进行网络攻击最简单有效的方法,主要有以下三个特点。

(1) 隐蔽性强:进行网络监听的主机只是被动地接收在网络中传输的信息,没有任何主动的行为。

(2) 手段灵活:网络监听可以在网络中的任何位置实施,可以是网络中的一台主机、路由器,也可以是调制解调器。

(3) 主要危害:捕获口令、捕获专用的机密信息、危害网络邻居的安全、获取高级别的访问权限、分析网络结构与进行网络渗透等。

2) 网络监听的原理

正常情况下,网卡只接收发给自己的信息,但是如果将网卡模式设置为混杂模式,让所有经过的数据包都传递给系统核心;然后被sniffer网络监听等程序利用。

所谓混杂接收模式是指网卡可以接收网络中传输的所有报文,无论其目的MAC地址是否为该网卡的MAC地址。要使机器成为一个sniffer,需要一个特殊的软件(以太网卡的广播驱动程序)或者需要一种能使网络处于混杂模式的网络软件。

3) 防范网络监听

网络监听的检测比较麻烦,主要是因为网络嗅探器工作模式为混杂模式,所以我们可以通过检测混杂模式网卡的工具来发现网络嗅探;也可以通过网络带宽出现反常来检测嗅探,如果某台机器长时间占用了较大的带宽,这台机器可能在监听;尽量使网络嗅探不能达到预期的效果,使嗅探价值降低,具体的办法有通信加密、采用安全的拓扑结构等。

4) 网络监听工具

常用的网络监听工具有Sniffer Pro、Ethereal、Sniffit等。其中Sniffer Pro是一款便携式网管和应用故障分析软件,不管是有线还是无线网络,都能给予网络管理人员实时的网络监视、数据包捕获以及故障分析能力。

4. Web欺骗

1) Web欺骗的含义

Web欺骗是指攻击者建立一个使人信以为真的假冒Web站点,这个Web站点就像真的一样,它页面与真站点的页面几乎一模一样。然而攻击者控制了这个假Web站点,被攻击对象(如客户)无法识别真假的Web站点,而在假的Web站点传递信息,造成所有信息流动都被攻击者所控制了。

2) Web攻击的原理

Web欺骗攻击的原理是打断从被攻击者主机到目标服务器之间的正常连接,并建立一条从被攻击主机到攻击主机再到目标服务器的连接。如图11-7所示为假冒银行服务器的Web攻击示意图。

3) Web欺骗的防范

(1) IP地址、子网、域的限制:它可以保护单个文档,也可以保护整个目录。

(2) 用户名和密码:为获取对文档或目录的访问,需输入用户名和密码。

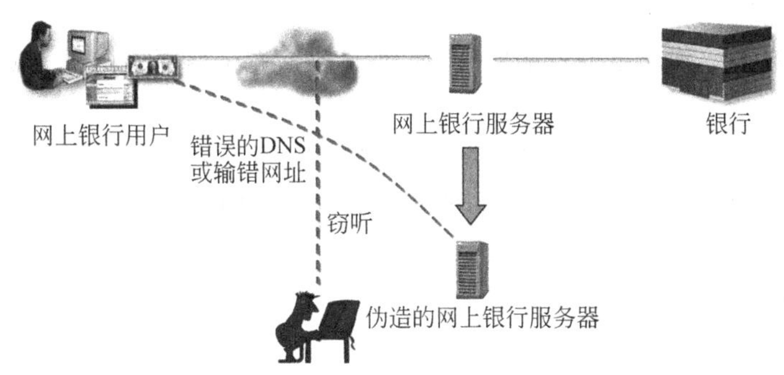

图 11-7 假冒银行服务器的 Web 攻击

（3）加密：这是通过加密技术实现的，所有传送的内容都是加密的，除了接收者之外无人可以读懂。

（4）上网浏览时，最好关掉浏览器的 JavaScript，只有当访问熟悉的网站时才打开它。

（5）不从自己不熟悉的网站上链接到其他网站，特别是链接那些需要输入个人账户名和密码的有关电子商务的网站。

（6）要养成从地址栏中直接输入网址来实现浏览网站的好习惯。

5. 拒绝服务攻击

1）拒绝服务攻击的含义

拒绝服务攻击(DoS)是一种简单有效的攻击方式，其目的是使服务器拒绝正常的访问，破坏系统的正常运行，最终使部分网络连接失败，甚至网络系统失效。拒绝服务攻击的原理如下。

DoS 的基本原理：首先攻击者向服务器发送大量的虚假地址请求，服务器发送回复信息后等待信息回传，因为地址是假的，所以服务器一直等不到回传的信息，然而分配给这次假信息的请求资源却没有被释放。当服务器等待一段时间后，连接会因超时而被切断，这时攻击者会再发一批请求，在反复发送地址请求的情况下，服务器资源最终被耗尽。图 11-8 为正常情况下连接示意图，图 11-9 为攻击者发动攻击示意图。

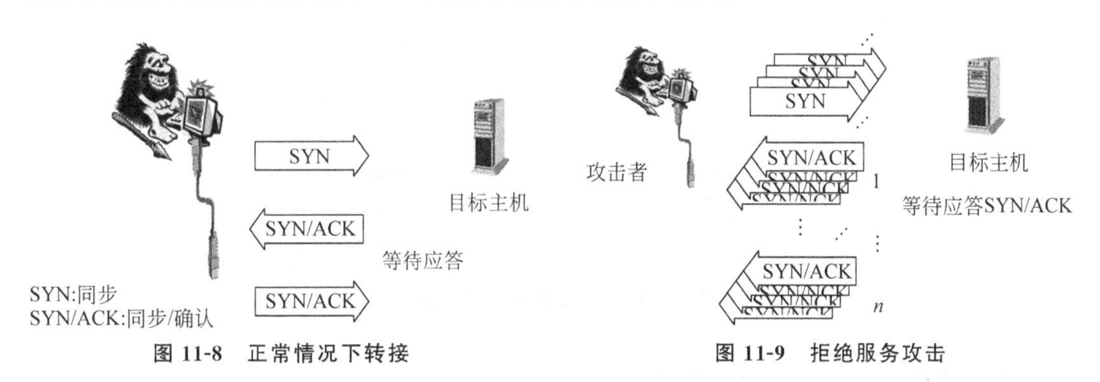

图 11-8 正常情况下转接

图 11-9 拒绝服务攻击

2）拒绝服务攻击的防范

加强与互联网服务提供商合作，对路由访问进行控制、对网络流量的监视，以实现对带宽总量的限制以及不同的访问地址在同一时间对带宽的占有率。

（1）漏洞检查：定期使用漏洞扫描软件对内部网络现有的、潜在的漏洞进行检查，以提高系统安全的性能。

(2) 服务器优化：确保服务器的安全，使攻击者无法获得更多内部主机的信息，从而无法发动有效的攻击。

(3) 应急响应：建立应急机构和制度，制定紧急应对策略，以便拒绝服务攻击发生时能够迅速恢复系统和服务。同时还要注意对员工进行相关的培训，使其掌握必要的应对措施和方法。

6. 电子邮件攻击

1) 电子邮件存在的问题

当用户将邮件写好后首先连接到邮件服务器上，将用户的邮件发送到接收地址指定的邮件服务器上，目前电子邮件服务器并不是不可攻破的，因为SMTP、POP3等邮件协议本身存在一定的漏洞，邮件发送者有可能会被冒名顶替，邮件在传输过程中能被黑客监听、邮件在邮件服务器可能被偷窥，成为电子邮件系统的安全隐患。

2) 电子邮件攻击方式

(1) 窃取、篡改数据：通过监听数据包或者截取正在传输的信息，可以使攻击者读取或者修改数据。

(2) 伪造邮件：SMTP协议极其缺乏验证能力，所以假冒某一个邮箱进行电子邮件欺骗并非一件难的事情，因为邮件服务器不会对发信人的身份做任何检查。

(3) 拒绝服务：攻击者使用一些邮件炸弹软件或CGI程式向目的邮箱发送大量内容重复、无用的垃圾邮件，从而使目的邮箱被撑爆而无法使用。

3) 防范电子邮件攻击

防范电子邮件遭受攻击最有效的办法就是使用加密的签名技术，通信双方申请公钥与私钥，通信时进行交换和认证，采用邮件客户端软件进行邮件加密和签名，如图11-10所示，确保邮件信息是从正确的地方发过来的并且在传送过程中没被修改。

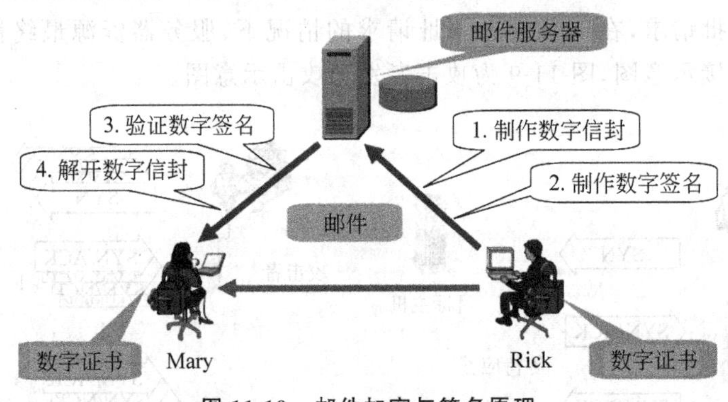

图11-10 邮件加密与签名原理

学习情境5："特洛伊木马"病毒

1. 特洛伊木马的含义

"特洛伊木马"病毒(Trojan horse)其名称取自希腊神话的"特洛伊木马"，它是一种基于远程控制的黑客工具，具有隐蔽性和非授权性。隐蔽性就是设计者采用多种手段隐藏木马病毒；非授权性是指控制端一旦与服务端相连，控制端会享有服务端的大部分权限，这些权限不是服务端赋予的而是木马程序窃取的。

“特洛伊木马”病毒不经计算机用户准许就可获得计算机的使用权。它的程序容量十分轻小，运行时不会浪费太多资源，因此没有使用杀毒软件是难以发觉的。

2. 工作原理

“特洛伊木马”病毒包含服务端与客户端，黑客利用客户端进行植入对方计算机，运行了“木马”病毒程序服务端后，会产生一个迷惑用户的名称的进程，暗中打开端口，向指定地点发送数据，比如用户的密码等。如图 11-11 所示即为“木马”病毒的工作原理。

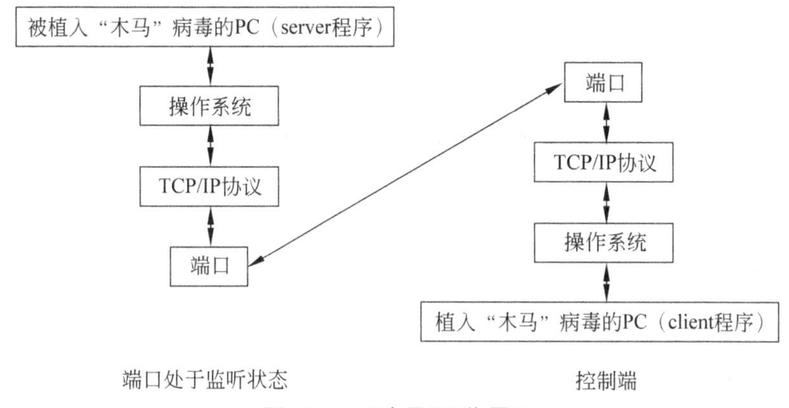

图 11-11 “木马”工作原理

“特洛伊木马”病毒不会自动运行，它会暗藏在某些用户感兴趣的文档中，由用户下载时附带，一旦用户运行了这个文档，“木马”病毒才会运行，信息或文档才会遭受破坏与遗失。鉴于“木马”病毒的危害性，人们对“木马”病毒传播具有一定警戒性，因此黑客们开发了多种功能来伪装“木马”病毒，以达到降低用户的警觉从而达到欺骗用户的目的。常见的伪装方式有以下几种。

(1) 修改图标：当你在 E-mail 的附件中看到如 HTML、TXT、ZIP 等文件的图标时，不要轻信这是一般的文本文件，有可能就是修改后的“木马”病毒文件。

(2) 捆绑文件：这种伪装手段是将“木马”病毒捆绑到一个安装程序上，当安装程序运行时，“木马”病毒在用户毫无察觉的情况下，偷偷进入了系统。

(3) 出错显示：有一定“木马”病毒知识的人都知道，如果打开一个文件，没有任何反应，这很可能就是个“木马”病毒程序。

(4) 定制端口：很多新式的“木马”病毒都加入了定制端口的功能，这样就给判断所感染“木马”病毒类型带来了麻烦。

(5) 自我销毁：安装完“木马”病毒后，原“木马”病毒文件将自动销毁，这样服务端用户就很难找到“木马”病毒的来源。

(6) “木马”病毒更名：很多“木马”病毒都允许控制端用户自由定制安装后的“木马”病毒文件名，这样就很难判断所感染的“木马”病毒类型了。

3. “木马”病毒攻击的防范

“木马”病毒攻击的防范措施有：提高安全防范意识；检查开放端口、监视网络通信；堵住控制通路;关闭可疑进程;发现异常及时断网;及时修补系统漏洞;运行实时监控程序。

4. "木马"病毒克星

"木马"病毒克星是专门针对"木马"病毒的国产软件,该软件是动态监视网络与静态特征自扫描的完美结合,可以查杀 4000 多种国际"木马"病毒。

"木马"病毒克星 Iparmor 可以侦测和删除已知和未知的"特洛伊木马"病毒。该软件拥有大量的病毒库,并可以每日升级。一旦启动计算机,该软件就扫描内存。寻找类似"特洛伊木马"病毒的内存片段,支持重启之后清除。

"木马"病毒克星的主要功能有:保护网络支付安全;保护网络游戏安全;保护腾讯 QQ 账号安全;内置"木马"病毒、黑客防火墙;恶意网站识别及屏蔽;定期更新病毒库;系统资源占用最小。

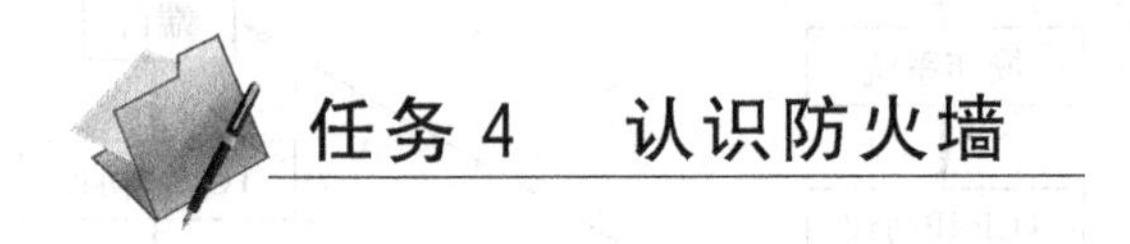

任务 4　认识防火墙

知识目标

(1) 了解防火墙的定义。

(2) 了解防火墙的分类。

(3) 理解防火墙的应用模式。

技能目标

(1) 具备设置防火墙各模式的应用能力。

(2) 掌握并理解防火墙技术的能力。

任务导入

为了防范网络攻击,在网络中最常采用的一种简单实效的方法就是防火墙隔离,把你自己的网和别人的网隔离开来,能最大限度阻止别人不经允许就访问你的网络,下面我们就一起来了解一下。

学习情境 1:初识防火墙

1. 防火墙的定义

"防火墙"是指一种将内部网和公众访问网(如 Internet)分开的方法,它实际上是一种建立在现代通信网络技术和信息安全技术基础上的应用性安全技术、隔离技术。

防火墙主要是借助硬件和软件在内部和外部网络的环境间产生一种保护的屏障,从而实现对计算机不安全网络因素的阻断。只有在防火墙同意情况下,用户才能够进入计算机内,如果不同意就会被阻挡于外,防火墙技术的警报功能十分强大,在外部的用户要进入计算机内时,防火墙会迅速发出相应的警报,并提醒用户的行为,并进行自我的判断来决定是否允许外部的用户进入内部，只要是在网络环境内的用户，这种防火墙都能够进行有效的查询，同时把查到的信息向用户进行显示，然后用户需要对防火墙实施相应设置，对不允许的用户行为进行阻断。

防火墙实际是一种隔离技术，属于静态的安全技术，用于逻辑隔离内部网络与外部网络，在两个网络通信时执行的一种访问控制尺度，它能允许自己认可的人和数据进入自己的网络，同时将自己不认可的人和数据拒之门外，能最大限度阻止网络中的黑客访问自己的网络。

2. 防火墙的功能

(1) 监控并限制访问：防火墙通过采取控制进出内、外网络数据包的方法，实时监控网络上数据包的状态，并对这些状态加以分析和处理。

(2) 控制协议和服务：防火墙对相关协议和服务进行控制，从而大大降低了因某种服务、协议的漏洞而引起安全事故的可能性。

(3) 保护内部网络：针对受保护的内部网络，防火墙能够及时发现系统中存在的漏洞，对访问进行限制。

(4) 网络地址转换：NAT 可以缓解目前 IP 地址紧缺的局面、屏蔽内部网络的结构和信息、保证内部网络的稳定性。

(5) 日志记录与审计：当防火墙系统被配置为所有内部网络与外部网络连接均需经过的安全节点时，防火墙会对所有的网络请求做出日志记录。

3. 防火墙的安全策略

防火墙的安全策略也称为防火墙的姿态，与单位门卫对进出人员的检查类似，可以规定单位内部人员可以进入而外部人员不能进入。通过访问规则的设置限制访问数据和行为的进出，所以设置防火墙的访问规则时，采用下述两种安全策略。

1) 一切未被允许的都是禁止的(限制政策)

防火墙只允许用户访问开放的服务，其他未开放的服务都是禁止的。这种策略比较安全，因为允许访问的服务都是经过筛选的，但限制了用户使用的便利性。

2) 一切未被禁止的都是允许的(宽松政策)

防火墙允许用户访问一切未被禁止的服务，除非某项服务被明确地禁止。这种策略比较灵活，可为用户提供更多的服务，但安全性要差一些。

学习情境 2：掌握防火墙的分类与技术

防火墙作为综合性网络安全防御系统，其采用的安全技术多种多样，根据安全性的要求与应用环境的不同也有不同的分类方法。

1. 防火墙的分类

防火墙可以分为硬件防火墙与软件防火墙，也可以分为主机防火墙和网络防火墙。

1) 硬件防火墙与软件防火墙

硬件防火墙是安全设备，代表放置在内部和外部网络(Internet)之间的单独硬件。此类型也称为设备防火墙。与软件防火墙不同，硬件防火墙具有其资源，并且不会占用主机设备的任何 CPU 或 RAM。它是一种物理设备，充当用于进出内部网络的流量的网关。

软件防火墙是寄生于操作平台上的，是通过软件去实现隔离内部网与外部网之间的一种保护屏障。由于它连接到特定设备，因此必须利用其资源来工作。所以，它不可避免地要耗尽系统的某些 RAM 和 CPU。并且如果有多个设备，则需要在每个设备上安装软件。它的主要缺点是需要花费大量时间和知识在每个设备管理和管理防火墙上。

2）主机防火墙和网络防火墙

主机防火墙一般部署在用户主机上，主要用于防范恶意代码，如“木马”与病毒获取本机上的敏感信息或对本机实施攻击行为。

网络防火墙一般部署在网络边界上，主要用于防范外部黑客对内部网的攻击。

2. 防火墙的技术

1）包过滤技术

通过运用包过滤技术，可以保障我们从网络中获取到的信息的安全性。包过滤技术对获得的信息进行检测，然后将信息里的风险识别出来。例如，在运用计算机进行信息传输时，通过运用包过滤技术可以查询到数据信息来源地的 IP 地址，然后对数据信息进行检测，查看数据信息有没有风险。包过滤技术可以根据计算机的需求对其进行保护。但是，包过滤技术会受到端口的限制，这导致它没有较好的兼容性。

2）代理技术

代理技术是在对计算机进行保护时运用最多的技术。一般采用代理服务器作为防火墙。通过代理技术为计算机提供一个假的 IP 地址，当计算机受到攻击时就无法通过 IP 进行攻击。假 IP 在保护内网不受攻击时发挥了十分有效的作用。通过运用代理技术可以提升网络的安全水平，有效的维护计算机的安全稳定。

3）状态检测技术

通过一个在网关处执行网络安全策略的检测引擎而获得非常好的安全特性。检测引擎在不影响网络正常运行的前提下，采用抽取有关数据的方法对网络通信的各层实施检测。检测引擎维护一个动态的状态信息表并对后续的数据包进行检查，一旦发现某个连接的参数有意外变化则立即将其终止。

学习情境 3：了解防火墙的应用模式

在具体应用中，根据网络拓扑结构和安全需求，我们通常采用以下四种应用模式。

1. 包过滤防火墙

这种模式采用单一的分组过滤型防火墙或状态检测型防火墙来实现。通常，防火墙功能由带有防火墙模块的路由器提供，所以也称为屏蔽路由器。此路由器设置在内部网与 Internet 之间，根据预先设置的安全规则对进入内部网的信息进行安全过滤。

包过滤防火墙是早期使用的一种防火墙技术，主要是在网络的进出口处对通过的数据包的源 IP 地址、目的 IP 地址、协议及端口进行检查，并根据已经设置好的安全策略决定数据包能否通过。包过滤防火墙结构如图 11-12 所示。

2. 双穴主机防火墙

这种模式采用单一的代理服务型防火墙来实现。防火墙由一个运行代理服务软件的主

图 11-12 包过滤防火墙结构

机(即堡垒主机)实现,该主机具有两个网络接口(称为双穴主机),结构如图 11-13 所示。此结构模式使内部网与外部网不能直接建立连接,必须通过堡垒主机进行通信。

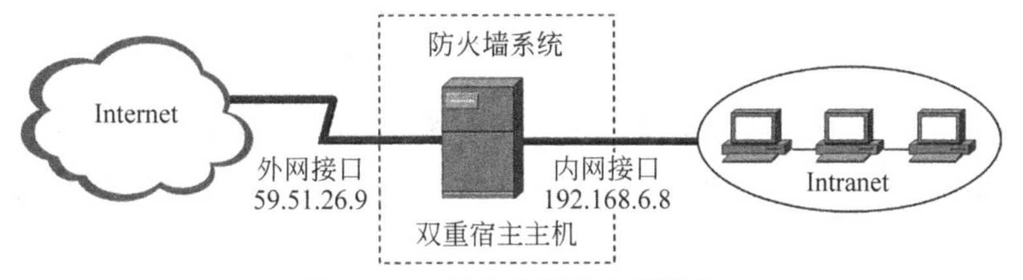

图 11-13 双穴主机防火墙结构

3. 屏蔽主机防火墙

屏蔽主机防火墙一般由一个包过滤路由器和一个堡垒主机组成,一个外部包过滤路由器连接外部网络,同时一个堡垒主机安装在内部网络上。具体结构如图 11-14 所示。

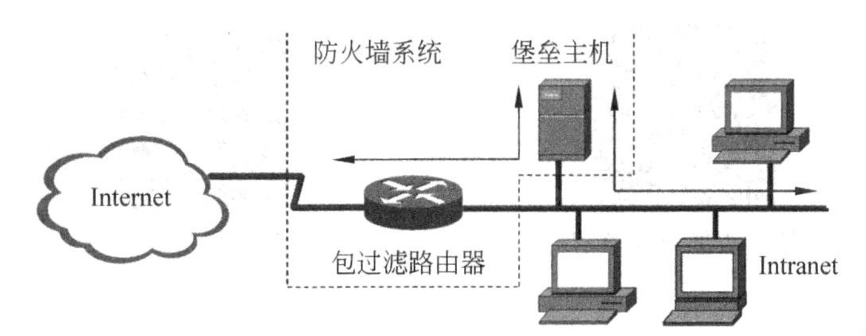

图 11-14 屏蔽主机防火墙结构

这种模式采用双重防火墙来实现,一个是屏蔽路由器,构成内部网第一道屏障;另一个是堡垒主机,构成内部网第二道屏障。

屏蔽主机体系结构安全性高,双重保护即网络层安全(包过滤)和应用层安全(代理服务)。

4. 屏蔽子网防火墙

屏蔽子网体系结构在本质上与屏蔽主机体系结构一样,只不过添加了额外的一层保护体系(周边网络)。堡垒主机位于周边网络上,周边网络和内部网络被内部路由器分开。主要因为堡垒主机是用户网络上最容易攻击的主机,通过隔离,可以减少它被攻击的影响。

非军事区 DMZ:屏蔽子网防火墙在内部网络和外部网络之间建立一个被隔离的子网,用两台路由器将这一子网分别与内部网络和外部网络分开,两个包过滤路由器放置在子网的两端,形成的子网构成一个“非军事区”。具体结构如图 11-15 所示。

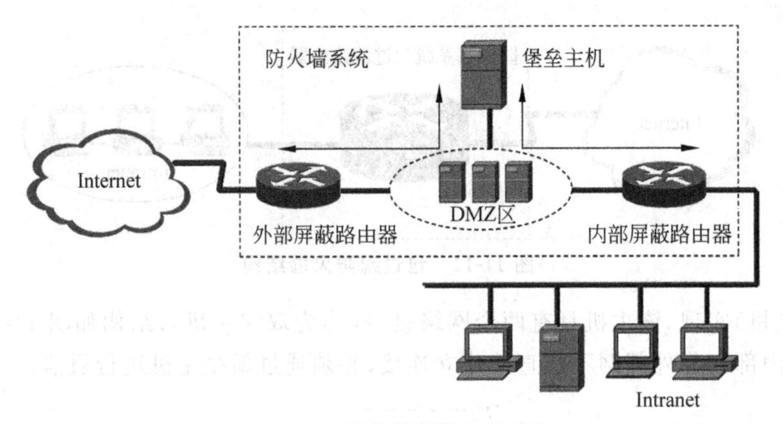

图 11-15 屏蔽子网防火墙结构

屏蔽子网体系结构的内部网络有三道屏障：堡垒主机与两个屏蔽路由器，在这种结构下，攻击者先攻击堡垒主机进入内部网主机，再破坏屏蔽路由器，是相当困难的，因此它具有更高的安全性。

拓展阅读 信息的加密与解密、PKI 证书体系

信息的加密与解密

PKI 证书体系

学习效果自测

一、案例分析

黑客入侵电子商务网站的事件在国内外相当普遍，我国浙江省某一电子商务批发网站曾经遭受黑客近一个月的轮番攻击，造成网站图片都不能正常显示，每天流失的订单金额达上百万元。阿里巴巴在国内与美国的服务器也遭受过黑客的攻击，这些黑客企图破坏阿里巴巴速卖通平台的正常运营。目前快速发展的移动商务，成为黑客的主要攻击对象之一，黑客通过无线网络窃听能获取用户的通信内容、侵犯用户的隐私权，甚至从用户的手机银行、支付宝、微信转出现金或进行消费，给用户带来经济损失。

请大家结合本项目的学习内容，谈谈如何防止黑客的入侵及如何保护自己的信息安全？

二、课后习题

1. 简述信息安全的发展历程。
2. 简述防火墙的四种应用模式。

3. 网络攻击常用的技术有哪些？什么是拒绝服务攻击，它的原理是什么？

4. 什么是数字信封与数字签名？两者有什么不同？

三、本项目实验：数字证书的申请与签发电子邮件

1. 实训目的

(1) 掌握网上申请个人数字证书的方法。

(2) 了解认证体系的体制结构、功能、作用、业务范围及运行机制。

(3) 掌握数字证书的导入、导出和安装。

(4) 掌握数字证书的配置内容及配置方法。

(5) 了解数字证书的作用及使用方法。

(6) 掌握使用数字证书访问安全站点的方法。

(7) 利用数字证书发送签名邮件和加密邮件。

2. 实训内容

(1) 访问相关网站，了解数字证书相关内容。

(2) 进入中国数字认证网，申请并下载免费个人安全电子邮件数字证书。

(3) 登录广东省电子商务认证中心网站，为自己申请试用版网证通数字证书。

(4) 学会数字证书的导入和导出。

(5) 学会发送数字签名电子邮件。

(6) 学会发送 PKI 加密邮件。

3. 实训步骤

1) 申请试用版网证通数字证书

(1) 登录。选广东省电子商务认证中心登录。

(2) 访问试用型个人数字证书申请页面，由于该申请页面是安全链接，故系统将出现安全警报，单击“是”按钮进入页面，如图 11-16 所示。

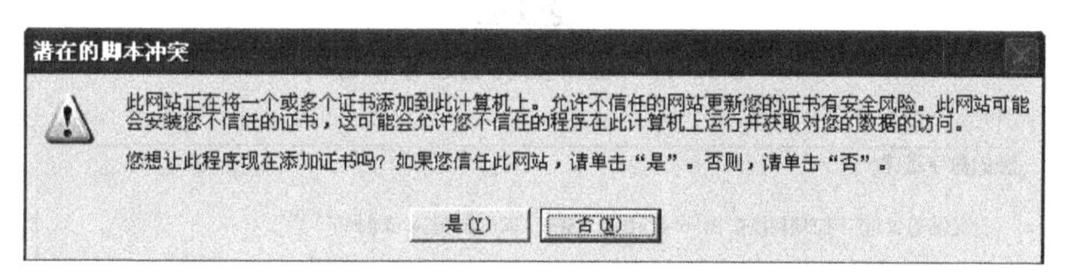

图 11-16 安全提示

(3) 根据“申请试用型个人数字证书”提示，单击“安装证书”按钮。

(4) 单击“安装证书”按钮后，稍会系统会提示“完成”，这时再选择“继续”。

(5) 此时进入“申请试用型个人数字证书”的第二步，即填写并提交申请表格。在该页中，你需要按照系统的提示填写你的真实信息，并选择 CSP(加密服务提供程序)，填写完后，按“继续”按钮，系统开始签发你的数字证书。如图 11-17 所示。

(6) 系统受理并签发完你的数字证书后，接下来下载并安装你的数字证书。这时，系统会给你一个证书业务受理号和密码，如图 11-18 所示。

(7) 选择“安装证书”按钮，输入证书业务受理号和密码，按“确定”按钮。系统会显示你的数字证书的基本信息，如图 11-19 所示。

1、填写并提交申请表格　2、下载并安装您的数字证书

您的基本信息

请输入以下各栏信息，不可填写特殊字符。所有的信息都需要正确填写，否则将无法完成下面的申请步骤。

请输入您的姓名：（示例：张三）	（必填）
请选择您所在的国家：（示例：中国）	中国（必填）
请选择您所在的省份或直辖市：（示例：北京）	北京（必填）
请输入您所在的城市：（示例：北京）	（必填）
请输入您的电子邮件地址：（示例：zs@netca.net）	（必填）

选择加密服务提供程序（Cryptographic Service Provider，CSP）

CSP 负责创建密钥、吊销密钥，以及使用密钥执行各种加、解密操作。每个 CSP 都提供了不同的实现方式。某些提供了更强大的加密算法，而另一些则包含硬件组件，例如智能 IC 卡或 USB 电子令牌。

当您使用特别的数字证书存储介质（如：智能 IC 卡或 USB 电子令牌）存储数字证书及其相应的私有密钥时，请在“加密服务提供程序（CSP）”下拉框中选择该存储介质生产厂商提供的CSP。

CSP（加密服务提供程序）

请选择CSP　密钥长度：请选择密钥长度

使用已有的证书请求

图 11-17　基本信息填写

我们已经受理了您的请求并为您签发了证书，下面是您的证书业务受理号及密码，下载证书时要用到该号码及密码，请牢记。同时，该号码及密码已经发往您的邮箱。

您的证书业务受理号（请牢记）：	0102-20041017-000080
你的密码：	2081326

安装证书

图 11-18　证书业务受理号和密码

您的数字证书

您已经获得北京网证通科技有限公司签发的数字证书，其包含的基本信息如下：

姓名：	王伟
国家：	CN
省份：	Guangdong
城市：	番禺
电子邮件：	wangyaya@163.com

请点击“安装证书”图标，安装您的数字证书

安装证书

图 11-19　数字证书信息

（8）根据证书业务受理号及密码，系统显示你的数字证书。

(9) 单击“安装证书”按钮，系统将证书安装在你的计算机中的应用程序中。

2) 证书的导入导出

(1) 根证书的导出。

① 启动 Microsoft Edge，单击“工具”→“Internet 选项”→“内容”→“证书”，选择“受信任的根证书颁发机构”标签栏，单击选中要导出的根证书。如图 11-20 所示。

图 11-20　证书列表

② 单击“导出”按钮后，进入证书管理器导出向导界面，按照向导提示操作，向导会提示你选择证书导出的格式，一般选择系统默认值。

③ 系统会让你选择导出文件的路径，选择好文件的路径后，按提示单击“下一步”按钮，至此系统出现证书导出成功提示，便完成根证书导出过程。

(2) 根证书的导入。

① 在 Microsoft Edge 中，单击“工具”→“Internet 选项”→“内容”→“证书”按钮，选择“受信任的根证书颁发机构”标签栏，双击要导出的根证书文件，选择“安装证书”，进入证书导入向导。

② 按照根证书的安装向导操作，当系统提示你选定证书存储区时，可选择根据证书类型，自动选择证书存储区，根据系统提示操作，直至结束证书导入向导。

(3) 数字证书的导出。

① 在 Microsoft Edge 中，单击“工具”→“Internet 选项”→ “内容”→“证书”按钮，选择“个人”标签栏，选择要导出的数字证书，单击“导出”按钮，进入证书管理器导出向导程序。

② 系统询问是否将私钥跟证书一起导出，选择“是”，导出私钥(如果你在申请数字证书时选择的存储介质为非本地计算机，此时系统导出私钥项为虚)。

③ 系统让你选择导出证书的格式，如果导出了私钥的数字证书文件，则格式为 PFX。

④ 在导出私钥时，系统会提示要求输入私钥保护密码，为了防止第三方非法使用你的数字证书，请输入你的私钥保护密码；然后根据系统提示进行下一步；在出现的对话框中，你

还需要选择导出文件的路径和文件名。至此证书管理器导出向导完成导出任务。如图 11-21 所示。

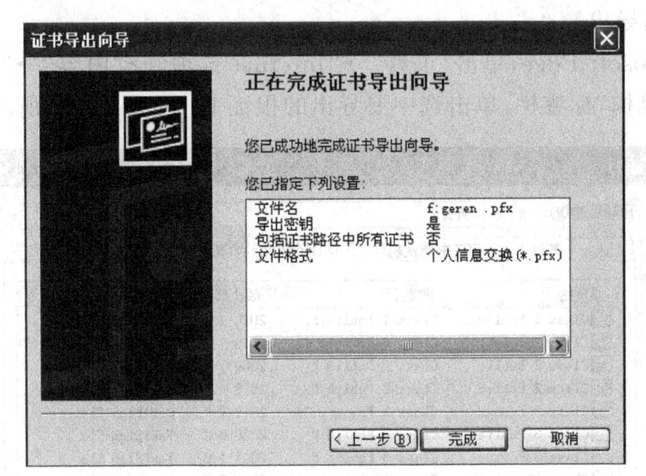

图 11-21 证书导出向导

(4) 数字证书的导入。

① 启动 Microsoft Edge,选择"工具"→"Internet 选项"→"内容"→"证书"→"个人"按钮,单击"导入"按钮,进入导入向导,系统让你选择证书导入的文件。

② 证书管理器导入向导让你选择证书存储区,一般选择系统默认值。当显示"完成证书管理器导入向导"时,单击"完成"按钮。这时系统提示输入一个新的私人密钥,设定私人密钥后按确定,系统提示证书导入成功。

3) 发送具有数字签名的电子邮件

在发送签名邮件之前,你首先要下载你的数字证书,即将你申请的数字证书导入你的系统中;之后还必须将数字证书与电子邮件绑定,也就是说还必须完成 Outlook Express 中设置你的数字证书。

(1) 在 Outlook Express 中设置数字证书。

① 在 Outlook Express 中,单击"工具"菜单中的"账号"按钮。

② 选取"邮件"选项卡中用于发送安全邮件的邮件账号,单击"属性"按钮。

③ 选取"安全"选项卡中的"从以下地点发送安全邮件时使用数字标识"复选框,然后单击"数字证书"按钮。

注意:对于 Express 比较新的版本按默认设置就可以了,你可以在"工具"→"选项"→"安全"→"数字标识"中看到证书信息,如图 11-22 所示。

④ 选择与该账号有关的数字证书(只显示与该账号相对应的电子邮箱的数字证书)。

⑤ 如果想查看证书,请单击"查看证书"按钮,你将会看到详细的证书信息。单击"确定"按钮,设置完毕,如图 11-23 所示。

(2) 发送签名电子邮件。

用你自己的安全电子邮件证书,发一封签名邮件,内容是你的安全电子邮件证书的信息(包括你的公钥),主题为你的学号和姓名。

① 打开 Outlook Express,单击"新邮件"按钮,撰写新邮件。

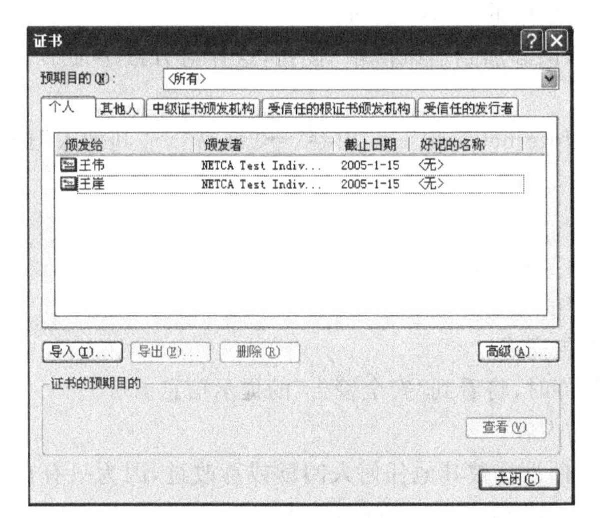

图 11-22 证书信息(1)

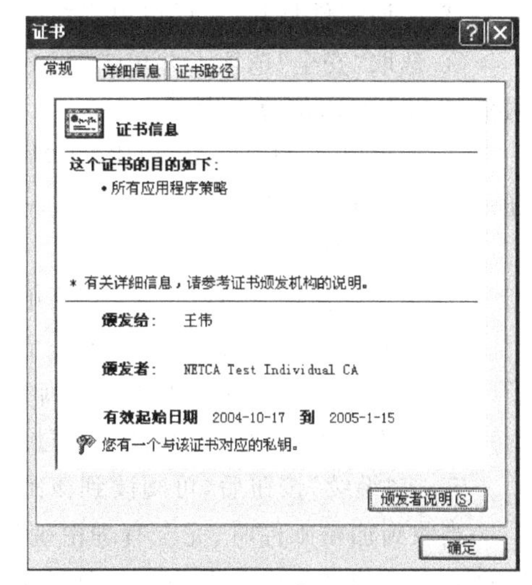

图 11-23 证书信息(2)

② 选取“工具”菜单中的“数字签名”，如图 11-24 所示。在信的右上角将会出现一个签名的标记。

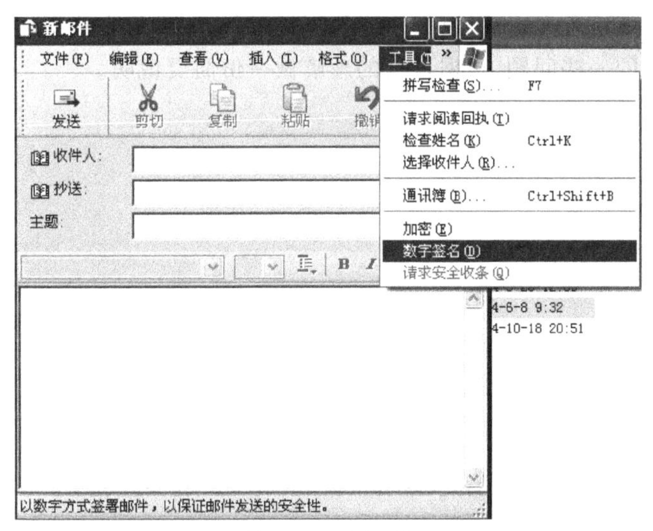

图 11-24 新邮件

③ 单击“发送”。发送数字签名邮件即告完成。

④ 当收件人打开信件时，可以看到有数字签名的邮件被所标示，打开数字签名的邮件时，将看到数字签名的邮件的提示信息。

⑤ 按“继续”按钮后可阅读到该邮件的内容。若邮件在传输过程中被他人篡改或发信人的数字证书有问题，页面将出现“安全警告”提示。

4）发送加密邮件

要将电子邮件加密，首先你需要有收件人的数字证书。

(1) 获得对方的数字证书：从带有数字签名的电子邮件中添加。

① 让对方给你发送有其数字签名的邮件。

② 将该邮件打开，然后请单击“文件”菜单中的“属性”按钮。

③ 选取“安全”选项卡并单击“将数字标识添加到通讯簿中”按钮，这样对方数字证书就被添加到你的通信簿之中了。

④ 你可以在 Microsoft 单击“工具”→“Internet 选项”→“内容”→“证书”→“其他人”按钮后查看到对方的数字证书。

(2) 发送加密邮件。

① 撰写好信件后，选取“工具”菜单中的“加密”。

② 这时，信的右上角将会出现一个加密的标记。

③ 单击“发送”按钮。发送加密邮件即告完成。

④ 当收件人收到并打开已加密过的邮件时，将看到“安全警告”的提示信息。

⑤ 按“继续”按钮后，可阅读到该邮件的内容。

当收到加密邮件时，完全有理由确认邮件没有被其他任何人阅读或篡改过，因为只有在收件人自己的计算机上安装了正确的数字证书，Outlook Express 才能自动解密电子邮件；否则，邮件内容将无法显示。也就是说：只有收件人的数字证书中收藏了打开密锁的私人密钥。

5) 撰写实训报告

根据实训的具体过程和实践结果，写一份不超过 1000 字的实践报告。要求在报告中对于实训过程中出现的一些问题，根据自己的理解做一份简要说明。

项目 12

新一代信息技术

项目简介

本项目内容主要介绍程序设计技术、三维数字模型绘制技术、数字媒体创意技术、实用图册制作技术、人工智能技术等方面的内容，让大家了解新一代信息技术的一些特征。

知识培养目标

(1) 了解程序设计的基本理念，初步掌握程序设计方法，学会运用程序设计解决问题。

(2) 了解三维数字建模的有关知识。

(3) 了解数字媒体技术的概念及特点。

(4) 了解图册制作技术方面的相关知识。

(5) 了解个人网店开设的相关知识。

素质培养目标

(1) 能够激发学生学习计算机拓展知识相关内容、提升计算机应用能力。

(2) 能够利用计算机编程、数字媒体、人工智能等相关理论与方法解决现实问题。

(3) 具有独立思考的能力，能够明确计算机应用方向的知识体系。

(4) 具备科学的世界观、人生观和道德观，有明确的是非观念。

(5) 具备信息意识、计算思维、数字化学习与创新、信息社会责任。

课程思政园地

课程思政元素的挖掘及培养目标如表 12-1 所示。

表 12-1 课程思政元素的挖掘及培养目标关联表

知识点	知识点诠释	思政元素	培养目标及实现方法
程序设计技术	程序设计基本语法； 输入输出； 程序编译与运行	学习航天精神，感受大国情怀：对我国当前航天取得的成就进行介绍，通过高级编程语言输出我国航天精神	培养学生的爱国情怀和学习热情，激发学习热情和实业报国的奋斗目标
三维数字建模技术	标准基本体建模； 光线渲染； VRay、GI 设置	关爱生命，遵守交通规则：通过三维建模技术完成交通信号灯的建模，引导学生建立规则意识	培养学生的规则意识，引导学生遵守交通规则，做对社会有用的人

续表

知 识 点	知识点诠释	思 政 元 素	培养目标及实现方法
数字媒体创意技术	数字媒体技术是指将信息化技术应用于信息传播媒介之中，使其成为在电子设备上可以进行创建、转发、接收、保存的一类技术手段，是数字媒体实现的技术手段	在教学与日常生活中，与数字媒体有着密不可分的联系，随着社会信息化的不断发展，当今社会的信息传播方式早已离不开数据媒体技术	培养学生具有利用数字媒体技术来丰富学习生活，学会收集、归纳总结和有意利用数字信息技巧的能力
图册制作技术	图册处理技术简介； 图册处理软件介绍； 图册处理软件操作	学法懂法，了解民法典。通过使用图册处理技术制作《中华人民共和国民法典》宣传手册，让学生了解民法典中与学生相关的规定	提高学生在日常生活和学习中对美的鉴赏力，同时了解《中华人民共和国民法典》的基本构成，达到法律普及的作用。
人工智能技术	人工智能技术就是使用机器模拟人类思考、辨别、分析信息的过程，是一门利用计算机研究并模拟人类行为活动的学科。可以让机器代替人类完成许多复杂的、精细的甚至是危险的活动	人工智能技术伴随着计算机科学而发展起来，其涉及的领域很广，除了计算机科学以外，还与信息论、自动化、医学、语言学等多门学科相联系，所以要多了解，开阔眼界，增长见识	引导学生了解我国在人工智能领域的长足发展和取得的进步，比如航天领域、深海潜航领域、物流快递等领域，我国都走在世界前列。培养学生的爱国情怀和努力学习、报效祖国的豪情壮志
网店开设技术	个人网店注册； 网店实用工具安装	运营个人网店，选择正规平台。在网络中选择网店开设可以通过自己的努力获得财富价值，但一定要选择正规的平台	通过网店注册、网店运用工具的介绍，使学生了解开设网店的基本步骤与方法，帮助想要创业的学生少走弯路

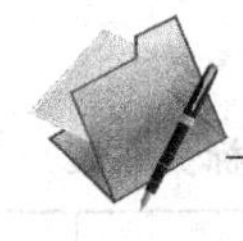

任务 1　程序设计技术

程序设计技术详见二维码 12-1。

12-1　程序设计技术

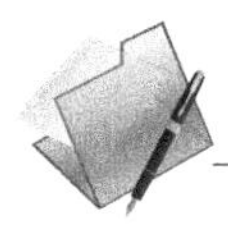

任务 2　三维数字建模技术

三维数字建模技术详见二维码 12-2。

12-2　三维数字建模技术

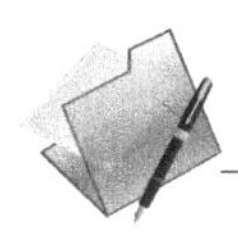

任务 3　数字媒体创意技术

数字媒体创意技术详见二维码 12-3。

12-3　数字媒体创意技术

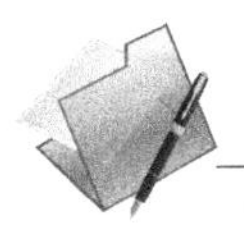

任务 4　图册处理技术

图册处理技术详见二维码 12-4。

12-4　图册处理技术

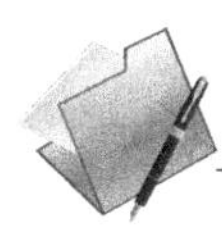

任务 5　人工智能技术

人工智能技术详见二维码 12-5。

12-5 人工智能技术

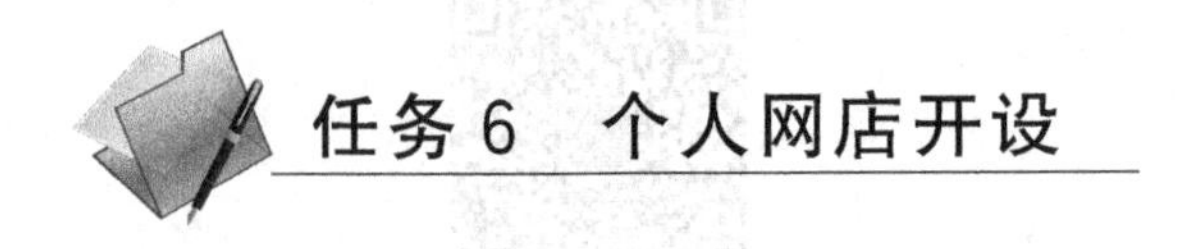

任务6 个人网店开设

个人网店开设技术详见二维码12-6。

12-6 个人网店开设技术

学习效果自测

一、填空题

1. 图册在制作时涉及了________、________、________、________等设计方式。
2. 人工智能是一门涉及________、________、系统学和生物学的交叉学科。
3. 三维数字建模技术根据建模方式分为________、________、________三类。

二、判断题

1. 从程序运行、优化方面考虑，编程语言一般不需要可移植性、易读性并且支持结构化语句。（ ）
2. 编程语言发展之初是为了能够使机器按照指令运行，无须人工操作机器，称为高级语言。（ ）
3. 三维数字建模技术根据建模方式分为人工建模、扫描建模、摄影测量建模三类。（ ）
4. 智能语音主要用于解决设备“发声”的问题。（ ）
5. 开设网店之前需要在相关平台进行实名认证。（ ）

三、简答题

1. 列举三种人工智能技术应用的场景并简单描述。
2. 编写C语言程序并输出社会主义核心价值观的文字内容。
3. 简述数字媒体技术的特点。

参考文献

[1] 刘德双，张艳琴. 计算机基础[M]. 南京：南京大学电子音像出版社，2021.

[2] 王旭，李彦明. 大学计算机文化基础项目教程[M]. 南京：南京大学电子音像出版社，2021.

[3] 陈开华，王正万. 计算机应用基础项目华教程(Windows 10＋Office 2016)[M]. 北京：高等教育出版社，2020.

[4] 刘建国，段炬霞，刘学工. 高职计算机基础课程融入思政元素探索[J]. 科学与信息化，2021(5).

[5] 岳修志. 信息素养与信息检索[M]. 北京：清华大学出版社，2021.

[6] 眭碧霞. 信息技术基础[M]. 北京：高等教育出版社，2021.

[7] 李亚莉，姚亭秀，杨小麟. WPS Office 2019 办公应用入门与提高[M]. 北京：清华大学出版社，2021.

[8] 杨云江. 计算机网络基础[M]. 4 版. 北京：清华大学出版社，2022.

[9] 王英龙，曹茂永. 课程思政我们这样设计(理工类)[M]. 北京：清华大学出版社，2020.

[10] 王焕良，马凤岗. 课程思政设计与实践[M]. 北京：清华大学出版社，2021.

参考文献

[1] 刘文，[illegible]. 计算机基础[M]. 南京：南京[illegible]出版社，2021.

[2] [illegible]. 大学计算机[illegible][M]. 南京：南京大学出版社，2021.

[3] [illegible]. 计算机应用基础项目化教程：Windows 10＋Office 2016[M]. 北京：[illegible]出版社，2020.

[4] [illegible][J]. [illegible]，[illegible].

[5] [illegible][M]. 北京：清华大学出版社，2021.

[6] [illegible]信息技术基础[M]. 北京：高等教育出版社，2021.

[7] [illegible]. WPS Office [illegible][M]. 北京：清华大学出版社，[illegible].

[8] [illegible]. 计算机网络基础[M]. 北京：清华大学出版社，2022.

[9] [illegible][M]. 北京：清华大学出版社，2020.

[10] 丁[illegible][M]. 北京：清华大学出版社，2021.